人与自然关系六讲

胡素清　沈佳强◎主编

石油工業出版社

图书在版编目（CIP）数据

人与自然关系六讲 / 胡素清，沈佳强主编 .—北京：
石油工业出版社，2018.8
ISBN 978-7-5183-2844-4

Ⅰ . ①人… Ⅱ . ①胡… ②沈… Ⅲ . ①人类活动影响
- 自然环境 - 教材 Ⅳ . ① X24

中国版本图书馆 CIP 数据核字（2018）第 198898 号

出版发行：石油工业出版社
（100011 北京安定门外安华里 2 区 1 号）
网 址：www.petropub.com
电 话：(010) 64250039
经 销：全国新华书店
印 刷：北京中石油彩色印刷有限责任公司

2018 年 8 月第 1 版 2020 年 9 月第 2 次印刷
787×1092 毫米 开本：1/16 印张：12.75
字数：290 千字

定价：58.00 元
（如发现印装质量问题，我社图书营销中心负责调换）

前　言

人与自然的关系，从来都是人类需要面对并处理的根本性问题。一部人类发展的历史，可以说就是一部人类与自然的关系史。

自然对于人类来说，绝非仅仅是人类之外的“物”，仅仅作为人类生存的外部环境。马克思将自然视作“人类无机的身体”，认为“人靠自然界生活。这就是说，自然界是人为了不致死亡而必须与之不断交往的、人的身体。所谓人的肉体生活和精神生活同自然界相联系，也就等于说自然界同自身相联系，因为人是自然界的一部分。”正因为如此，人类从脱离动物界的那一刻起，便凝视着自然，或抱有恐惧之心，或怀有感激之情……自然是人类生存之环境，是人类生产之资料，是人类发展之基础，“师法自然”更成为人类创造力之不竭的源泉。

自然对人类的这一无可替代的重要性，决定了人类必须妥善处理人与自然的关系，无论是对自然的认知还是对自然的变革。而这种正确的态度、方式，就是辩证的态度和方式，即以全面的、联系的、发展的观点看待问题、研究问题、解决问题。辩证地认识人与自然的关系，是人类最为古老的智慧，中国古代关于“天人合一”的理念，正是这种智慧的最经典的表现。

如果说，古人对人与自然关系的慧思，还带有许多猜测的成分，那么近代以后，随着科学的独立和发展，人类终于有了客观地、辩证地把握人与自然关系的坚实基础。正是基于科学的蓬勃发展，尤其是 18、19 世纪科学发展的辉煌成果，恩格斯重新审视了人与自然的关系，建立了自然辩证法的基本框架，形成了唯物辩证的自然观，从而确立了人与自然关系的辩证逻辑。

虽然同样要面对自然环境，但动物以其自然器官去适应自然，而人类则利用各种工具、手段等中介系统去认识和改造自然。以科学技术为中介、手段，去处理人与自然的关系，这正是人与动物的区别。这一人与自然间的中介系统，随着科学技术的发展，集中体现为各类先进的工具设施以及认识方式。致力于以科学方式认识自然，以技术实践变革自然，将人与自然的关系置于人类实践活动的基础之上，这是马克思主义辩证自然观的本质特征。

自然观的核心，无疑是人与自然的关系。对人与自然关系的认识，虽然首要和基本的原则是实践，但认识本身特别是人的认知模式、思维方式，在人类把握自然图景、看待人与自然的关系问题上始终起着影响作用，并且思维方式说到底也是人类特定实践方式与水平的产物。尽管思维方式的价值常常为实践经验的重要性所掩盖，但近代以来，随着科学技术的全面发展，科学技术逐渐担负起对生产实践的指导作用，思维方式的重要性也越来越为人们所认识。可以说，人类的自然观从来都是在一定的思维模式支配下形成。

本书以“人与自然的关系”为主题，以马克思主义辩证自然观的基本原理为指导，从人类对自然认识的历史进程、人类当下所把握的自然图景、人类认识自然之思维方式的变化、人类把握自然本质与规律之科学活动的功能与发展规律、人类变革自然之技术手段的结构功能与创新发展规律、人与自然相处模式的变化发展等六个角度，比较系统而又简洁地对主题予以阐述，希望有助于读者了解和思考人与自然的关系，有益于实现人与自然的和谐。

基于“人与自然的关系”也是马克思主义自然辩证法理论体系的核心，因此，本书也可以作为高校自然辩证法课程或相关选修课的教材教参。由于笔者所在的高校为涉海类院校，在长期的教学与科研中，我们侧重从人与海洋的关系中说明人与自然的关系，故收集了不少人海关系的案例，此次略加整理归类附于每一讲正文之后，特别适用于涉海类院校或相关专业的学生选用。

目　录

第一讲　自然观及其发展

自然观是关于自然界以及人与自然关系的总体看法、观点，包括物质观、运动观、时空观、意识观、自然发展史、人与自然的关系等多方面的内容。“自然”一词有多种含义，作为自然观意义上的自然，即自然界，指的是非人工的物理世界（包括生命的和非生命的），与“人为的制度”相对。作为非人工的、独立于人类活动的存在，自然除了外部自然外，还包括人类携带的内部自然（肉体、感性、情意、无意识等）。自然观既是世界观的重要组成部分，也是人们认识和改造自然的方法论。

自古以来，人类便对自然界充满了探索的欲望。自然观正是在人以自然界为对象的认识和实践活动中产生的，它代表着每一个时代人类对自然和自身的认识，汇聚了人类这一时代的全部知识。不过，人类对自然的认识绝不是简单的临摹，而是依赖于人类认识的框架，对自然主动地进行同化和建构的结果，既受制于当时的认识论和方法论，也受制于语言、神话、宗教、艺术、科学甚至政治等诸种观念。也正是由于人类认识不可能摆脱框架，所以每一时期我们对自然的思考和认识，并不见得能真正地洞察自然之本来面貌。但尽管如此，人类对自然的认识总是愈来愈接近自然本身。

自然观研究的是整个自然界，而不是一个一个具体的自然物。因此，研究自然观不能用自然科学的研究方法，而要用哲学的方法。但是，自然观又不同于自然哲学，不能用思辨来构造抽象的体系，不能从哲学中去推导自然科学的知识。自然观只能建立在人们对于自然的具体认识的基础上，建立在自然科学发展的基础上，并随着自然科学领域中划时代的发现，不断地改变自己的形式。人类发展的每一个历史时期均有相应类型的自然观产生，如古代机体论、神创论的自然观，近代机械论的自然观，现代辩证论、系统论的自然观。

人类之所以执着地要从总体上把握自然的本质，归根到底是由自然界对人类的意义决定的。人类对自然的认识，一方面影响着人对待自然的态度，另一方面也直接影响着科学技术的发展。

第一节　古代的自然观

一、史前人格化的自然观

史前一般是指有文字记载之前的历史。那时已经有人类在制作工具、进行狩猎等生产活动，但没有文字，没有任何确定性的理论知识。人类对自然几乎一无所知，只是通过想象来认识事物，将自然人格化和神化。人们往往把人和生物的某些特性投射到外部世界上去，认为自然是一个茫茫有生命的、自我运动的、有感觉和有意识的有机体，与人一样有喜怒哀乐、七情六欲，是一个反复无常、不可预测、没有规律的世界，但里面有因果关系存在，受某种看不见的神力的支配。

由于人类与自然还没有分化，人作为自然存在的一部分被淹没在自然之中，自然成为人的“非有机的身体”，人与自然的关系处于合为一体的状态。人对于自然，既爱又恐惧。史前自然观留存至今的，多以神话、传说的形式存在。

二、古代的整体论自然观

1. 中国古代机体论自然观

中国古代的自然观主要体现在物质结构理论、宇宙起源理论、对人与自然关系的认识等方面。

在物质结构理论方面，主要有“五行说”“阴阳说”“八卦说”“元气说”等。“五行说”认为世上万物皆由金、木、水、火、土这五种元素构成，以“土”为主，分别与其他四种元素生成各种事物。“阴阳说”认为阴阳这两种相反的气是天地万物的泉源，用阴气与阳气的矛盾来解释自然现象。天气属阳气，有上升的性质；地气属阴气，有沉滞的性质。阴阳两气上下对流而生成万物，形成天地秩序。“八卦说”以阴阳排列的变化来解释各种自然现象和社会现象。卦是由阴阳两爻构成的符号，用“-”代表阳，用“--”代表阴。用三个这样的符号，组成八种形式，叫作八卦，即乾、坎、艮、震、巽、离、坤、兑。每一卦形代表一定的事物，八卦分别代表天、水、山、雷、风、火、地、泽八种自然现象。“元气说”是中国古代唯物主义自然观的核心，把“气”与“阴阳”相结合，其主要观点可以概括如下：气是连续性的一般物质存在，充满了整个宇宙，没有任何物质的虚空是不存在的；作为物质一般的气永恒存在，不会消灭，并且处在永恒的有规律的运动变化之中；气运动变化的根本原因在于它内部的矛盾性，气是包含着阴阳两个对立面的统一体；气是构成万物的本源，气聚则成有形有象的物体，气散则归于太虚；气不仅构成一切物体，还充满在这些物体之中，气把天地万物联系成一个整体。

中国古代的物质结构理论是一种较为粗糙的自然观，具有十分浓重的思辨性质，与具体自然现象的研究联系较少，对自然科学的发展所起的作用较为有限。但某些观点还是很有价值的。如“自然感应论”认为事物之间存在着一种感应，存在着作用与被作用的辩证关系。这一理论在对声光电磁、潮汐、生物节律、天文等现象的解释上都有可取之处，在古代科学认识活动中发挥了积极的作用。“自然感应论”以气为中介对声音共振、电磁吸引和引力作用等现象的解释，在现代科学的场物理学产生以前可以说是“最接近真理的”。自然感应论对中医学的建立有很大作用。在古希腊，对于磁石吸铁现象，第一位自然科学家和哲学家泰勒斯是用灵魂来说明的。

在宇宙观（宇宙起源）问题上，有“盖天说”“浑天说”“宣夜说”等。“盖天说”是中国一种古老的天文学理论，这一学说大约起源于周代，而到汉代趋于衰落。传说出自周人之手的《周髀算经》中“天象盖笠，地法覆盘”。天地都是穹形的，如同一个同心的球穹，相距八万里。“浑天说”认为“浑天如鸡子，天体圆如弹丸，地如鸡中黄，孤居于内。天大而地小。天表里有水，天之包地，犹壳之裹黄。天地各乘气而立，载水而浮……天转如车毂之运也，周旋无端，其形浑浑，故曰浑天也。”“浑天说”提供的是一种以大地为中心、有一个浑圆的天壳绕它旋转的宇宙结构模式，它同古希腊托勒密的地心说有不少相似之处。“宣夜说”打破了传统的有形质的天的概念。汉代天文学家郗萌对“宣夜说”的表述是“天了无质，仰而瞻之，高远无极，眼瞀精绝，故苍苍然也……日月众星，自然浮生虚空之中，其行其止，皆须气焉。”“宣夜说”主张天是无边无涯的气体，没有任何形质，我们之所以看天有一种苍苍然的感觉，是因为它离我们太深远了。日月星辰自然地飘浮在空气中，不需要任何依托，因为它们各自遵循自己的运动规律。“宣夜说”打破了天的边界，为我们展示了一个无边无际的广阔的宇宙空间。

在人与自然关系的理论方面，中国传统自然观的基本的理念是“天人合一”。“天”有两种基本内涵，一种把“天”看作是天神，它主宰着国家命运、赋予人以吉凶祸福；另一种是把“天”等同与自然界，所谓“天人合一”就是人与自然相通、相应。从把“天”理解为神的这个观点上看，天人合一更多的是体现一种历史唯心主义思想，天意决定、主宰一切。虽然天人可以感应，但天对人的感应强，而人对天的感应弱，人是很难感天动地的；从把“天”理解为是自然的这个观点来看，“天人合一”思想认为自然与人在本质上是相通的，一切人事均应顺乎自然之道，而不应违背自然规律。这一观念与当今的生态系统观念是非常一致的。

2. 古希腊的自然观

在自然观方面，总的来说古希腊人将自然界看作是一个有机的、发展变化的整体，但较之中国古代的自然观更具有唯物论的特征和逻辑性、精确性，对于中世纪之后科学的发展具有重要的作用。

古希腊哲学分为两个时期：前一个时期的中心在爱奥尼亚，后一个时期的中心在雅典。在爱奥尼亚自然哲学时期，自然观着重于物质观方面。在世界的构成问题上，与中国古代含混不清“阴阳”“八卦”等物质观不同，古希腊的自然哲学家们直接而明确地探讨关于万物的始基（本原）问题。被称为古希腊第一个哲学家的泰勒斯明确指出：水是万物的始基。其他的哲学家如阿那克西曼德认为万物的本原是永恒运动的“无限者”，阿那克西美尼认为万物的始基是“气”。这些观点与我国古代的物质五行说、元气说有相似之处，都是把某种具体事物当作世界的本原。而赫拉克里特则更重视物质世界的辩证本性，将自然界比作是“一团永恒跳动着的活火”。还有一些哲学家，已经把对世界本原的认识从作为整体的具体事物身上转移到物质结构层次上。如阿那克萨哥拉提出的“种子说”以及德谟克里特的“原子论”学说。“原子论”是古希腊物质观最高水平的代表。德谟克里特认为：宇宙的本原是原子和虚空，原子不可再分；原子有两种属性，大小和形状，它们在数量上是无限的；原子按一定的形状、次序和位置结合与分离，形成万物；原子在绝对的虚空中运动。“原子论”尽管还是一种猜测、一种哲学的思辨，但以原子作为万物的本原，在解释物质共同性、物质空间结构、物质性质、物质运动等方面，都有相当的合理性，达到了在当时不具备实验科学支撑的条件下所能达到的最高水平，已经接近近代化学原子论的基本思想。近代化学原子论的创立者道尔顿承认自己的原子论得益于德莫克里特的“原子论”思想。

古希腊哲学后期的代表人物是亚里士多德。亚里士多德自然观的核心是目的论。亚里士多德用“四因说”来解释存在，四因即质料因、动力因、目的因和形式因，这四因又可进一步归纳为“形式”和“质料”两因，这两者的结合生成任何具体、个别的事物，宇宙万物的生灭过程就是由质料向形式不断生成、转化的过程，而这种转化是有目的的。亚里士多德把“目的”看成是土、气、水、火和以太五种元素保持其“天然位置”的内在倾向，例如石头属土，其天然位置是地心，它的运动目的是回到地心，所以石头的本性是下落运动。亚里士多德的内在目的论最终需要一个自身不动的“原动者”或“第一推动者”，即宇宙中最高的存在——“神”。亚里士多德的自然观虽然具有神秘的目的论色彩，但正是这种“目的”，使宇宙成为一个有序的、有组织的、内在统一的世界。

在人与自然关系的认识上，古希腊已形成了“天人分离”的基本思想。古代东西方的自然观虽然都把自然看作是一个有机的整体，但在东方，古代中国由于当时的农耕作业方式是靠天吃饭，如果风调雨顺就能基本满足生活需要，所以更多地强调天人合一，人要适应自然、顺从自然。这种观点总体来说也是反对科学技术的，因为在他们看来，科学技术是要破坏自然、破坏天人合一的。而古希腊由于地处地中海沿岸，主要的经济活动是航海、贸易、加工，海洋带给他们的是生存忧患，为了能够生存下去，他们必须与自然抗争，征服与利用自然，所以他们对待自然的态度是在认识自然的基础上征服自然，形成一种天人分离的功利意识。这种人与自然两分的意识一直存在于西方自然观中，一方面促使人们研究与应用科技，另一方面也最终导致现代化工业，因而同时也给自然带来无尽的破坏。

三、欧洲中世纪神创论的自然观

科学史上的“中世纪”，大约是从公元5世纪到15世纪。这一时期，欧洲科学由于遭到基督教神学的桎梏而沦为神学的婢女，任何揭示自然奥秘的科学思想，只要不符合宗教教义，都会被斥为异端邪说而遭到镇压。最有力的证据就是：藏书达70万册、珍藏着人类古代文化和科学知识的世界第一大图书馆——亚历山大图书馆，曾两度遭到基督教徒的焚毁；由柏拉图创建、持续了900多年的希腊学术大本营——柏拉图学院也在公元529年被封闭。

进入中世纪后，古希腊精神被强行中断了，古希腊富有逻辑和想象力的自然观也不复存在，取而代之的是经院哲学所宣扬的神创论自然观。神创论自然观的基本思想是：上帝创世说、原罪说、救赎说、天启说。与神创论自然观伴生的是方法论上的蒙昧主义：经院哲学主张理性要服从信仰，信仰先于理性；逻辑作为追求知识的有效工具，也只能被用来论证一些近乎无聊的问题，如“一个针尖上可以站多少个天使”“科学只是教会恭顺的婢女，它不得超过宗教信仰所规定的界限，因此根本不是科学”。[①]

① 恩格斯．反杜林论[M]．北京：人民出版社，1970：333．

不过欧洲的中世纪，也并非漆黑一团。中世纪后期，特别是 11 世纪时十字军东征，欧洲人从阿拉伯人那里找到了他们祖先留下的文化遗产后，积极学习东西方先进的科学技术。11 世纪后期，意大利成立了欧洲历史上第一所正规大学。此后，欧洲各地相继出现了许多大学，如牛津大学、巴黎大学及剑桥大学等。至 14 世纪末，欧洲已有 65 所大学。这些大学成为当时学习和交流科学技术的专门学术机构，为欧洲科技起飞，也为近代科技在欧洲的诞生准备了条件。

即便是经院哲学，也并非一无是处。在坚持信仰至上的前提下，经院哲学也维持了理性的崇高地位，因为它断言上帝和宇宙是人的心灵所能把握的，甚至是部分理解的。这一理性传统的沿袭，为近代科学的发展铺平了道路，因为科学必须假定自然是可以理解的。而由亚里士多德所系统建立的逻辑论证方法，则完全为经院哲学所传承，甚至得到了加强。经院哲学虽然扼杀了古希腊哲学思想中的一切合理和科学的内容，却几乎原封不动地接受并保存了它的逻辑论证的形式。代表经院哲学最高水平的托马斯 · 阿奎那的哲学体系就是完全根据亚里士多德的逻辑学建立起来的，他认为就连神的存在也可以用推理来加以证明。

中世纪的后期，甚至可以说是到了科学的边缘，因为出现了像罗吉尔 · 培根这样的伟大人物。他不仅高于同时代的哲学家，事实上还高出于整个中世纪的欧洲哲学家。培根在当时经院哲学还大行其道的时候，就大胆地提倡研究自然科学，特别是用实验的方法去研究自然界。他谆谆告诫世人 ：“证明前人说法的唯一方法只有观察与实验。有一种科学，比其他科学都要完善，要证明其他科学，就需要它，那便是实验科学。”培根在重视实验的同时也很重视数学，他认为经验的材料必须用数学加以整理和论证，任何一门科学都不能离开数学，学习数学不论作为一种教育训练或作为其他科学的基础都是十分重要的。而实验方法和数学方法以及二者的结合，都是近代自然科学赖以建立的支柱。爱因斯坦说 ：“西方科学的发展是以两个伟大的成就为基础的，那就是希腊哲学家发明的形式逻辑体系以及在文艺复兴时期发现通过系统的实验关系可能找出因果关系。”①

四、古代自然观的基本特点

1. 古代自然观的基本特点

（1）直观性。所谓直观性是指在自然界的本原问题上，哲学家们用直观可感的具体事物作为世界的本原物质。比如水、气、火等，都是我们直观所能见的。“种子”也依然具有直观性。而将“原子”作为本原，已超越古代的通常水平，成为近代物质观的思想来源。

（2）猜测性（不科学性）。古代科学尚未独立，还处于萌芽状态，自然观当然也不可能具有科学性。古人对自然的认识，是在自已有限经验的基础上展开大胆的推断和想象，具有猜测性。比如泰勒斯将水作为万物的本原就是基于一种合理的猜测 ：各种生物的生长都离不开水，而动植物的食物都带有湿气（水）……水又具有多变的性质，可以用来解释为

① 爱因斯坦．爱因斯坦文集（第 1 卷）[M]．许良英等，编译．北京：商务印书馆，1976：574．

什么世界如此缤纷多姿。古人善于用猜测来弥补经验的不足，在小细节上其猜测能力也很强。比如在医学上，病人如果精神不正常了，或者头部剧烈疼痛，被哲学家兼医学家们认为是脑子里钻进了魔鬼之类的东西，于是就在病人的脑部钻个大洞，好让魔鬼出来。

（3）思辨性。这是哲学、科学与宗教神话的本质区别。古代的哲学虽然是粗犷的，科学是幼稚的，但其本质上不同于宗教神话。古代原始的宗教和神话也试图解释世界，但其解释说明完全是依靠想象，用一些虚幻的、超自然的东西来解释世界，不同于哲学家们用虽是直观的、但却是自然本身的东西来解释自然。并且，哲学家们的解释并非只是对个别现象的猜测，而是依靠理性的逻辑力量来建立起自己的理论，特别是试图从各种各样的具体事物和现象中找出某种一般性的、规律性的东西。

以上这些特点，严格地说是以古希腊为代表的西方世界的自然观。在中国或是同样有着古老文明的印度，人们对自然的认识不但更为幼稚，也没有将其作为研究的重点。古希腊的思想家们对自然的好奇多于对它的敬畏，而在东方，似乎是敬畏多于好奇，自然是人不能妄说的。古代中国的早期哲学更看重怎样处理人际关系，而印度的思想家们则更喜欢冥想来世。

2. 古希腊自然观对近代科学的影响

古希腊自然观对近代科学的发展影响是很大的。

（1）哲学家们认为世界存在着一个统一的本质，人的认识就是去把握这个本质。这种本质论的思想长期主导着西方的科学。古希腊哲学家们普遍认为世界在本质上是统一的，并试图寻找这个本质。无论是以泰勒斯学派为代表的唯物主义者还是以毕达哥拉斯学派为代表的唯心主义学者，都从整体统一性上来解读自然。近代科学家大多确信自然现象背后有一个不变的本质，科学的任务就是透过现象看本质，只有达到对本质的认识，这种认识才具有确定性，才有永恒的价值。

（2）毕达哥拉斯“数即万物”的数本主义思想虽然在本质上是错误的，但他探寻自然界的数学规律的传统却深深地影响了后世科学的发展。毕达哥拉斯学派的核心思想是数及数的和谐是万物本原。他们认为，任何物的最终结构或最终存在就是它的数学形式。虽然用数学关系来说明世界并不等于科学，但数学是科学地认识世界所必不可少的方式。数学理性的产生、发展，使人们对自然界的把握从定性理解转为定量描述成为可能，而近代科学始终坚持尽可能精确、定量描述和定律的理想，正如著名科学史家沃尔夫在他所著的《十六、十七世纪科学、技术和哲学史》中所言：“近代科学的开创者们满脑子都是毕达哥拉斯主义精神”。比如，哥白尼和开普勒就十分强调太阳中心说在数学上的和谐性和简单性，以为这就是太阳中心说之所以是真理的最好证据。伽利略则直接宣称宇宙这部书是用数学语言写的。科学发展到今天，那些微观客体已经无法被人们直观地把握，而只能利用数学模式去说明。

（3）原子说开创了还原论的思维方式，对近代科学思维有巨大的影响。在此之前，人们习惯从整体的角度、运用综合的方法来认识世界，而德谟克里特的原子说运用的是分析、还原的方法，把一切实在事物还原为原子的运动，为近代科学的产生和发展揭示了一个明确的方向——在物质结构层次上的深化。近代的科学正是沿着这一思路，将研究的对象从单个物质进入到单个分子，从单个分子又进入到单个原子，从单个原子又进入到原子核，从原子核又到基本粒子（质子、中子、电子），现在人们的认识已经达到夸克层子水平了。牛顿也认为古代“原子论”对他的科学研究影响很大，不仅在观点上，而且在思维方式上。

（4）哲学家身上所具有的那种对自然本质的解释力求精确、合理的精神气质，对近代科学家的影响是很大的。亚里士多德的认识方法尤其富有价值。作为一个兼有哲学家和科学家色彩的百科全书式的学者，亚里士多德的学术研究特别是对自然客体的研究，具有不同于以往自然哲学家的特点：一是重视对事物的具体调查、观察甚至实验。特别是在生物学方面，他带领助手周游各地搜集标本并进行比较归类，解剖过几十种动物，还正确地指出了鲸鱼是胎生的，描述了反刍动物的胃、鸡胎的发育、头足纲动物的再生现象等。这种研究方法对近代实验科学起了先导作用。二是强调思维逻辑的重要性，依照严格逻辑来建立知识体系，对近代科学的发展也起着先导的作用。可以说近代科学的三大支柱：实验、数学、逻辑，在亚里士多德身上都或多或少地体现并得到了综合。

由此可见，古代尤其是古希腊人的自然观无论是对后来的哲学还是科学发展，都具有无可替代的地位，古希腊自然哲学作为近代科学的摇篮有其客观必然性。在哲学上，黑格尔说“哲学是说希腊话的”；在科学上，正如恩格斯所言“如果理论自然科学要想追溯自己今天的一般原理发生和发展的历史，它也不得不回到希腊人那里去。”[①] 特别是古人所认为的世界是一个相互联系的有机整体的观点，对于今天深陷于生态危机的现代人来说的确值得好好地学习。

第二节 近代机械论的自然观

一、近代机械论自然观的产生

近代机械论的自然观的产生，一方面是基于对神创论自然观的不断否定，另一方面也是建立在当时的生产实践和生产力发展水平之上。

1. 对神创自然观的否定

近代机械论的自然观是在否定神创论自然观的基础上形成的。

1543年，被称为“自然科学的独立宣言”的《天体运行论》发表。哥白尼的《天体运行论》之所以被视为近代自然科学诞生的标志，并不是因为它绝对正确，而是它在破除宗教神学方面所具有的革命性的意义。《天体运行论》中提出了日心地动说（日心说）的理论，颠覆了传统的地心说，将认识天体运动的参照系从地球转移到太阳，迈出了近代宇宙学研究中最为困难但也是最为重要的革命性的一步，从根本上动摇了神创论的自然观。科学史学家丹皮尔认为：“这样一个改变不一定意味着把人类从万物之灵的高傲地位贬降下

① 马克思，恩格斯．马克思恩格斯全集（第20卷）[M]．北京：人民出版社，1971：386．

来，但却肯定使人对于那个信念的可靠性发生怀疑。因此，哥白尼的天文学不但把经院学派纳入自己体系内的托勒密的学说摧毁了，而且还在更重要的方面影响了人们的思想与信仰。”①

以《天体运行论》的发表为开端的近代自然科学革命，其价值正在于从根本上动摇了神创论的自然观，使自然研究从神学中解放出来。正如恩格斯所评论的：“哥白尼用他那本不朽著作来向自然事物方面的教会权威挑战。从此自然研究便开始从神学中解放出来。”②

2. 生产实践的推动

中世纪后，生产实践的发展是机械论自然观的根本基础和推动力。从中世纪末期始，在逐渐加快发展的手工业和农业中越来越多地应用各种机械技术，为早期的机械论自然观提供了大量丰富的感性材料。文艺复兴以来日益发展的工场手工业，尤其是钟表业，更促进了机械技术的发展，并激发学者们借鉴机械技术的成功，用机械论的思想去理解大自然的运行。许多学者在认识自然规律时，都认为自然界的运行是与钟表等机械相类似的。比如，哈维的血液循环理论就是用机械力学方法研究生理学的成果。他用机械术语和机械原理描述血液运动，把心脏比作一个中心水泵，把心脏的收缩比喻为水泵的压水运动，把心脏瓣膜比作两个控制血液单向流动的阀门。

3. 机械自然观基本形成

标志着机械论自然观基本形成的代表人物是法国哲学家、数学家笛卡儿。笛卡儿说：“我的全部物理学就是机械论。”笛卡尔认为，宇宙是一个巨大的机械系统，在上帝提供给它“最初起因”之后，就按照严格的机械运动规律运行下去。他自信地说：“给我运动和广延我就能构造出世界。”笛卡儿也将机械论引入生物界，将动物看作具有各种生理功能的自动机器。他甚至提出人体本身也是一种“尘世间的机器”，人的活动也严格遵循着物理定律，人作为机器与动物机器的区别，就是要受到存在于他自身的“理性灵魂”的控制。

笛卡尔的自然观虽然有着典型的机械论色彩，但并不完善和成熟，因为他只是简单地参照当时的机械技术，将宇宙与机器进行朴素直观的类比，没有用力、速度、空间、时间等抽象的概念去把握自然。

二、近代机械论自然观的成熟

1. 机械论自然观走向成熟的科学基础

由早期机械论走向成熟，是建立在科学迅速发展的基础上，特别是建立在牛顿力学基础上的。从 16 世纪中叶至 18 世纪末，自然科学在物理学、化学、生物学、天文学等领域都取得了长足的进步，而其中最为成熟和经典的当数牛顿经典力学理论。

牛顿力学研究的主要是物体的机械运动。这是自然界中最简单的运动形式，科学的发

① W. C. 丹皮尔. 科学史及其与哲学和宗教的关系 [M]. 桂林：广西师范大学出版社，2001：108.

② 马克思，恩格斯. 马克思恩格斯选集（第 4 卷）[M]. 北京：人民出版社，1995：263.

展总是从简单性起步的。牛顿在1678年发表了划时代的巨著——《自然科学的数学原理》，揭示了宏观物体机械运动的规律即力学三大定律和万有引力定律。而他的理论，在经过关于地球形状的测定、哈雷彗星回归周期的证实、海王星的发现等几次重大的检验后，显示出令人信服的价值和魅力。

牛顿力学对于近代科学的影响是无人能及的，这有两个原因：一是机械运动是自然界中最基本的运动形式，因而机械力学的应用范围十分广泛；二是牛顿在这一领域的理论研究获得了巨大的成功，其示范效应也是巨大的。于是，牛顿就成了科学的上帝，牛顿的著作成了科学的圣经，牛顿的思想和方法也迅速向其他学科和领域扩展，从而带来了各学科的全面发展和兴盛，出现了长达两百年的“牛顿力学热”。

在整个18世纪乃至19世纪，牛顿力学的思想方法成为近代科学固定的思维模式。几乎所有的自然科学家都按这种模式去研究自然，甚至直接仿照万有引力定律。如库仑把平方反比关系引入静电学，揭示出静电力的内在联系，写出了那个著名的库仑定律公式：$F=KQ_1Q_2/r^2$，这与万有引力定律的公式：$F=Gm, m_2/r^2$ 几乎一模一样；安培仿照万有引力定律写下了平行导线间的作用力公式：电动力＝电流元1× 电流元2/距离^2。值得感叹的是，库仑写出那个公式时，与他的实验结果竟有30%以上的误差。在通常情况下，一个假设的实验误差如果达到30%，科学家是绝对不会坚持这一假设的。但库仑竟置实验误差于不顾，断然写下依据牛顿力学理论所得出的这一定律，可见当时的科学家对牛顿的理论是何等的坚信不疑。甚至在20世纪初，卢瑟福还把原子看成与太阳系类似的系统，用牛顿的思维方式构造了原子结构的行星模型：由粒子组成的原子核居于中心，就像太阳；从原子中分离出去的电子质量较轻，像行星围绕着太阳那样绕着原子核运转。

2. 机械论自然观的成熟

机械论自然观经过17世纪英国的霍布斯、荷兰的斯宾诺沙和18世纪法国的狄德罗、爱尔维修、霍尔巴赫等哲学家的发展而达到成熟。机械论自然观的基本思想，正如美国当代著名的科学史家韦斯特福尔所说：“世界是一部机器，它是由惰性物体组成，按照物理必然性运动，且与各种思维存在物的存在无关。”

三、机械论自然观的特点

1. 在对自然的认识上

机械论自然观视野下的自然图景具有如下特点。

（1）原子的基本性。认为世界是由物质组成的，物质的性质取决于组成它的原子的空间结构和数量组合。原子是构成物质的最小微粒，它不可再分，并保持着性质的独立。

（2）自然的不变性。物质的本质属性是惯性，因此物质没有改变自身状态的能力。要想运动变化，必须依靠外力。事物运动变化的原因在于外力的推动。在力的作用下，物体只能改变其位置与速度，而不能改变其质量。自然界只有量变而没有质变。自上帝给予第一推动力创世之时起迄今，普天之下原则上并无新物。

(3) 机械的直观性。将各种运动形式都还原为机械运动，把整个世界看成是一部机器，描绘了一幅机械的自然图景。没有什么东西可以逃离于机械力学原理之外，除了力学关系再也没有别的关系。所以，不仅机器是机器，其他的任何东西也都与机器无异。笛卡儿把动物看成是“没有灵魂的自动装置”，拉 · 美特里出了一本题为《人是机器》的书，宣称“人体是一架会自己发动自己的机器，一架永动机的活生生的模型。体温推动它，食料支持它。”而这种机械的模式，是我们可以直观经验与描述的。

(4) 因果的必然性（机械决定论）。自然界只有因果必然性，没有偶然性。一切都遵循着力学规律，从一种现象可以根据力学原理精确地推导出另一种现象，各种现象间的关系可以用严格的数学方程式来表示。这种认为一切现象的存在都具有必然的因果联系的观点，是一种机械决定论的观点，按照法国哲学家霍尔巴赫的说法是 :“在大风扬起的尘土旋涡中，没有任何一个尘土分子的分布是偶然的。”

拉普拉斯在他的《概率分析理论》一书中写道 :“在一个特定时刻，某种智慧知道了所有推动自然的力量，以及宇宙中所有物体的相对位置。设若此一智慧足以对其资料进行分析，便能将资料凝聚成单一的运动公式，从宇宙最大的天体到最轻的原子无所不包。对于此种智慧而言，没有任何事物不能确定，未来也有如过去一般历历在目。”

2. 在人与自然的关系上

近代人继承了古希腊时期人与自然关系的传统观念，在对科学力量的无比崇尚中，过高地估计了人对自然的认识和控制能力，将人类看作是自然的主人和中心，将自然完全看作只是人改造和利用的客体，并通过加大人对自然的征服和改造来确认自己的主体地位。斯宾诺莎曾不无自豪地说 :“自然中除人以外的任何东西，为了照顾到人类本身的利益起见，没有保持其存在的必要，但是理性指示我们，保存它们或消灭它们，全视其不同之用处为准，或视其是否足以适应我们的需要为准。”[①] 事实上，近代以力学理论为中心的科学体系，并没有真正涉及自然的本质，因为它所研究的都是没有生命的东西或者把有生命的东西也还原为无生命的东西，看不到整个自然系统（包括人在内）的相互联系与作用，看不到自然对人的活动的反作用。这一理论一直影响至今，最终导致了人与自然关系的严重恶化。

四、机械论自然观的价值与局限

1. 机械论自然观的价值

机械论自然观是自然观上发展的一个新阶段，有着巨大的进步和价值。

从自然观方面来看，机械论自然观克服了古代自然观的素朴直观及纯思辨与猜测的缺陷，将对自然的解释建立在经验与实证的基础上，是自然观和哲学发展的巨大进步。

从科学研究方面来看，机械论自然观无情地将上帝从自然体系中驱逐出去，从根本上摧毁了神创论，为自然科学的发展开辟了广阔的前景。在机械论者的心目中，上帝除了给

① （荷）斯宾诺莎．伦理学 [M]．商务印书馆，1983：233．

宇宙以最初的推动力外，其他时候就没上帝什么事了。

2. 机械论自然观的局限性

黑格尔在《逻辑学》一书中对近代自然观的机械性作了精妙的嘲讽，认为按照这个逻辑，“假如一粒微尘摧毁了，整个宇宙也就会崩溃。”[①] 机械论自然观与古代自然观相比，虽然是一种进步，但其局限性也是非常明显的。

（1）机械性。与古代朴素辩证的自然观将自然界看成是一个相互联系的、永恒变化着的有机整体的观点相比，机械论者将世界看成是一架由外力来推动的、一成不变地呆板运行着的机器，显然是一个巨大的倒退。

（2）形而上学性。形而上学性是与机械论自然观还原分析的思维方式密切相关的。按照这种还原分析的方法看事物，事物在其眼中只能是静止的、孤立的、片面的。好比是将一只鸡作解剖后，其每一部分都只能是静止、孤立和部分的。

（3）不彻底性。机械论的自然观虽然是用自然本身的力学关系来解释自然，但宇宙这台机器是谁造的，又是谁推动了它运转，这是机械论者不能回避的问题。既然机械论者认为物体是惰性的、不动的，便只能用外因来解释自然的机械运动，最终将上帝搬出来为自己解困，使科学最后又回到了神学的怀抱。恩格斯曾把林奈和牛顿并列作为近代自然科学早期的代表，而他们两人最后都陷于神创论。林奈虽然把生物进行了分门别类，但却无法回答永远不变的物种最初是哪里来的，正像牛顿不能回答惰性物体最初是怎么动起来的，所以两人都异口同声地说：“上帝！”

第三节　辩证唯物主义的自然观及其发展

一、辩证唯物主义自然观诞生的基础

从18世纪下半叶开始，在欧洲发生的以蒸汽机为主要标志的第一次技术革命，以及随之而来的产业革命，促进了资本主义生产突飞猛进的发展，也有力地推动了自然科学的发展，18世纪中叶至19世纪中叶，被称为“科学的世纪”，这一时期自然科学从经验领域逐渐进入理论领域。一系列划时代的重大成就的出现，使人类对自然界的了解从一些片段逐渐走向了整体，认识到自然界的演化和相互联系，在机械论自然观上打开了一个又一个缺口。于是，一种新自然观的诞生势在必行。

1. 康德—拉普拉斯的星云假说

这是打开形而上学自然观的第一个缺口。康德在1775年出版的《自然通史和天体理论》中提出了关于太阳系起源的星云假说，认为太阳系的所有天体是从一团由大小不等的固体尘埃微粒组成的弥漫星云，通过吸引与排斥的矛盾运动，逐渐发展成为有秩序的天体系统。这一理论当时并未得到应有的重视。1796年，法国数学家、天文学家拉普拉斯在他

① 黑格尔．逻辑学（上卷）[M]．商务印书馆，1982：74．

的《宇宙体系论》中独立地提出了类似的星云说，并对此进行了数学和力学方面的论证，使康德的观点被人们重新认识。后来，人们将这两个类似的假说合称为“康德－拉普拉斯星云假说”。康德坚信：“一个确定的自然规律：一切东西，一旦开始，就不断走向消亡。”①认为“大自然是自身发展起来的，没有神来统治它的必要②”这表明康德不再把自然界看成是一个既成的事物，而是看作一个发展的过程；不再用孤立的、静止的方法看事物，而是用联系的、发展的观点来研究事物；不再借助于外力的作用，而是深信事物是自己运动的。恩格斯对这一理论评价非常高，他说“康德关于所有现在的天体都从旋转的星云团产生的学说，是从哥白尼以来天文学取得的最大的进步。认为自然界在时间上没有任何历史的那种观念，第一次被动摇了。康德在这个完全适合于形而上学思维方式的观念上打开了第一个缺口。”③而拉普拉斯也在拿破仑诘难其宇宙体系中“为什么没有提宇宙的创造者”时，给出了“陛下，我用不着那样的假设”④的回答。

2. 赖尔的地质渐变论

这是打开形而上学自然观的第二个缺口。英国地质学家莱伊尔用变化的眼光研究地质学，向地球不变的传统观点发出挑战，提出了“地质渐变论”。莱伊尔在1830年出版的《地质学原理》一书中写道：“地质学是研究自然界中有机物和无机物发生的连续变化的科学；同时也探讨这些变化的原因，以及这些变化在改变地球表面和外部构造所发生的影响。”⑤他指出：“很久以来，一般的见解都认为地球是静止的，一直等到天文学家告诉我们，我们才知道它是以难以想象的速度在空间运动着。地球的表面，也同样被认为是自创造以来一直没有发生过变化，一直等到地质学家的证明，我们才知道这是屡经变化的舞台，而且至今还是一个缓慢的、但永不停息的变动物体。”⑥恩格斯同样高度地评价赖尔，说：“最初把理性带进地质学的是赖尔，因为他以地球的缓慢地变化这样一些渐进的作用，取代了由于造物主的一时兴起而引起的突然变革。”⑦

3. 生物学领域的进化论与细胞学说

(1) 生物进化论。这个理论到19世纪时已趋成熟。这不只是归功于达尔文，需要提及的还有法国的拉马克。1809年，拉马克出版了《动物哲学》，首次使用“进化论”一词，并提出了生物进化的两条规律：用进废退和获得性遗传。拉马克的获得性遗传之说虽然被后人证明为错误，但他是生物进化论之先驱，大胆地挑战宗教教义，并对传统生物学以孤立静止的观点考察生物界的研究方法提出了尖锐的批评，认为不能只采用分析、还原的方法，主张用整体性的观点来研究生物学，认为“自然应该被我们当作一个由部分构成的全体来

---

① 康德．宇宙发展史概论 [M]．上海：上海人民出版社，1972：203．
② 康德．宇宙发展史概论 [M]．上海：上海人民出版社，1972：4．
③ 马克思，恩格斯．马克思恩格斯选集（第3卷）[M]．北京：人民出版社，1995：397．
④ (英) 丹尼尔．科学史（上册）[M]．北京：商务印书馆，1975：259．
⑤ 赖尔．地质学原理（第一册）[M]．北京：科学出版社，1979：37．
⑥ 赖尔．地质学原理（第一册）[M]．北京：科学出版社，1979：43．
⑦ 马克思，恩格斯．马克思恩格斯选集（第4卷）[M]．北京：人民出版社，1995：268．

考察"[①]。达尔文在1859年出版了《物种起源》一书，论证了生物通过自然选择而进化的历程，建构了以自然选择为核心的进化论，从根本上动摇了物种不变论的理论基础，与机械的灾变论也是完全对立的思潮。

（2）细胞学说。除进化论外，生物学领域重要的发现还有细胞学说。德国的植物学家施莱登和动物学家施旺分别发现了植物细胞和动物细胞，消除了动物界同植物界之间的壁垒，共同创立了细胞学说，揭示了动植物之间的联系。他们宣称："我们已经推到了分隔动植物界的巨大屏障。"这两人合作创立理论本身就充分表明了动植物之间的联系。

4. 19世纪物理学的三大理论成就

（1）能量守恒和转化定律。能量守恒与转化定律是由迈尔和焦耳完成的。能量守恒与转化定律表明了自然界存在着各种各样的运动形式，各种运动形式之间既有区别，又是联系和统一的，而机械运动仅仅是其中的一种运动形式。这是一个具有伟大意义的理论发现，它完全不同于在本质上只承认一种力——机械力的机械论自然观。

（2）电磁学理论。电磁学理论的诞生，源于科学家们对电磁相互关系的实验研究。1820年，丹麦物理学家奥斯特发现电可以转化为磁。英国物理学家法拉第由此想到，既然电可以转化为磁，那么磁也应该能够转化为电，并在1831年以实验验证了电磁感应理论。在这两人实验的基础上，1865年，英国物理学家麦克斯韦论述了电场与磁场相互联系和转化形成一个整体即电磁场的理论。麦克斯韦还推论出电磁波传播的速度正好等于光速，由此认为光也是一种电磁波，从而把电、磁、光三者都统一起来，进一步揭示了自然界相互联系和相互转化这一辩证性质。

（3）热力学理论。热力学揭示的是能量从一种形式转化为另一种形式时所遵循的客观规律，热力学三定律是其基本理论。热力学定律告诉我们，自然界的变化有的可以自发进行，如热量从高温物体传向低温物体、机械能向热能转化；有些变化则不能自发进行，如热量从低温物体传向高温物体、热能向机械能转化。热力学理论揭示了自然界变化的不可逆性，第一次把时间箭头引入了物理学，这同一切皆可逆的机械力学迥然不同。

5. 19世纪化学领域的重大发现

（1）尿素的人工合成。在18、19世纪，虽然不断有新的化合物被制造出来，但是人们发现不能实现从无机物向有机物的转化，由此人们认为无机物和有机物是两类完全不同的物质，进而推测在有机物中存在着一种神秘的"生命力"。1824年，一位叫维勒的化学家在研究氰和氨水这两种无机物的作用时，竟然得到了两种有机物：草酸和尿素。后来他又研究出多种从无机物中制造尿素的方法，而且这些方法制造的尿素同最初只能从动物尿液中提取的尿素完全相同。这一研究成果，打破了此前关于有机物和无机物之间存在着永远不可逾越的鸿沟的观念，证明神秘的生命力并不存在。

（2）元素周期律。俄罗斯化学家门捷列夫受黑格尔量转化为质的哲学思想的启发，在1869年提出了化学元素周期律，揭示了化学元素的性质随原子量的增加而作周期的变化的

① 拉马克．动物哲学[M]．北京：商务印书馆，1937：253．

规律，制定了元素周期表，并据此预言有11种未知元素的存在。后来这些元素被陆续发现，表明了化学元素之间确实存在着量与质、量变与质变的内在联系。

18、19世纪科学的这些辉煌的成就，向我们描绘了一幅崭新的自然图景。化学元素之间、电磁光之间、有机物与无机物之间、动植物之间、各种能量之间的内部联系，陆续被揭示出来，从生物、地球到天体，都被看作是一个历史过程，热力学甚至还提出了自然变化的方向性问题，新的辩证自然观取代机械自然观便成为历史的必然。

二、辩证唯物主义自然观的建立

1. 辩证唯物主义自然观的创立

虽然19世纪自然科学的发展已为辩证自然观的产生准备了条件，但自然科学本身的发展是不能自发地形成新自然观的。要形成一种新的自然史观，必须从哲学上作出概括，一般自然科学家不可能自发地完成这样一场哲学思想的革命。马克思、恩格斯在人类历史上第一次将唯物辩证法的宇宙观和方法论应用于自然领域，对自然领域进行了剖析和总结，对旧的自然观进行了一场彻底的革命，明确地提出了辩证唯物主义自然观的理论基础和核心思想，深刻地揭示了自然界的基本矛盾和一般规律，建立起辩证唯物主义的自然观。恩格斯在《自然辩证法》《反杜林论》《路德维希·费尔巴哈和德国古典哲学的终结》等著作中，对辩证自然观从理论上作了系统阐述。

首先，恩格斯对人类自然哲学思想史进行了全面总结，揭示了辩证唯物主义自然史观产生的历史必然性。

其次，恩格斯对19世纪及其以前的自然科学成果进行了哲学分析，对于资产阶级宣扬的各种反动思想和自然科学家中的错误观点进行了批判。他指出，自然科学提供的与日俱增的材料证明“自然界的一切归根到底是辩证地而不是形而上学地发生的”[①]“一切僵硬的东西溶化了，一切固定的东西消散了，一切被当作永久存在的特殊东西变成了转瞬即逝的东西，整个自然界被证明是在永恒的流动和循环中运动着”。[②]

再次，恩格斯以辩证唯物主义世界观为指导，吸收了人类自然史观中的优秀思想，总结了自然科学发展的最新成果，奠定了辩证唯物主义自然史观的基本理论体系。根据当时自然科学发展的最新成果，他反复强调要把自然界看成是一种过程，把认为世界不是一成不变的事物的集合体，而是过程的集合体的思想称之为“伟大而基本的思想”，并从这个基本的观点出发，综合当时的科学成就，从整体上描绘了一幅自然界发展演化的总图画。他科学地论证了自然界从天体起源到人类产生的一系列辩证发展过程，指出自然界是无限的，自然界的物质运动形式是无限多样的，运动在量上和质上都是永恒的、不灭的。

辩证唯物主义自然史观的产生，是人类自然史观的一次伟大的飞跃。它把唯物论和辩证法、自然观和历史观、客观辩证法和主观辩证法统一了起来，与历史上各种旧的自然史观划清了界限，为人类正确认识和把握自然提供了科学的世界观和方法论。

---

① 恩格斯．反杜林论[M]．北京：人民出版社，1970：20．

② 恩格斯．自然辩证法[M]．北京：人民出版社，1971：15．

2. 辩证唯物主义自然观的基本观点

（1）在对自然界的认识上认为自然界是物质的，物质结构的层次是无限的，物质处于永恒的运动中，运动无论在量上还是在质上都是不灭的，时间和空间是物质运动的基本形式，自然界的运动是有规律的。

（2）在人与自然的关系上用辩证法考察人与自然的关系，深刻地分析了人与自然的分化与统一：劳动是人从自然界中分化出来的决定性的因素，劳动也造成了人与动物的本质区别；人通过劳动实现了对自然界的支配和统治，但同时也加深了人与自然的矛盾；要解决人与自然的矛盾，协调人与自然的关系，人不仅要学会正确地认识自然、掌握规律，而且要对生产方式和社会制度实行变革。

三、现代自然科学发展不断证实着辩证自然观

19 世纪末 20 世纪初，自然科学在物理学革命的推动下，进入了现代自然科学发展阶段。20 世纪被称为“科学革命的世纪”，这场科学革命广泛地发生在宇观、宏观、微观三大层次上，形成一个前沿不断扩大的多层次的综合体。自然科学的全面创新与突破，使其与机械自然观的矛盾不断激化，辩证自然观获得了进一步的证实与发展。

1. 现代自然科学的革命

（1）19 世纪与 20 世纪之交的物理学新发现，否定了原子基本性的原则。由于 X 射线（1895 年，伦琴）、放射性（1896 年，贝克勒尔）、电子（1897 年，汤姆逊）以及镭（1898 年，居里夫人）的发现，揭示了原子、元素的复杂结构，证明了它们的可分性和互变性。镭被人们誉为“伟大的革命家”，它的发现是对原子基本性的毁灭性打击。原子的绝对的基本性被否定，取而代之的是原子的不可穷尽性。

（2）相对论和量子力学的创立，否定了机械直观性的原则。19 世纪末，正当人们认为物理学已经发展到尽善尽美的境界时，经典物理学的天空却出现了“两朵乌云”，即迈克耳逊－莫雷实验和黑体辐射实验。

迈克耳逊－莫雷实验。迈克耳逊是美国的物理学家，莫雷是美国的化学家，他们两人在 1887 年合作设计了一个实验来寻找以太（以太说是经典物理学的一种理论，人们认为宇宙中存在着以太，光、电、磁都是依靠以太传播的。）但实验的结果却使他们极为痛苦，要么承认地球不再运动，要么承认宇宙中根本不存在什么“以太”。为了解释这个实验事实，人们作了种种假设，最后不得不选择放弃经典物理学理论，爱因斯坦的相对论就是由此引发出来的。相对论是关于时空和引力的基本理论，相对论的基本假设是光速不变原理、相对性原理、等效原理。相对论提出了“时间和空间的相对性”“四维时空”“弯曲空间”等全新的概念，颠覆了人类对宇宙和自然的“常识性”观念。

黑体辐射理论。19 世纪末，许多物理学家对黑体辐射非常感兴趣。黑体是一个被理想化的物体，它可以吸收所有照射到它上面的辐射，并将这些辐射转化为热辐射，这个热辐射的光谱特征仅与该黑体的温度有关。但科学家利用经典物理学理论研究黑体的辐射问题

都遭到失败。德国物理学家普朗克在研究中发现，除非黑体在辐射或吸收能量的过程中，能量不是连续不断的而是分成一份 / 份的，才能予以解释。1900 年，普朗克在一篇论文中提出了量子论（这一理论使他获得了1918年的诺贝尔奖）。之后，1913年玻尔建立了量子化的原子结构模型，1923 年德布罗意提出物质波概念，1925 年海森堡建立矩阵力学，1926 年薛定谔建立波动力学。量子力学表明，微观物理实在既不是波也不是粒子，真正的实在是量子态。在经典物理学理论中，对一个体系的测量不会改变它的状态，它只有一种变化并按运动方程演进，运动方程对决定体系状态的力学量可以作出确定的预言。但在量子力学中，体系的状态有两种变化，一种是体系的状态按运动方程演进，这是可逆的变化；另一种是测量改变体系状态，这是不可逆的变化。因此，量子力学对决定状态的物理量不能给出确定的预言，只能给出物理量取值的概率。在这个意义上，经典物理学因果律在微观领域失效了。

相对论和量子力学是现代物理学理论体系的两大支柱。相对论揭示了时间与空间、时空与物质运动、质量与能量之间的辩证统一关系，扬弃了牛顿物理学关于绝对时间和绝对空间的观念。量子力学揭示了崭新的、不同于宏观客体规律的微观客体规律，突现了量子（微观）世界的概率随机性，根本改变了精确确定的连续轨迹的经典概念。量子力学证明，微观过程领域中有自已独特的规律，即间断性和连续性的统一、波和粒子的统一，要想直观地描述这种统一是不可能的。实际上，微观规律，除了数学模型外是任何直观的模型都无法描述的。科学的发展，突破了经典力学直观的形象和模型，以数学的抽象性取代了机械的直观性。

（3）微观物理学研究的新发现，否定了世界既成性的原则。对基本粒子的研究表明，基本粒子的“结构”极其独特，根本不像我们已经熟悉的原子的结构，甚至也不像原子核的结构：它们不是由既定的更简单、更基本的粒子构成，而是由潜在的即可能存在的粒子构成，在一定的条件下，这种可能性便转化为现实性。正是在粒子的分解和生成的过程中，显示出该粒子的实在性，即在其母粒子内部潜在的预存性。此后人们不再把研究对象当作现实地存在的东西了，而仅仅承认它是可能存在的、潜在的东西，这就否定了研究对象在其构成形态上的既成性。

（4）系统科学、非线性科学和复杂性研究，进一步揭示了自然的辩证性质。20 世纪 40 年代末，美国数学家维纳创立了控制论；奥地利生物学家贝塔朗菲创立了系统论；美国数学家申农创立了信息论。这是系统科学的第一批成果。系统科学以系统观点看待自然界，揭示了自然界物质系统的整体性、层次性、动态性和开放性。

20 世纪 60 年代以来，一批物理学家对非线性、复杂性问题进行了更广泛深入的研究。比利时物理学家普利高津提出了以耗散结构为核心的系统自组织理论；德国物理学家哈肯建立了协同学；法国数学家托姆建立了描述和预测系统演化在临界点突变行为的数学框架“突变论”；德国生物学家艾根提出了超循环论；美国气象学家洛仑兹等开创了混沌学，提供了一种关于系统演化的分叉与混沌方式，从根本上消除了拉普拉斯决定论的可预测性的观念。

（5）分子生物学阐明了自然界结构与生命活动的高度一致性。20 世纪的生物学家致力于探索物种进化和遗传的机制。由于高分子化学的发展及其向生物学的渗透，以及X射线衍射和电子显微镜的发明与应用，科学家们开始在分子水平上研究生命物质及其功能，并建立了分子生物学。1953年，沃森等科学家在分析X射线衍线资料的基础上，建立了DNA分子的双螺旋结构模型，标志着分子生物学的诞生，也将生物学的实验水平推进到了大分子层次，并在生物大分子层次上阐明了自然界结构和生命活动的高度一致性。分子生物学表明，所有生物（包括非细胞生物病毒）都有着共同的遗传物质核酸，而核酸也有共同的核苷酸链的分子结构和基本相同的遗传机制。在此基础上发展起来的DNA重组技术、克隆技术等，表明现代生命科学已经发展到足以改造人类自身、改变人的自然本性的程度，人参与、影响自然进程的力量更强了。

2. 现代自然科学革命的意义

相对论否定了牛顿的绝对时空观，揭示了空间与时间、空间时间与物质及其运动、质量与能量之间存在的辩证联系；量子力学标志了对微观世界认识的深入，揭示了连续性与间断性、波动性与粒子性的辩证统一，突现了量子现象的整体性，打破了机械决定论的观念；分子生物学由细胞水平深入到分子水平，在生物大分子层次上揭示了生物界基本结构和生命活动的高度一致性；系统论以“系统”的观点看自然界，提出了系统与要素、结构与功能等新的范畴，揭示了自然界物质系统的整体性、层次性、动态性和开放性；非平衡系统自组织理论不仅指出自然界的演化是自组织的、自己运动的，而且揭示了自然演化的自组织机制；混沌理论则提供了一种关于系统演化的分叉与混沌方式，它把简单性与复杂性、有序性与无序性、确定性与随机性、必然性与偶然性等统一在新的更为深广的自然图景之中，极大地丰富和发展了辩证唯物主义的自然观。

“人海关系”案例集萃之一

1. 生命源于海洋

“天地玄黄，宇宙洪荒。”在开辟之初，阳光中具有强大杀伤力的紫外线无情地直射着地球，原始的大气中也没有对生命现象至关重要的氧气，大地只是毫无生机的苍茫。如此恶劣的环境，生命的种子根本没有机会破土、萌芽、成长。

那么最初的生命诞生在何方？

科学的论证是在海洋。

生命的演化经历了几十亿年，在这个极其漫长的过程中，海洋起了决定性的作用。它为原始生命提供了必要的生存环境。凭借着海洋巨大的水体和海流，最初的生命体既能够在海面靠海水和阳光的光合作用，又可以在合成之后沉入较深层的海里，以躲避紫外线的杀伤，从容不迫地完成进一步的积累和演化。与此同时，在海水中汇合溶解的大量有机物，也在一定的条件下相互发生反应，合成更为复杂的有机物并最终进化成活的细胞。（也有观点认为，生命起源于深海海底热液区，靠化能合成作用产生，然后才来到海面。）

这种原始生命的诞生持续了几十亿年。

原生生物——单细胞的藻类和细菌又经过了十几亿年的演化之后，便进入了藻类时代。

在这一时期，开始出现单细胞和多细胞的原生动物。同时，随着藻类的日益增多，大气中的氧气含量也随之增加。在30亿年前，氧气相当于今日数量的千分之一，20亿年前则已相当于今日数量的百分之一，到了10亿年前，更是一跃而达到了今日数量的十分之一。而到了6亿年前的古生代时，海洋藻类每年释放出的氧气可达3000亿吨，这个数字已同现代相差无几。

大气中氧气的增加和臭氧层的出现，对于生命的演化具有十分重要的意义。前者为地球上需要氧气的生物提供了必要的物质基础，后者则可有效地保护地球上的生物免受紫外线的伤害。从而为地球上的生物提供了一个理想的生存环境。

因此，在6亿年前的古生代，生物界出现了一次大飞跃，即水生无脊椎动物开始出现。从此之后，生物的进化过程与以前相比，可以说是突飞猛进。

5亿年前的寒武纪，多细胞的无脊椎动物已有海绵动物、腔肠动物、环节动物、节肢动物、软体动物等种类。在这一时期，最具代表性的还要算三叶虫，这种原始的节肢动物遍布了世界的海洋，统治这个世界达1亿年之久。

在接下来的3.5亿年前的泥盆时代，鱼类进入了全盛时期。那时候，陆地上已有高大成林的植物，部分鱼类开始弃海登陆，成为最早的两栖类动物。其中最为著名的是从近岸浅海中登陆的总鳍鱼，它不仅仅是两栖动物的祖先，与此同时也是所有陆地动物的祖先。

陆地上的动物经历了长期演化之后，终于实现了生物进化史上奇迹般的飞跃。作为万物之灵的人类开始跻身于进化史的最前列，并凭借着自身的智慧和勇气，摘星换斗、移山填海，逐渐上升为世界的主人。

自从人类在地球上出现的那一刻起，海洋便参与并影响了人类社会的文明进程。并且人类的文明愈是发达，海洋所发挥的功效就愈是显著。

2.“厄琉息斯”秘仪

厄琉息斯秘仪，是古希腊时期位于厄琉息斯（现在的埃勒夫希那，位于雅典西北约30公里的一个小镇，主产小麦和大麦）的一个秘密教派的年度入会仪式。

这个教派崇拜得墨忒耳（希腊神话中司掌农业的谷物女神，亦被称为丰饶女神，为奥林匹斯十二主神之一。宙斯的二姐，也是宙斯的第四位妻子）和珀耳塞福涅（希腊神话中冥界的王后，宙斯的女儿）。

厄琉息斯秘仪被认为是在古代所有的秘密崇拜中最为重要的。传说这个仪式可以使参加它的人在可怕的珀耳塞福涅眼下与死去的传说中的英雄共餐，从而获得永生。这些崇拜和仪式处于严格的保密之中。而全体信徒都参加的入会仪式则是一个信众与神直接沟通的重要渠道，以获得神力的佑护及来世的回报。

有两种厄琉息斯秘仪：大仪式和小仪式。小仪式一般在阿提卡历八月相当于公历一二月份举行，这个时间有时候也会有变化，不像大仪式那样严格。仪式中祭司首先将一头猪献祭于得墨忒耳，然后清洁自己，接着进行被称为“myesis”的仪式。这个仪式是为了洁净入会的候选人，为他们几个月后参加大仪式做准备。大仪式则更为隆重，开始于阿提卡历三月相当于公历八九月份，并持续九天。这里的清洁仪式就是在海水中沐浴。

在古希腊、罗马神话中，海水被赋予洁净的功能。许多神话中都有体现海洋洁净功能的故事。在古罗马诗人奥维德的《变形记》中，青铜时代的人类越来越亵渎神灵。宙斯与众神明选择用洪水惩罚人类。海神波塞冬在宙斯的命令下发起愤怒的海水，使世界成为一片汪洋，青铜时代的人类就此灭绝。洪水退却后，人类获得重生，得到净化，世界得以在新的基础上重新开始。

希腊三大悲剧大师之一的欧里庇得斯在《伊菲格涅亚在陶里克人中》也描写了用海水刷除身上的血污使不洁净的牺牲成为圣洁的牺牲。

古希腊人相信海水可以洗涤一切的污染。古代的凶与用海水洗涤他们的衣服。

这种认识使人类自古以来就让海洋来接纳人类废弃物。

居住在海边的古代人类很早就把海洋当做遗弃废物的场所。有历史文献和考古证据表明，古希腊人曾有意识地将海洋作为倾倒各种需避而远之的物品的场所。到了公元 4 世纪，罗马帝国的康斯坦丁堡也向附近海域排放大量污水。据现代知识推测，当时的污水排放应该大大增加了海水中的营养物，引起浮游生物迅速繁殖，并吸引了历史记载中的大量鲸鱼的出现。10 个世纪之后，荷兰和英国的海港城市也曾因为排放大量污物，造成海水的富营养化。

向海洋倾倒废物的习惯一直延续到近代。在 17 世纪北美的波士顿，刚刚定居不久的欧洲殖民者就开始源源不断地将城市垃圾和污水排放到邻近的河口和海湾之中，进而开启了长达 400 年的海港污染史和治理史。

3. 古希腊海神——波塞冬

史前人类对海洋几乎一无所知，因而会主观地把人和生物的某些特征投射到外部世界去，认为自然界是一个有生命的、有感觉的有机体。与人一样有喜怒哀乐，又有因果关系存在，受某种看不见的神力支配。在这种情况下海洋也自然而然地被神化，虽然在各种不同文化中有不同的神话形象，但其本质都是一个类型，有生命有情感的形象。

《山海经 · 天文训》中关于海洋的形成解释如下：昔者共工与颛顼与争为帝，怒而触不周之山，天柱折，地维绝。天倾西北，故日月星辰移焉；地不满东南，故水潦尘埃归焉。（注解：共工与颛顼为争夺帝位而打架，结果触倒天柱不周山以致天塌，造成地势西北高而东南低，这样陆上河流顺势流向东南，注入海洋而形成汪洋大观）。

由于海洋蕴藏着资源同时又有着巨大的威力，因而古人对海洋的认识是充满好奇而又无比敬畏的。这种心理同样反映在各种神话传说和神灵崇拜中。越是海洋实践多的地区，海洋神话和海洋崇拜的内容越多。而且不同地区都有自己与众不同的海神。除古希腊的海神之外，还有罗马神话中的海神“尼普顿”、古巴比伦人的海神“艾亚”、日本的东海女神“天照大神”、我国东南沿海地区的“妈祖”等。此外，印度、巴西、北欧等沿海地区都有自己的海神。

最有代表性的当数古希腊。在古希腊神话中有许多海上神祇，如：天上守护双鱼座的神尼普琴、象征“海底”的彭透斯、象征“海面”的塔拉萨、代表“海水”的女神哈利亚等。当然影响最大的还是海神波塞冬。

传说波塞冬是希腊神话中的第二代众神之王克洛诺斯与瑞亚的儿子，希腊神话中的十二主神之一、宙斯之兄。当初宙斯三兄弟抓阄划分势力范围，宙斯获得了天空，哈迪斯屈尊地下，波塞冬就成了大海和湖泊的君主，地位也仅次于宙斯，掌管环绕大陆的所有水域，拥有强大的法力。

尽管波塞冬在奥林匹斯山有一席之地，但是大部分时间他都住在海洋深处灿烂夺目的金色宫殿里。他坐在铜蹄金髦马驾的车里掠过海浪，经常手持三叉戟，这成为他的标志。他用令人战栗的地动山摇来统治他的王国。他挥动三叉戟就能引起海啸和地震，使大陆沉没、天地崩裂，还能将万物打得粉碎，甚至引发震撼整个世界的强大地震。他有呼风之术，并且能够掀起或是平息狂暴的大海，轻易地令任何船只粉碎。当他愤怒时海底就会出现怪物，爱琴海附近的希腊海员和渔民对他极为崇拜。

波塞冬的三叉戟并非只用来当武器，它也被用来击碎岩石，从裂缝中流出的清泉浇灌大地，使农民五谷丰登，所以波塞冬又被称为丰收神。

波塞冬曾经与智慧女神雅典娜争夺雅典，可惜最后还是败给雅典娜。一怒之下，他曾经用洪水淹没雅典。在争夺雅典时，他变出第一匹马，所以他也是马匹的保护神，他乘坐的战车就是用金色的战马所拉的，当他的战车在大海上奔驰时，波浪会变得平静，并且周围有海豚跟随，这显示波塞冬亲切的神性。

波塞冬和宙斯一样好色。他的妻子安非特里忒在成为王后之前是海河中的美丽仙女。有一天她和姐妹们在纳格索斯岛上舞蹈，波塞冬一见钟情，像大鲨鱼一样猛扑过去。仙女惊恐之际潜入海底，波塞冬立刻派一只海豚追逐。海豚可是游泳健将，安非特里忒不是对手，最后疲倦之际，这得乖乖坐在海豚的背上，成了波塞冬的新娘。波塞冬还与各路情人生了很多儿子，和他哥哥宙斯专生俊男美女不同，波塞冬的私生子多是巨人和粗野的英雄。他甚至和他的祖母——地母盖亚生了个儿子安泰，又称安泰俄斯。

波塞冬的罗马名字是涅普顿，天文学家用它的罗马名字来命名海王星。

4. 对厄尔尼诺现象的认识

众所周知，厄尔尼诺是一种气候现象，在西班牙语中是“圣婴”的意思。为什么这种气候现象会用西班牙语命名并给出这么奇怪的一个名字呢?

原来，早在 19 世纪初时，南美洲的厄瓜多尔和秘鲁等西班牙语系国家的渔民们发现，每隔几年，便会在 10 月至次年的 3 月这段时间出现一股沿海岸南移的暖流，使表层海水温度明显升高。而在正常年份，秘鲁西海岸的太平洋沿岸地区都是受一股冷洋流控制的，也正是随着这股寒流移动的鱼群，使秘鲁渔场成为世界四大渔场之一。当这股暖流出现时，厚度达 30 多米的暖洋流覆盖在冷洋流之上，使大量冷水性的浮游生物遭到灭顶之灾，纷纷逃离或死亡，渔民因此而遭受灭顶之灾。由于这种现象最严重时往往在圣诞节前后，这些遭受天灾而又无可奈何的渔民便将其称为上帝之子——圣婴。这就是厄尔尼诺的来由。

厄尔尼诺出现的频率并不规则。历史记录显示，自 1949 年至 1990 年的 40 余年间共发生 10 次厄尔尼诺现象，平均约每 4 年发生一次。基本上，如果现象持续期少于五个月，会称为厄尔尼诺情况；如果持续期是五个月或以上，便会称为厄尔尼诺事件。厄尔尼诺过后，热带太平洋有时会出现与上述情况相反的状态，称为拉尼娜现象。拉尼娜在西班牙语中的意思是“小女孩、女婴”。拉尼娜现象表现为赤道太平洋东部和中部海表面温度持续异常偏低。

通常，这两种现象伴随着全球性气候异常。厄尔尼诺现象发生时，太平洋沿岸的海面水温异常升高，海水水位上涨，并形成一股暖流向南流动。位于西太平洋地区的国家如澳大利亚、印度尼西亚常出现旱灾，而南美沿岸国家如秘鲁、厄瓜多尔则有暴雨发生。相反，拉尼娜现象发生时，澳大利亚、印度尼西亚常有水灾，而秘鲁、厄瓜多尔则出现干旱。

然而，近年来厄尔尼诺现象的发生有加快、加剧的趋势。90 年代以来的最近几年里竟出现了 4 次（1991 年～ 1992 年、1993 年、1994 年～ 1995 年、1997 年～ 1998 年），实属历史罕见。而且，90 年代以来太平洋海温长期持续偏高，已造成近百年来热带东太平洋平均温度最高的三年都在 1990 年以后。时起时伏的厄尔尼诺现象伴随着全球气温持续异常，自然灾害特别是气候巨灾频发。

那么，到底是谁在助长“圣婴”“女婴”作恶？

在探索厄尔尼诺现象形成机理的过程中，科学家们发现厄尔尼诺事件令人惊讶地不可预测。研究人员在对跨越过去 7000 年的珊瑚化石记录进行研究之后，还是找不到关于厄尔尼诺行为的任何清晰的趋势。研究人员注意到了这样的巧合：20 年代到 50 年代，是火山活动的低潮期，也是世界大洋厄尔尼诺现象次数较少、强度较弱的时期；50 年代以后，世界各地的火山活动进入了活跃期，与此同时，大洋上厄尔尼诺现象次数也相应增多，而且表现十分强烈。根据近百年的资料统计，75% 左右的厄尔尼诺现象是在强火山爆发后一年半到两年间发生的。这种现象引起了科学家的特别关注，有科学家就提出，是海底火山爆发造成了厄尔尼诺暖流。

近年来更多的研究还发现，厄尔尼诺事件的发生可能与地球自转速度变化有关。自 50 年代以来，地球自转速度破坏了过去 10 年尺度的平均加速度分布，一反常态呈 4–5 年的波动变化，一些较强的厄尔尼诺，年平均发生在地球自转速度的重大转折年里，特别是自转变慢的年份。地转速率短期变化与赤道东太平洋海温变化呈反相关，即地转速率短期加速时，赤道东太平洋海温降低；反之，地转速率短期减慢时，赤道东太平洋海温升高。这表明，地球自转减慢可能是形成厄尔尼诺现象的主要原因。

人们也认识到，除了地震和火山爆发等人类无法阻止的纯粹自然灾害之外，许多灾害的发生同人类的活动有密切的关系。“天灾八九是人祸”这个道理已被越来越多的人所认识。那么肆虐全球的厄尔尼诺现象是否也受到人类活动的影响呢？近些年厄尔尼诺现象频频发生、程度加剧，是否也同人类生存环境的日益恶化有一定关系？

有科学家从厄尔尼诺发生的周期逐渐缩短这一点推断，厄尔尼诺的猖獗同地球温室效应加剧引起的全球变暖有关，是人类用自己的双手助长了“圣婴”作恶。当然，要证明全球变暖对厄尔尼诺现象是否起了作用还需大量科学佐证。但厄尔尼诺现象频繁发生的结果，也可能产生一个更温暖的世界，这样，是厄尔尼诺现象引起全球变暖，还是全球变暖加快厄尔尼诺现象的发生，就陷入了一个先有鸡还是先有蛋的怪圈。

人类最终彻底走出“厄尔尼诺”怪圈，也许就取决于人类自己对自然的态度。

5. 从《白鲸》被追捧看人类海洋观的转变

《白鲸》（Moby Dick）是19世纪美国最重要的小说家之一赫尔曼·梅尔维尔于1851年发表的一篇海洋题材的小说，小说描写了亚哈船长为了追逐并杀死白鲸（实为白色抹香鲸）莫比·迪克，最终与白鲸同归于尽的故事。

捕鲸船“裴廊德”号船长亚哈，在一次捕鲸过程中，被凶残聪明的白鲸莫比·迪克咬掉了一条腿，因此他满怀复仇之念，一心想追捕这条白鲸，竟至失去理性，变成一个独断独行的偏执症狂。他的船几乎兜遍了全世界，经历辗转，终于与莫比·迪克遭遇。经过三天追踪，他用鱼叉击中白鲸，但船被白鲸撞破，亚哈被鱼叉上的绳子缠住，掉入海中。全船人落海，只有水手以实玛利（《圣经》中人名，意为被遗弃的人）一人得救。

梅尔维尔在小说中塑造了一个经典的人物形象——亚哈船长。亚哈船长是一个行船经验非常丰富，并且敢于与世俗做斗争的船长，他有着几十年的航海经验，在他面前，无数条的鲸鱼被他高超的技术刺中，当面临危险和困难时，他仍然勇往直前，同时，他还有着崇高的品质、有如大海一样宽阔的胸怀。通过这个形象的塑造，梅尔维尔展现了上升时期美国民族朝气蓬勃的奋斗冒险和战胜一切困难的大无畏精神，也形象地揭示了美国19世纪末、20世纪初浪漫主义运动的追求——寻求并表现一种理想和理想的人物。这种理想和理想人物应具有美国民族精神的深层内蕴，应体现整个美国民族的坚强而一往无前的意识。亚哈就是植根于美国民族精神土壤的英雄，他是作者在更高意义上塑造的一个“集体的人”，表现着美国民族和其集体意识、心理、思想和精神气质。可以说，麦尔维尔塑造的亚哈的形象，显露出了20世纪美国“硬汉性格”人物形象的端倪。人们不难看出海明威《老人与海》中桑提亚哥与亚哈身上所具有的精神气质的相似之处。

在这部海洋历险故事中，作者寓事于理、寄托深意，或讲历史、谈宗教，或赞自然、论哲学，闲聊中透射深刻哲理，平叙中揭示人生真谛，不但为航海、鲸鱼、捕鲸业的科学研究提供了丰富的材料，而且展现了作家对人类文明和命运的独特反思。难怪这部表面看似杂乱无章、结构松散的皇皇巨著被冠以各种形式的名字：游记、航海故事、寓言、捕鲸传说、有关鲸鱼与捕鲸业的百科全书、美国史诗、莎士比亚式的悲剧、抒情散文长诗、塞万提斯式的浪漫体小说……它就像一座深邃神奇的艺术迷宫，呈现出异彩纷繁的多维性、开放性和衍生性，具有挖掘不尽的恒久艺术价值。

然而，《白鲸》在成书伊始并没有受到广大读者的热爱和追捧，直至20世纪20年代才引起人们的重视，而这部作品因具有对人们破坏海洋生态的警示意义，被人们赞为海洋生态的扛鼎之作。

站在21世纪的视角重新审读《白鲸》将会发现，《白鲸》从始到终贯穿一条主线：人一旦置身于大自然中，唯一的选择只有充当征服者，他与被征服对象的关系必然是对立的，两者是彼此仇视的、互不相容的。而正是这样的海洋观与人海关系理念，使人类在进入20世纪后面临严峻的生态危机，人类必将因这种对海洋的肆意征服而得到惩罚，遭受报应。

在小说中，船上的许多人没能逃脱身体残缺以及丧生大海的命运，许多两眼无光、神情黯淡的妻子带着孩子僵硬地站在教堂边的墓地前思念自己的丈夫。对抗大自然，最后失败的往往是人类。

6. 业务化海洋学的发展

业务化海洋学是建立在海洋预报及其业务化应用基础上，涵盖了观测系统、数据收集和处理、数值模式和同化、产品和服务保障等诸多领域，通过“实时观测—数值模拟—数据同化—业务应用”形成一个完整链条。其目的是。

（1）尽可能超前提供海洋未来状况的连续报道。

（2）以最佳精度描述海洋现状（包括生物资源现状）。

（3）搜集长期气候数据集，描述历史状况和显示发展趋势、变化的时序。

业务化海洋学以海洋预报为基础。海洋预报是基于对海洋过去和当前状态及其演变规律的认识，运用观测、模型和数据同化等手段，对海洋未来的状态进行分析、判断和预测。目前按常规发布的预报包括海上风速风向、波高、波向、波谱、表层流、潮汐、风暴潮、浮冰和海表温度。

业务化海洋学活动的进行，需要系统的、日常的、经济高效的、高质量的、长期持续的测量，这些测量通常与用户需要相关，因而要求及时提供测量资料。通常是把观测数据迅速传输到计算机数据采集中心，数据中心通过数值预报模型对数据进行处理。预报模型输出对地方和地区层级往往具有特殊用途的二级数据产品，最终数据产品和预报必须迅速地传递到工业、商业、政府部门和执法部门等用户的手中。

业务化海洋学的发展不断趋向于全球化。这种全球化具有很大的优点是对系统的所有部分都能加以分析，可提高预报精度，或延长预报周期，向产业和政府部门提供更多有价值的产品：海洋污染和玷污指标、油膜的运动、水质预报、营养盐浓度、初级生产力、次表层流、温盐剖面、泥沙搬运和侵蚀等。

业务化海洋学发展的主要原动力是用户的需要、各种公益性的问题。公众关注的海洋问题主要有：

（1）包括厄尔尼诺和其他波动在内的气候异常变化；

（2）全球增温、海平面上升和小岛国家；

（3）飓风和风暴潮增水的频率和强度；

（4）南极冰盖的潜在融化；

（5）污染（如陆地上排放的、影响水质和公众健康的石油及其他工业化学品）；

（6）溢油和其他海洋事故；

（7）包括放射性废料在内的倾倒和废物处理；

（8）由于海岸带开发和都市化导致的海洋优美环境的丧失；

（9）海岸线侵蚀；

（10）海岸带生态系统丧失和生境的脆弱化；

（11）珊瑚礁和红树林的保护；

（12）导致富营养化的营养盐流失；
（13）有毒藻华；
（14）入侵物种；
（15）鱼类资源衰退；
（16）海洋生物多样性；
（17）野生生物保护；
（18）海洋哺乳动物（包括鲸和海豚）大量死亡；
（19）海洋人工施肥；
（20）客货轮、轮渡、海上平台等的安全性。

正是人类海洋观的不断变化发展、对海洋的属性与价值认识的不断深化拓展，使业务化海洋学具有巨大的发展前景。

7. 死海濒临干涸 红海来救命

死海位于约旦和以色列之间，是以色列和约旦的分界线，距约旦首都安曼市 55 公里。死海因海水的盐分极高（含盐量是普通海水的 10 倍）、鱼和植物都无法在里面生存而得名。死海的表面和海岸的海拔在海平面下 429 米，是陆地上的最低海拔。死海也是世界上最深超盐性湖，深度则达到了 304 米。

数千年来，死海一直吸引了大量游客。在这里既可以体验盐水里漂浮的感觉，也能获得一些健康疗效。科学家认为，死海的海水含有有益矿物质，空气中的花粉过敏原浓度低，周围大气压高，这都使得死海具有保健功效。科学家已经发现，囊胞性纤维症等呼吸道疾病通过高气压就能得到一定的治疗，科学家还可以利用这里特殊的温度和湿度来治疗牛皮癣。死海的海拔很低，使得紫外线辐射相较其他地方更少，因此这里的日光浴效果更好。患有鼻窦炎和窦炎的人，可以通过这里的盐水洗鼻来缓解症状。死海淤泥制成的药膜则能够治疗患者膝盖的骨关节炎。

但这样的时光可能不多了，有人担忧到 2050 年死海将彻底干涸。据英国《每日邮报》2015 年 1 月 5 日报道，位于以色列的死海西岸，水位低的地方以平均每年下降一米的速度干涸化，据悉，从 1950 年以来，水位已下降约 40 米，有的地方已经出现荒漠化。

地质学者认为，死海周围的岩石已有 5 亿年的历史。死海形成后，由于该地区气候变化，海水大量蒸发，从而使海水含盐度越来越高，高达 23% ~ 25%，最高达 33%，是一般海水含盐量的 10 倍，没有任何植物和生物能在这样高的盐度和缺氧的水中生存。辽阔的湖面上没有鸟飞过，湖水与岸边交界的大片鹅卵石滩上是厚厚的一层盐霜，看不到任何生命的影子。

死海第一次有记录的水深测量是在 1927 年，从那以后，这个因圣经而广为人知的内海水深就开始下降。水深降低主要是由于死海的入水量和出水量间的不平衡。死海的水主要来自约旦河，而当地水资源紧缺，周围的以色列，约旦河西岸，黎巴嫩，叙利亚和约旦都受到缺水影响，大量抽取河水作农业用途，注入死海的水量大减，加上蒸发和死海周边矿场大量用水，水位不断下降。科学家估计，从 1950 算起，死海水深至少已经降低了 40 米。

为逆转这一趋势，2013 年 12 月 9 日，以色列、巴勒斯坦及约旦三国在美国华盛顿世界银行总部签署一份引水协议，决定修建管道将死海与位于其南部 200 公里处的红海相连，对红海海水实施淡化后将其注入死海，以拯救因水位不断下降而濒临“死亡”的死海。多年来，关于引水入死海的讨论从未停止。

按照该协议，2015 年 2 月 26 约旦与以色列在约旦首都安曼签署“红海—死海管道协议”，计划铺设四条管道将红海水引入死海。在项目的第一阶段，每年从红海抽取的水约为 3 亿立方米。到项目竣工时，总共将铺设四根输水管，最终目标是每年从红海抽取 20 亿立方米的水。一部分水经过淡化处理后，由约旦、以色列和巴勒斯坦共同分享，剩余的盐水则会注入死海。该工程预计耗时 5 年，是约旦、以色列两国自 1994 年达成和平协议以来规模最大的合资项目。据以色列政府相关人士透露，由于死海位于海平面以下 400 多米处，红海海水的引流工作并不困难。但由于该计划也将给周边国家提供淡化海水以缓解其缺水问题，所以最后注入死海的水量很可能不足以维持死海的水位。约旦政府表示，运河输水量最终会增至每年 7 亿立方米，但有专家质疑该计划最终能否阻止死海消失，认为每年需输水逾 10 亿立方米才够。

按照该协议，约旦境内将修建一座海水淡化厂，将以建设—运营—移交（BOT）模式向私人企业招标。2015 年底已启动招标预评审程序，预计一年内开工，四年完工。生产的海水淡化水将供应约旦、以色列和巴勒斯坦三方，其中每个国家每年可使用 3000 万立方米淡化水，如巴勒斯坦放弃定额，以色列可最多使用 5000 万立方米淡水。为节省约旦从南部向北部运水的费用，以色列计划将北部加利利湖的淡水提供给约旦，以此交换亚喀巴工厂的海水淡化厂水。

另在 Arava 沙漠的约旦一侧将铺设连接红海和死海的 180 公里长的引水渠，预计花费 2 ～ 4 亿美元，由世界银行提供资金。每年通过该管道向死海注入 1 亿立方米的盐卤水（海水淡化副产品），以期缓解死海水下降的趋势。

针对此协议也有诸多反对的声音。当地的一些环保团体称：“注入红海海水很可能引起藻类大量繁殖，从而破坏死海地区的生态平衡，对死海的生态环境产生巨大的影响”。一些环境组织警告说，这个项目将破坏死海脆弱的生态系统，他们担心来自红海的水可能污染死海。

8. 欧洲近代文学作品中的海洋观

恋海

约翰 · 梅斯菲尔德

我必须再去看海，看那幽静的大海和蓝天，
我只需一艘高大的帆船和星星为它指引，
船舵轮转，风中歌唱，白帆疾驶，
海雾弥漫，曙光拂晓。

我必须再去看海，去感受那汹涌的潮水翻腾，
令我无法拒绝，
海风伴着白云飞舞，
海浪腾涌，浪花飞溅，海鸥啼叫。

我必须再去看海，像吉普赛人流浪，
像海鸥那样，像鲸鱼那样，那里海风刺骨，
听笑谈的同伴讲趣事，
当长长的恶作剧结束，
恬静入睡，好梦相伴。

老人与海
海明威

他脑子里的海永远是“海娘子”，在西班牙文里，人们爱她的时候总是这样称她。有时候爱她的人也说她的坏话，但是他们说话的口气里总好像她是一个女人。有些年轻的渔夫——他们用浮标做钓丝的浮子，而且还有小汽艇，那是他们在鲨鱼肝上赚了钱的时候买下来的——他们称她为“海郎”。那是男性的。他们说到她的时候是将她当作一个竞争的对手，或是一个地方，甚至于当作一个仇敌。但是，老人总想着她是女性的，她可以给人很大的恩宠，也可以不给；假使她做出野蛮的恶毒的事情，那是因为她无法控制自己。月亮影响她，就像月亮影响女人一样，他想着。（节选）

这是典型的欧洲近代海洋观，呈现出人类战胜自然的豪情壮志。在人与海打交道的过程中，西方人生发并强化了他们对于大海的情感，确立了对待海洋的基本立场。

在《恋海》这首诗中，诗人表达了个体的自由情感、生命活力及其与同伴的情谊，更体现出人类对于大海的驾驭征服感。

而在《老人与海》中，海洋被想象成女性。人与海的关系，如同男人与女人的关系，男性征服女性，人类征服海洋，人与海就是这样一种对立与彼此抗争的关系。

第二讲　自然界的存在与演化

任何时期的自然观，对自然的关注都主要集中在两个问题上：自然界的本质是什么？自然界是如何构成的？自然观发展至今，人们对于自然的认识不断在深化。现代科学的发展，为我们描绘了一幅从基本粒子、原子、分子化合物直到人类，从微观领域直至宇观天体系统演化的自我组织、自我运动、自我创造的辩证的演化发展的自然图景，深入地揭示了自然界的本质和规律，使我们得以勾勒出自然界的物质构成谱系和存在发展的总体规律。特别是系统科学把“系统”看作是总的自然界的模型，为我们提供了把握自然界存在的一般工具。

以系统的方式看自然界，呈现在我们眼前的自然界是一个在本质上以物质系统方式存在的有机整体，构成自然界的各种物质客体通过物质代谢、能量转换和信息传递的方式相互统一起来；自然物质系统的运动不是被动的而是主动的，系统能够自发地或自主地通过与外部环境进行物质、能量与信息的交换，实现有序化、组织化和系统化。

第一节　自然界是物质的

广义的自然界即宇宙，是指整个世界。狭义的自然界是指人类赖以生存和发展的地球系统。无论是从广义上看，还是从狭义上看，自然界的存在都是物质性的，自然是一个物质世界。

一、自然界是一个物质世界

所谓物质，就是独立于人的意识之外并能为人的意识所反映的客观实在。自然是一个物质的世界，这首先是由古代哲学家用理性推导得出的结论。无论是泰勒斯把水当成始基，把自然界看成是一个由水变化而成的物质世界，还是德谟克里特把原子当成始基，把自然界看成是一个由原子变化而成的世界，或如中国古代五行说者、古希腊四根说者那样，把自然看成是由少数几种基本成分组合变化而成的世界，这些观点和学说，都认为世界是一个客观的物质世界。虽然各种宗教学说宣称自然是由造物主制造出来的，唯心主义哲学家们也以各种不同的方式方法否认自然是物质的、客观的，但迄今为止，自然界的物质本性已被科学发展所不断证实。

二、自然界物质存在形态的多样性

自然界物质的存在形态是千姿百态、无限多样的，现代自然科学已经发现从基本粒子到天体、从单细胞到人等大量的物质形态。依据不同的标准，我们可以对自然物质的存在形态作不同的分类，如生命物质和非生命物质；宇观物质、宏观物质与微观物质；固态物质、液态物质与气态物质等。关于物质存在形态的分类，目前尚没有一个统一的标准。较为常见的分类是“二态”和“三态”。

“二态”即把物质分为实物和场。实物和场的区分在于是否具有比较确定的界面。实物的质量集中于某一空间，具有较为确定的界面。场则无集中的质量，可以充满全部空间，并对实物具有“可入性”。实物都是由质子、中子、电子等少数几种基本粒子组成的，场包括引力场、电磁场、介子场等。当然实物和场的区分不是绝对的。

不过，科学家对于这种“二态”分法也持有不同看法，认为还存在着不同于实物和场的第三态：真空。真空之所以是“空”，是因为没有光子、电子等基本粒子存在。但真空并非空空如也，同样存在着引力场、电磁场、介子场等各种场。只是在真空中，所有的场都处于“平静”状态，能量最低，给人以消失之感，但实际上是潜在的。所以有些学者把物质分为显态和隐态，实物和场是显态，真空是隐态。

“三态”即固态、液态和气态。固态、液态物质的内部聚集力较强，有确定的体积，统称为凝聚态。气态则没有一定的体积，分子之间相互排斥，又称非凝聚态。“三态”并非全部的物质态，而只是非生命物质的存在形态，并且也存在着“三态”以外的其他态。

当气态物质温度达到数千度，原子的外围电子就会游离出来，原先的中性原子就电离成为正离子和电子，这便是等离子体，科学界将其称为物质的第四态。现代科学揭示出一些更为特殊的物质形态，如超密态、真空场态、反物质态、暗物质态等，有些文献将它们依次称为物质的第五态、第六态，第七态、第八态。超密态是指原子在超高压时，分子之间、原子之间、原子核和电子之间的间隙完全消失，即发生所谓“坍塌”的物质状态。这类状态的物质密度十分惊人，如中子星密度可达地表水密度的 10^{14} ～ 10^{15} 倍。反物质状态是由反粒子（如反质子、反中子）构成的物质状态。除极少数粒子外，各种粒子都有与其相对的反粒子。反粒子的能量符号同粒子相反，即能量有正、负两种形态。由反粒子组成的反物质组成反宇宙。当正反物体相遇时就会湮灭成光子。暗物质是人的肉眼所无法直接看到的，它既不发光，也不反射光。但天文学家通过观察暗物质重力使更遥远星系发出的光产生弯曲，从而推测暗物质存在于星系团中。不过他们确实不清楚暗物质的构成，只是认为它可能是某种粒子。

事实上，上述的八种物质形态并不是依据同一级别质的标准区分出来的。例如气态、液态和固态，其内在质的标准是物质内部分子吸引与排斥矛盾所占主次地位的程度，它们对应的质属于分子运动这一级别；等离子态内在的质是由电子电离与否决定，因此它的质属于原子内部运动这一级别。相对于分子运动而论，气态，液态和固态之间具有质的区别；但相对于原子内部运动矛盾而言，三者之间并没有质的差异。因此，若将等离子视为一态，则气态、液态和固态应同属一态。

三、自然界物质形态的统一性

自然物质形态多种多样，它们之间是否具有统一性？如果有，这种统一性又表现在哪里？对此，现代自然科学的回答是，自然界中无限多样的物质形态具有统一性，主要表现在以下几个方面。

1. 自然界的运动具有相同的物质力量和规律

在哥白尼以前，人们认为地上世界（月亮之下）和天上世界（月亮之上）是两个迥然不同的世界，地上世界是一个不完善的、易于变化和败朽的、没有完美运动的物质世界，而天上世界则是一个完美无缺、永做均匀圆周运动的、完全不同于地上物质的世界。哥白尼创立的太阳中心说和开普勒发现行星运动的规律证明，天上世界和地上世界是没有原则区别的。而牛顿经典力学进一步发现，引起地球上一个苹果下落的力量和引起行星运动的力量都是同一个物质力量即万有引力。生物进化论也证明，即便是生命物质，包括各种动物、植物及人类在内，都不是什么神秘的“上帝创造”和“宇宙精神”作用的产物，而是物质长期演化、生物长期进化的结果。

2. 宇宙中自然物质形态在化学元素上具有统一性

现代科学依靠射电望远镜、光谱分析法等，对宇宙射线和陨石化学成分进行分析，证明遥远的天体都是由在地球上均可找到的化学元素或基本粒子组成的。宇宙飞船取回的月球岩样，经过化学分析，也证明它同地球上的物质成分大体是一样的。分子生物学证明，无机物与生命物质在化学成分上也有着同一性，生命不过是蛋白质和核酸自我更新与自我复制的过程。世界上没有生物所特有而自然界没有的元素，生物界和非生物界是统一的。

3. 宇宙中物质形态在基本粒子层次上具有统一性

宇宙间所有物体都是由原子、分子、原子核、质子、中子或光子、电子等基本粒子构成的。此外，质量守恒定律、能量守恒与转化定律和质能关系定律进一步证明了自然界中物质形态的统一性。19 世纪初，人们认为自然界各个领域的现象是互不贯通、互不统一的：热现象来源于“热素”，化学现象来源于“燃素”，光现象来源于“光素”，电现象来源于“电流体”，生命现象来源于神秘的“生命力”，彼此之间相互隔绝。但各种物理守恒规律表明，物质和运动既不能被创造也不能被消灭，它们只能从一种物质形态和运动形态转变为质量和能量相等的另一种物质形态和运动形态。这样，自然界的一切现象和过程，都联结成为一个统一的相互联系和相互转化的链条，其中没有任何一种物质的东西可以由“非物质”或虚无中产生，也没有任何一种物质的东西可以转化为“非物质”或虚无。

4. 实物与场的内在联系也证明了自然物质形态的统一性

前苏联科学院院长、物理学家瓦维洛夫曾提出物质世界由实物（或粒子）和光（或电磁波）组成。爱因斯坦进一步认为，场是一种物理实在，“在一个现代物理学家看来，电磁场正和他所坐的椅子一样地实在。”1905 年，爱因斯坦提出了光具有波粒二象性，他还从质能关系式出发，认为质量和能量在本质上是一个东西。1923 年，法国的德布罗意提出实物也具有波粒二象性，提出了物质波的概念。今天，粒子物理学告诉我们，一对正负电子相遇时可以湮灭为两个光子，即 $e^{-}+e^{+} \rightarrow \gamma + \gamma$，两个光子也可以转化为一对正负电子。

实物和场正是这样紧密地联系着。

正如恩格斯所说："世界的真正的统一性在于它的物质性，而这种物质性不是由魔术师的三两句话所证明的，而是由哲学和自然科学的长期的和持续的发展所证明的。"[①]

第二节 自然界是系统的

恩格斯说："我们所面对着的整个自然界形成一个体系，即各种物体相互联系的总体，而我们在这里所说的物体，是从星球到原子，甚至到以太粒子，我们承认以太粒子的存在的话。"[②] 自然界，包括基本粒子、场、原子、分子等微观物质，包括各种各样无生命物质和各种生物，包括行星、恒星、星系、星系团、超星系团等宇观物质。但自然界不是各种物质的堆积，而是一个巨大的、相互联系的系统。以系统的观点看自然，自然界不是以静止的、孤立的方式存在，而是以联系的、整体的方式存在着。

一、系统及其特点

1. 什么是系统

"系统"一词由来已久，在古希腊是指按一定关系结合起来，与偶然的堆积意思相反。到近代，一些科学家和哲学家常用系统一词来表示复杂的具有一定结构的整体。一台机器、一个工厂、一个企业、一定自然条件下的植物群落、一个组织、一个国家等，都可视为一个系统。丰子恺先生在他的《学画回忆》中说过这样一件事："有一回我画一个人牵两只羊，画了两根绳子。有一位先生教我：'绳子只要画一根。牵了一只羊，后面的都会跟来。'我恍悟自己阅历太少，后来留心观察，看见果然前头牵一只羊走，后面数十只羊都会跟去。无论走向屠宰场或者任何地方，没有一只羊肯离群而另觅生路的。"这里，羊群的生活就是一个系统。

虽然人类早就有关于系统的思想，但近代比较完整地提出系统理论的则是奥地利的贝塔朗菲。20 世纪 20 年代，奥地利学者贝塔朗菲研究理论生物学时，用机体论生物学批判并取代了当时的机械论和活力论生物学，建立了有机体系统的概念，提出了系统理论的思想。从 30 年代末起，贝塔朗菲就开始从有机体生物学转向建立具有普遍意义和世界观意义的一般系统理论。1945 年他发表《关于一般系统论》，这可以看作是他创立一般系统论的宣言。

对于系统的定义，目前科技界和哲学界的认识很不一致，众说纷纭。国内外学者给系统所下的定义不下几十个，真是"仁者见仁，智者见智。"贝塔朗菲认为系统可以定义为"处于一定的相互关系中并与环境发生关系的各组成部分（要素）的总体（集）"[③]。

① 马克思，恩格斯．马克思恩格斯选集（第 3 卷）．北京：人民出版社，1995：383．

② 马克思，恩格斯．马克思恩格斯选集（第 3 卷）．北京：人民出版社，1995：492．

③ L．V．贝塔朗菲．普通系统论的历史和现状 [M]．中国科学院情报研究所编译．科学学译文集 [G]．北京：科学出版社，1981：315．

2. 系统的本质特点

尽管学者们提出的各种系统定义在具体说法上有这样或那样的差异，但不难看出其中有三项是普遍的、本质的东西。

（1）系统是由若干要素组成的一个整体。要素是构成系统的成分、单元或部分。中医的《三部六病》就明确地将人体这个系统分成了三个子系统，即人体是由“表、中、里”三部要素组成，每部的变化和发展到一定程度时就会影响人体这个大系统的变化与发展。但对于系统来说，首先要把握的不是要素，而是整体。整体性是系统最大的特点。

（2）系统的各要素之间存在着特定关系，形成一定的结构。结构是系统中各种联系和关系的总和，系统的结构使它成为一个有特定功能的整体。功能是系统在内部联系和外部联系中所表现出来的特性或能力。

（3）系统总是处在一定的环境中，受环境影响和干扰，和环境相互发生作用。凡是与系统的组成元素发生相互作用而又不属于系统的事物，均属于系统的环境。

需要指出的是，系统、要素与环境的区分不是绝对的，而是相对的。一方面，系统与要素的区分是相对的。要素构成了系统，但要素本身通常是一个子系统；而系统相对于环境而言，它与环境中其他的系统一起构成更大的系统，从而成为这个更大系统的子系统；另一方面，系统与环境的区分也是相对的。某一系统对于受它影响的更小的系统来说就是环境，而对于它参与的更大的系统来说就是要素。

系统的概念与联系的概念既有联系又有区别，没有事物之间的联系，便没有系统的存在，但并非只要存在着联系，就一定会构成系统。系统是否形成，主要看各种要素组合后是否产生了新的功能或者新的属性。例如人类的一个卵细胞和一个精子都没有发育成为胚胎从而成长为人类个体的性质和功能，但两者结合起来所形成的受精卵这个系统却可能诞生出一个生命来。

二、自然界系统的类型

自然界是一个巨系统，包含着许多子系统。对系统类型的分类，必须从一定的角度来进行。这里选择若干比较重要的角度，来认识物质系统的类型。

1. 孤立系统、封闭系统和开放系统

这是从系统和环境的关系角度来进行分类的。所谓孤立的系统是指与环境既无物质交换也无能量交换的系统。这种系统严格地讲，是一种理想化模型，实际上不存在，它对应的只是那些与环境进行物质、能量交换极少，乃至可以忽略不计的系统。封闭系统指的是与环境仅有能量交换而无物质交换的系统。比如地球，如果不考虑落到地球上的流星、陨石、宇宙尘埃等物质，仅考虑太阳辐射每时每刻给地球以能量的话，地球就是一个封闭系统。开放系统指的是与外界环境既有物质交换又有能量交换的系统。人体这一系统就是一个开放的系统，不断地从环境摄取养分、氧气，排出体内废物，与环境进行着物质、能量、信息交流。

这一类别的划分实际上只是开放的程度和方式不同而已，不能作机械的理解。因为绝对孤立的不与环境发生交换的系统是不存在的；根据相对论的质能关系式，物质质量和能量可相互转化，所以能量交换与物质交换没有绝对的区别，能量交换本质上也是物质交换。

2. 线性系统和非线性系统

这是从系统内各要素相互作用的特点的角度来进行分类的。线性与非线性是两个数学名词，用于区分不同变量之间基本的相互关系。所谓线性是指两个量之间存在着正比关系，可用线性函数关系来描述，若在直角坐标系上画出来，是一条直线。非线性关系的两个量之间则因相互作用而不存在正比关系，若在直角坐标系上画出来，是一条曲线。线性与非线性关系当用数学形式表达时，其区别是十分明确的。在实际观察中，如果事物的运行过程没有曲折、弯路、反复、振荡、间断、跳跃等现象，而是均匀展开、单向前进、一往无前，便可看作是线性的。比如一分耕耘一分收获，表达的关系便是线性的。

线性系统是指系统中要素的关系是线性的比较简单的系统。非线性系统是指内部存在着自催化、正反馈之类的非线性作用的较为复杂的系统。

反馈是系统普遍存在的一种现象，是系统内某一要素的变化引起其他要素的变化并进而影响整个系统的一个复杂的机制。反馈有两种，正反馈与负反馈。例如用中子轰击铀原子核产生裂变，在放出能量的同时还产生 2 ~ 3 个新中子，新中子又去轰击其他的铀原子核，从而进行不断放大的正反馈，产生连锁反应，实现短时间内集聚巨大能量的原子弹爆炸。为了避免爆炸式的原子能释放，科学家在原子能反应堆外面增加了一个负反馈装置，当系统内中子数过多、温度过高时，推人镉棒去吸收掉一部分中子，反之则把镉棒抽出一点，从而实现系统的稳定运行。所以，正反馈是指系统中某一成分的变化引起的其他一系列的变化，反过来不是抑制而是加速最初发生变化的那种成分所发生的变化；负反馈则是能够使系统达到和保持平衡或稳定，抑制和减弱最初发生变化的那种成分所发生的变化。正反馈的作用常常使生态系统远离平衡状态，负反馈则促使系统趋于平衡或稳定。

3. 平衡态系统、近平衡态系统和远离平衡态系统

这是从系统所处的不同状态的角度来进行分类的。所谓平衡态系统，是指在没有环境因素的作用下，内部无差异（非但处处相等而且时时相等）的系统。比如人体细胞，细胞内和细胞外各种阴离子与各种阳离子通过各种泵的作用而维持着总数的平衡，如果细胞内的阳离子跑到细胞外去了，那么细胞外必定会有相同数量的阳离子跑到细胞内去，如果两者之间不能保持这种平衡态，机体就处于病态。比如当人体受伤时，细胞被破坏，细胞内的钾离子就会大量释放到细胞外，机体就会产生高钾血症，有可能导致心跳呼吸突然停止而死亡。近平衡态系统是指内部有一定差异，但这种差异只能导致线性相互作用（特征是整体等于部分之和）的系统；远离平衡态系统是指内部有较大差异，足以导致系统中出现非线性相互作用的系统。后两种系统又称为非平衡态系统。人的病态机体就是一种远离平衡态系统。

4. 黑系统、白系统和灰系统

这是从人对自然认识程度的不同水平来进行分类的。白系统是指人们对其要素和结构已知道得很清楚的系统（当然这种说法不是绝对的）；黑系统是指人们当前对其还一无所知的系统；灰系统是指人们对其已有一定认识又认识不足的系统。从我们对系统认识过程来看，任何一个系统都是由黑向灰既而向白转化的过程。中医对人体系统的认识就处于一个灰系统的状态。中医在世界还没有产生系统理论之前，它就已经在用系统的观点看人体了。但是源远流长的中医，对人体的认识一直处于总体的但又是混沌的状态，许多细节问题是猜测的，有些猜测是伟大的、天才的，而有些猜测到目前还只是猜测。系统是由部分组成的，如果对部分认识不清，那么对系统整体的把握就会受到影响。

5. 天然系统、人工系统和复合系统

这是从人对自然物参与程度的角度来进行分类的。天然系统是人类尚未改变其自然进程的系统；人工系统是指由人工制造的系统，如电力系统、现代交通系统、计算机系统等；而复合系统是指既有天然要素又有人工要素的系统，如水力发电系统、农业系统、导航系统等，人的实践活动已经部分参与其中的系统。

三、自然系统的基本特征

系统理论认为，任何系统均具有整体性、层次性、开放性、动态性等基本属性。自然系统也同样具有。

1. 整体性

整体性是系统的首要的最基本的特点。系统观最核心的思想就是把系统作为一个整体来看待。所谓系统的整体性是指系统具有既依赖于构成要素又不同于其构成要素的特定性质与功能。系统作为一个整体是由部分构成的，但是系统的功能和性质却并非完全能由要素的功能和性质来解释，有别于各要素的简单之和，呈现为“加和性”与“非加和性”两种关系。

加和性关系是指各个部分可以用简单相加的方法逐渐建立整体的特性。换言之，整体的特征能够分解为各个要素的特征之和。即我们通常所说的“1+1=2”或者说“2 可以分为 1+1”。比如一个微观物质系统的总机械能是它的各个部分电荷数相加之和；一个宏观机械系统的总机械能，是它各个部分动能、势能的总和。但是作为一个系统，不可能只有加和性关系，加和性关系也不是系统的特征。如果系统完全可以分解为部分而没有新质，那么它就不能称为系统了。系统中必须包含有非加和性关系。

非加和性关系是指整体的特征是独立的部分所不具有的，部分也无法以简单相加的方法建立整体的特征。可以表述为“$1+1 \neq 2$”。比如正常人的每一只眼睛都有一定的视觉感知能力，但两只眼睛的综合能力却不是两眼简单相加的结果（事实上，两只眼睛的视敏度是一只眼睛的 6—10 倍，而不是 2 倍），综合分辨率也不是两只眼单独分辨率之和，分辨事物远近的功能也不是每只眼睛单独可以完成的。水由氢和氧构成，但水的化学性质却与游离的氢和氧都不同，水既不具有氢的可燃性，也不具有氧的助燃性。系统的非加和性是由要素之间的相干性造成的。相干性是一种耦合的性质，指各部分或要素之间彼此存在约束、选择、协同。耦合最初是一个物理学概念，指两个（或两个以上）的体系或运动形式之间通过各种相互作用而彼此影响的现象。由于要素之间的相干性，便生成了一种新质，产生了一种非加和关系。

系统总是既有加和性关系，又一定有非加和性关系，非加和性是一切系统的基本特点。但了解系统的加和性并非没有丝毫的意义。一方面可以了解系统的构成要素，另一方面，对某些问题的研究可以通过把整体分解为部分的分析法来实现部分与整体之间的相互过渡，而这在实践上无疑是方便的。

2. 层次性

层次性是自然界系统的基本属性。从宇观到微观，从无机界到有机界，都存在着这种层次性。在宇观世界，存在着行星系、恒星系、星系、星系团、超星系团、总星系等不同的层次；在微观世界，有分子、原子、原子核和基本粒子等层次。在生物界则存在着生物大分子、细胞、组织、器官、个体、种群、生态系统和生物圈等层次。整个自然界就是由大大小小的系统和子系统逐级构成的，具有显著的层次性。美国系统科学家 E. 拉兹洛将系统的这种层次结构描述为“箱子里面有箱子”的中国套箱式等级结构。

系统的层次结构中，存在着如下的基本特点和规律。

（1）不同层次的系统间存在着构成或包含的关系，同一层次的系统间存在着相干关系

物质系统可以与环境中的其他因素共同构成更大的系统，而物质系统中的要素通常本身也自成系统。我们把参与构成的系统称为下层系统（或子系统），把构成后的系统称为上层系统（或母系统）。这样，在上下层系统之间就存在着构成或包含的关系：若干下层系统构成了上层系统，上层系统则包含了若干下层系统。

同一层次的各种系统间则存在着相干关系。只有通过相干耦合，彼此约束和选择、协同和放大，这些同一层次的系统才可能构成高一层次的系统。如果不存在相干关系，而只有单纯的加和关系，便只能是“一盘散沙”。

（2）上层系统与下层系统之间存在着“复杂性递减”“结合度递减”的规律。所谓复杂性递减，是指系统结构的复杂性随层次的上升而下降，即“层次越高，复杂性越低”，上层系统的结构通常比下层系统的结构更为简单。比如一个二氧化碳气体分子的结构要比碳原子和氧原子的结构简单得多，蚂蚁社会的结构要比蚂蚁个体的结构简单得多。所谓结合度递减规律，是指系统结构的牢固程度随层次的上升而下降，即“层次越高，结合度越弱”，上层系统内部要素之间结合的牢固度不如下层系统。结合度通常用结合力（如万有引力）或结合能来衡量。目前所知的结合度中，将夸克结合成强子的力量最大，然后是中子与质子结合成原子核的核交换力，然后是核外电子与原子核相结合的电磁力。据测算，把一个高分子分解为小分子需要 1 电子伏特能量，把一个原子（氢原子）的电子从原子中电离出来，需要 13.55 电子伏特能量，而破坏一个原子核则需要 10^6 电子伏特能量。这种结合度递减的规律告诉我们，当我们研究某个系统时，通常可以对其下层系统的内部结构黑箱化，

因为这些要素是稳定的。所以我们对系统的研究，不能把要素的内部结构作为起点，否则，任何研究都得从最基础做起了。

（3）上下层系统间存在着“双向因果链”的相互作用。双向因果链是指上层系统与下层系统之间相互作用、互为因果的关系。下层系统作为原因在上层系统中会引起一定的结果，这称为“上向因果链”；而上层系统作为原因在下层系统中也会引起一定的结果，这称为“下向因果链”。例如，人体对致病因素所给予的刺激，往往不是由受刺激的局部组织器官直接单独做出反应这样的线性关系，而是经过机体内部多个系统、器官、组织、细胞的许多相互作用以后由机体整体做出反应，这种作用就是上向因果链。而机体的这种病态，又会影响到全身各个系统的状态，这就是下向因果链。这种双向效应的存在告诉我们，对高层系统的研究必须从低层系统的规律及相干特点出发，否则就成了“无源之水，无本之木”；但又不能把高层系统完全分解成低层系统进行研究，更不能将其还原为低层现象。

3. 开放性

系统总是处在一定的环境中。系统的开放性是指系统与周围环境处在相互联系、相互作用之中，系统不断与其环境进行物质、能量、信息的交换。从广义上说，凡是系统之外的所有东西均可视为该系统的环境。但如果环境定义得过于宽泛，就难以发现系统与环境的具体关系。所以环境通常是指系统以外的、与系统内要素发生直接的物质、能量、信息交换的那些事物，又称直接环境。

任何系统都具有开放性，因为它们都与环境处在相互作用中，只是程度不同而已。孤立系统只是一种理想状态，只存在于理论中。系统的开放性，当然包含着系统对环境的依赖和系统对环境的支持。从系统的角度来谈开放性，更多地应注意系统对环境的依赖。

（1）环境提供了系统存在的外部条件。一切物质系统的存在都不同程度地依赖于环境。生命系统也是如此，它的维系需要一定的温度、湿度、营养物质、空气等，一旦生命系统周围缺少这些条件，生命就将消失。

（2）系统的功能只有在环境中才得以表现。任何系统都存在于一定的环境中，那么系统功能要发挥，对环境必定有所要求。环境改变了，系统的功能也会变化甚至失去原有功能。比如一支水银体温表，具有测量人体温度的功能。但如果我们不是把它放在人体内，而是置于沸水中，它就会失去功能。天平的功能在于衡量细微物品的质量，而磅秤的功能则对于大件物品才能体现。如果把两者的环境换一下，这两种衡器都会丧失衡器的功能。

（3）环境对于系统具有调控作用。虽然说内因是事物变化发展的根本原因，但外因也是不容忽视的。中国宋代学者苏颂就发现，契丹人的马匹之所以特别强壮，是因为契丹人养马不是圈养，而是“纵其水草”；宋代的刘蒙也描述了将小花朵的“野菊”种于“园圃肥沃之处”，最终成了大花朵的“甘菊”的过程。环境的调控作用不仅能影响物质系统的发展，还可能改变物质系统本身的发展方向。

4. 动态性

从本体论看，物质总是运动的，没有不运动的物质。自然界既然是物质的，便是动态的，自然系统的运动、发展、变化过程，就是它的动态性。

系统动态性的一个重要表现，就是任何系统都普遍存在着涨落现象。涨落，原本是一个统计物理学的概念，是表征系统某种性质的物理量在其平均值附近所作的微小的随机变动。涨落是对系统稳定状态的偏离。引起系统涨落的原因很多，系统要素的偶然变异、偶合关系的偶然起伏、环境因素的随机干扰等，都会导致偏离。由系统内部原因形成的涨落称为内涨落，由外界环境原因形成的涨落称为外涨落。一个系统产生涨落是必然的，涨落的大小则带有随机性。

按照涨落的大小程度不同，涨落可分为微涨落和巨涨落。微涨落是指其作用程度不能改变系统结构的整体性，只能导致系统结构量变的涨落；巨涨落是指其作用程度足以改变系统结构的整体性，导致系统结构整体的失衡与质变的涨落。巨涨落是从微涨落转化而来的。当系统处于远离平衡态时，微涨落有可能因非线性作用而被放大成为巨涨落。当涨落力大于系统保持稳态的惯性力，就会触发系统结构的更替。

涨落在系统中的普遍存在以及系统结构更替的内在可能性都表明，系统不是一种僵硬的、死的结构，而是一种动态系统。

第三节　自然界是演化的

一、自然界演化观的确立

1. 什么是演化

演化不同于进化。进化是指一种有特定方向的演化，即事物由低级到高级、由简单到复杂、由无序到有序的演化。而演化则并不必然具有这种上升性，可以是上升的，也可以是下降的，可以是从无序到有序，也可以是从有序到无序，可以是进化的，也可以是退化的。但是不管是什么性质的变化，总之是不可逆的。

不可逆的变化，就是演化。

2. 自然演化观的形成

自然界是在演化的，这在今天的我们看来完全不值一提的常识性的东西，却让我们的先辈倍感迷惑。人们曾认为自然界是不变的，过去如此、现在如此、将来也如此，比如物种不变论。或认为即使有变化，也不是自身的变化，而是外力作用的结果，如地质学上的灾变论。即使到近代，牛顿的经典力学虽然承认宏观物体在万有引力的作用下发生运动，但牛顿也不认为物体本来就会运动，他的解释是由于上帝给了这个世界以最初的推动力（牛顿称之为“第一推动力”），世界才开始运动起来。牛顿说：“没有神力之助，我不知道自然界中还有什么力量竟能促成这种横向运动。”这种用外力（神力）作为动因的思想显然是否认自然界本身有运动演化。这是一种“僵化的自然观”。

第一次在这种僵化的自然观上打开缺口的是“康德－拉普拉斯星云说”。虽然这只是一种假说，而且并不完美，有许多显著的缺陷，但康德从历史演化的观点出发，认为太阳系是由弥漫的原始物质在引力与斥力的相互作用下逐步收缩凝聚而成的，第一个试图用自然的力而不是神力来解释天体形成和运动的原因。继康德之后，赖尔也将历史演化的思想引进了地质学，提出了关于地球缓慢进化的渐变论，让人们相信“不仅整个地球，而且地球今天的表面以及生活于其上的植物和动物，也都有时间上的历史。”[①] 之后，生物进化论、细胞学说、能量守恒与转化定律、热力学第二定律等均从不同角度揭示了自然界的历史性。自然演化的观念终于在 19 世纪取代了“第一推动力”论，自然界的历史观由此确立。

说自然是“历史”的，并不是说自然界有一个产生、发展和灭亡的过程，而是说自然界的事物或者自然界的物质系统是历史的、变化的，或者说是在演化的。恩格斯在总结 19 世纪自然科学发展的伟大成果和基本特征的基础上，对自然界历史观的基本观点作了概括。在《自然辩证法》中，恩格斯说 ：“现在，整个自然界是作为至少在基本上已解释清楚和了解清楚的种种联系和种种过程的体系而呈现在我们面前。”[②] 在《路德维希·费尔巴哈和德国古典哲学的终结》中，恩格斯又明确概括道 ：“一个伟大的基本思想，即认为世界不是一成不变的事物的集合体，而是过程的集合体。其中各个似乎稳定的事物以及它们在我们大脑中的思想映象即概念都处在生成和灭亡的不断变化中。”[③]

二、自然演化的不可逆性

1. 演化是一种不可逆的变化

演化是一种运动变化，但不是所有的运动变化都是演化。如果一个系统经过一定的变化以后，又回到原来的状态中去，系统所处的环境也没有改变，那么这种变化就不是演化。因为这是一种可逆的运动，而演化则是不可逆的。

对可逆和不可逆现象的研究，直接涉及关于自然界演化的一个带有根本性的问题，即运动过程的时间箭头问题。所谓演化的不可逆是指自然界和物质系统过去、现在、将来均呈现出差异性而且不会自动向原有状态回复。也就是说，我们要给演化加上时间的箭头(时间之矢)。

牛顿力学与量子力学描述的过程都是可逆的（测量过程除外）。例如，牛顿力学第二定律方程形式为 $F=m$（$\mathrm{d}^2r/\mathrm{d}t^2$），若以 $-t$ 取代 t 代入方程中，方程的结果将完全不变。利用牛顿方程，只需要知道现在的状态，通过解方程就既能确定过去的状态，也能确定未来的状态，过去和未来是没有区别的。在这些过程中，无论时间向前运动还是时间向后运动都

① 马克思，恩格斯．马克思恩格斯选集（第 3 卷）[M]．北京：人民出版社，1995：451．

② 马克思，恩格斯．马克思恩格斯选集（第 3 卷）[M]．北京：人民出版社，1995：527．

③ 马克思，恩格斯．马克思恩格斯选集（第 4 卷）[M]．北京：人民出版社，1995：239．

没有区别，时间仅仅是从外部描述运动的一个参量，它的变化并不影响运动的性质，因而也无法从运动性质来判别时间。化学中，如果不考虑环境因素，许多化学反应也都是可逆的。因此，在这些学科中，时间显然是与物质运动性质无内在关系的、从而也是没有物理内容的时间，时间箭头在这里没有实质性的意义。甚至是在相对论和量子力学中，如在爱因斯坦方程和薛定谔方程中，时间同样也是可逆的。普里高津在评价相对论和量子力学时指出："尽管它们本身相当革命，却仍因袭了牛顿物理学的思想—— 一个静止的宇宙，即一个存在着的、没有演化的宇宙。"①

在自然科学中，最先揭示时间不可逆性的是热力学第二定律。19世纪中叶，科学家们在研究热运动及热机原理时，得出了热力学第二定律，克劳修斯将其表述为"热量由低温物体传给高温物体且在环境中不留下任何影响是不可能的"，开尔文将其表述为"从单一热源吸热作功而不产生其他影响是不可能的"。后来，克劳修斯又引进了熵（S）的概念，来重新表述热力学第二定律：一个孤立系统会自发地趋于平衡态，它的熵则会不断增大，直到达到一个最大值，即 $dS \geqslant 0$。"熵"指的是在一个热力系统运行中由能量转化而来的无法做功的热能（无效能量），可以用热能的变化量除以温度所得的商来表示，标志着热量转化为功的程度。按照熵增的原理，在一个有限的封闭体系中，从一种能向另一种能的任何转换都不是完全有效的，在能量转换过程中总有一些能量消耗掉了，即总有一些能量转变为不能做功的熵，熵总是在不断地增加。比如，我们烧掉一块煤，在燃烧的过程中，煤（有用的能）转化成了煤渣、二氧化硫和其他气体（无用的能），虽然根据热力学第一定律即能量守恒定律，在任何变化过程中能量总量是不变的，但实际上我们已经不能再把煤渣、二氧化硫和其他气体重新燃烧一次做同样的功了。就是说，虽然燃烧前后能量总量守恒，但变化后的无用能增加而有用能减少了。

克劳修斯进一步将这一原理推广到宇宙的演化，认为整个宇宙必然遵循熵增原理，随着熵的不断增大，宇宙中一切机械的、物理的、化学的、生命的等运动形式都将转化为热运动形式，而热又总是自发地由高温部分流向低温部分，直到达成温度处处相等的热平衡状态。宇宙一旦达到这种状态，任何进一步的热交换都不会发生了，宇宙进入到一个热平衡的死一样寂静的永恒状态。这就是著名的"热寂说"，它揭示了系统不可逆过程的方向只能是退化的方向。

在克劳修斯提出热力学第二定律后不久，达尔文发表了系统论证生物进化的《物种起源》，从另一个角度揭示了演化的不可逆性。进化论认为生物的产生和发展是一个从简单到复杂、从低级向高级的不断进化的过程，这是一幅蓬勃向上的进化图景。之后，耗散结构论又指出了时间不可逆的另一方面，即通向有序、熵减和进化的方向。在自然界中，客观事物的发展总是不可逆的，这就决定着客观物质世界不断地按着时间箭头指示的方向，永远向前推移。

不论是退化的趋势还是进化的趋势，都意味着时间箭头的出现，意味着自然变化的不可逆性，是对自然演化观的确认。

① 普里高津．从存在到演化 [M]．上海：上海科学技术出版社，1996：14．

2. 可逆与不可逆的区分

（1）可逆过程具有时间反演对称性，不可逆过程则存在着对称性破缺。对称是物理学上的一个重要概念，指物体的形状或运动经过一定变换而保持的不变性。对称有空间对称、时间对称和功能对称等。如一个正方形物体，每转动 90°保持不变，等边三角形每转动 120°保持不变，正圆形无论转动多少角度都保持不变，这属于空间对称。同一个物理实验，在其他因素都不变的情况下，今天做或明天做并不会引起实验结果的不同，这属于时间对称。当我们把物理过程中的时间参数变号，即把 t 换成 $-t$，进行时间反演操作，如果结果没有改变，这一过程即具有时间反演对称性。

最高的对称性就是在一切变换下都不变的状态。这样的状态实际上对应着的是无序状态。宇宙处在大爆炸前的混沌状态时，空间不分上下、前后和左右，时间不分过去与未来，物质不分正粒子、反粒子与场，是完全对称的，也是极度无序的。

不可逆过程则不具有时间反演对称性，而是存在着对称性破缺。破缺就是一定变换下所表现的可变性，体现了对称性的降低甚至消失。例如，水蒸气在各个不同空间方向上都是一样的，具有球对称性。将水慢慢冷却，在冰点的时候水会结成冰，而冰中的水分子是有择优取向的。这时，它的对称性变低了（水在结成冰的过程中发生了对称性破缺）。我们也可以观察一下自己的手——手掌是连续的，往前则分出 5 个分立的手指，这也可以表述为发生了对称性破缺。时间反演对称性破缺，意味着随着时间的推移，系统无法自动回复到先前的状态。在这样的过程中，时间不再是一个普通参量，而是一个与物质系统演化过程有对应关系的量。

（2）可逆是相对的，不可逆是绝对的。虽然在事物发展的进程中，有时也会出现暂时的、相对的可逆现象，但是，任何相对可逆现象都不可能完全地、毫无差别地回到初始状态。严格地说，不可逆是普遍的、真实的，而可逆只是一种理想化过程。

不过，了解可逆过程，一方面可以深化我们对不可逆的理解和认识，另一方面，某些过程虽然不能从系统到环境完全复原，但由于变化不大，我们可以对这种差异黑箱化（视而不见），这会使得某些问题在实践处理中更加简单方便。

此外，既然演化是系统不能自动向原有状态回复，那么如果用人工的方式再造原系统和环境，则可以使我们重现已经发生过的演化过程，这对于我们弄清过程的本质和特点都是有益的。比如，一个人因环境的某种突然变化而造成心理障碍或失忆等情况，有一种治疗方式就是尝试回到过去的环境中去。

三、自然演化的方向性

1. 演化具有两种方向——进化和退化

此处所用的方向，是一个有特定含义的概念。它不同于日常生活用语中空间方位的概念，也不是单指时间的推进。时间是一维的，只有一个方向，而演化却具有两种方向。

方向是一个描述运动变化状态的概念，即自然系统的运动会自发地向某种状态变化，似乎追求着一种目的。从这个意义上理解方向，那么自然界的演化应当说是没有确定方向的（自然没有什么确定的目的，更没有上帝为它安排目的），或者说具有众多的方向，体现为“各向同性”。但这是就可能性而言，或者说理论上是这样的，正如霍金所言：“宇宙应该拥有所有可能的历史，每种历史各有其概率。”[①]

然而从现实性看，在诸多的可能方向中，经过一段变化后，演化会出现一个优势方向，即概率最大的方向。美国物理学家费因曼认为，粒子的运动虽然有着无数可能的途径，而不只是像牛顿力学所说的只有一条路径，但只有一条路径是最重要的，这条轨道正是牛顿经典运动定律中出现的那一个。由于这个运动方向实现的概率是如此之高，以致人们常误认为运动只有一个方向。这个主导方向，呈现为两种不同的性质，一种是进化，一种是退化。那么演化的时间箭头，到底指向何方？

2. 进化与退化之争

自然界不断在变化，这早已是一个不争的事实。但自然界是在退化还是在进化，却被激烈地争论着。客观地说，热力学的退化论与生物学的进化论都有其合理性。

熵增定律的存在是显而易见的。比如说把一滴墨水放进一杯清水中，经过一段时间，原来透明无色的清水均匀地变黑了，从有序走向了无序。那么能不能再由无序走向有序呢？也就是说让这杯均匀的黑水的小碳粒再聚集起来成为一滴墨水，其余部分又变成清水呢？从理论上说，既然是墨水分子在做无规则运动，已经扩散的墨水分子总会有某一时刻仍然聚集在一起，重新恢复一滴墨水的形状。但是实际计算表明，人们等待这种可能性出现的时间大大超过宇宙年龄，也就是远超过 137 亿年！时间太长了，所以我们只能说一滴墨水在水中扩散以后，实际上是不可能自动聚集起来的！无序几乎不能再回复到有序状态。这里的原因并非因为有序是不可能的，而是因为通向无序的渠道要比通向有序的渠道多得多。换句话说，把事情搞得乱糟糟的方式要比把事情做得整整齐齐的方式多得多。

而在生物学领域，从 1759 年沃尔夫出版《发生论》到 1859 年达尔文出版《物种起源》，物种进化论经过一个世纪的发展，日臻成熟，进化的观点深入人心。

这导致了人们不得不把生命与非生命割裂开来，认为非生命领域遵循热力学第二定律，走向无序；而生命领域则遵循进化论，走向有序。但事实上，自然科学的发展在揭示着生命物质系统和非生命物质系统的相互统一。两种演化观的冲突长期困扰着人们，这种冲突的窘境也意味着两种理论可能都存在着缺陷。

对于退化论的“热寂说”，恩格斯曾从哲学上进行了批判，认为按照这一理论，“宇宙钟必须上紧发条，然后才走动起来，一直到它达到平衡状态时为止，只有奇迹才能够使它再走动起来。因此，外来的推动在一开始就是必需的”。这必然导致神秘的“第一推动力”。恩格斯认为：“放射到宇宙空间中去的热一定有可能通过某种途径（指明这一途径，将是以后自然科学的课题）转变为另一种形式，在这种形式中，它能够重新集结和活动起来。”并断定“只有指出了辐射到宇宙空间的热怎样变得可以重新利用，才能最终解决这个问题”[②]。

① 霍金．果壳中的宇宙 [M]．长沙：湖南科学技术出版社，2002：80.

② 恩格斯：《自然辩证法》，人民出版社 1971 版，第 261 ～ 262 页。

“热寂说”提出一百多年来，无论是在科学上还是在哲学上，各种争论此起彼伏，无休无止。有许多赞同者，也有许多反对者。他们都在孜孜不倦地寻求着这一疑难的最后答案。然而，最终都令无数英雄竞折腰。连罗素都发出了这样悲观的感叹：“一切时代的结晶，一切信仰，一切灵感，一切人类天才的光华，都注定要随太阳系的崩溃而毁灭。人类全部成就的神殿将不可避免地会被埋葬在崩溃宇宙的废墟之中——所有这一切，几乎如此之肯定，任何否定它们的哲学都毫无成功的希望。”①

1944 年，奥地利物理学家薛定谔在《生命是什么》一书中指出，如果有一种机构，它是一个开放系统，就能够不断地从外界获得并积累自由能，产生“负熵”，避免热寂状态。生命有机体就是这种机构。1969 年，普利高津在《结构、耗散和生命》一文中，首次提出了耗散结构理论，提供了解决这一困扰的新思路。普利高津等人认为，热力学的退化趋势与生物学的进化趋势是由同样的规律支配的，即都受热力学第二定律的支配。但两者是有区别的，热力学着重研究的是孤立系统，而生物系统则是一个开放系统。普利高津采用薛定谔提出的负熵概念，揭示了一个处于远离平衡态的开放系统（无论是力学的、物理的、化学的，还是生物的），可以通过与外界环境交换物质、能量和信息，从原来混乱无序的状态转变为一种在时间、空间或功能上有序的结构，从而将热力学与生物学统一到进化轨道上来。

而达尔文的进化论虽然被广泛地接受，但并不能完全说明问题。一方面，把生物器官的专业化和完善程度视为进化与否的标志，只适用于生物界，难以推广到其他领域，比如如何判断社会在进化呢？二是即使在生物界，简单与复杂、高级与低级也是一个难以辨别的事情。达尔文自己就说过：“企图比较不同模式的成员在等级上的高低，似乎是没有希望的；谁能决定乌贼是否比蜜蜂更为高等呢？”② 所以，进化的标准必须被重新定义。

3. 系统科学的进化定义

系统科学为自然物体的进化与否提出了新的标准，认为进化是一个从无序到有序、从低序到高序的过程，进化的程度应以有序程度来衡量。由此，系统科学认为，所谓进化是指物质体系由无序到有序、由低序到高序的演化过程和趋势，而退化则正好相反，是指物质系统由有序向无序、由高序向低序的演化过程和趋势。

有序是指系统要素之间联系的规则性，无序则指系统要素间联系的无规则性。规则性是一种确定性，无规则性是一种不确定性。因此，也可以说有序是一种确定性，无序是一种不确定性。有序的规则性有两个方面，一是指系统要素结构的有序性即结构的规则性，比如二氧化硅，其有序的结构形成透明而有规则的水晶，其无序的结构则形成不规则的白色石英块；二是指运动的规则性，比如光在空间中两点间的传播总是沿着最短的路径进行。就一个自然物体系统而言，如果其要素的结构或运动按一定规律或方向取值的确定程度越高，则系统的有序性越高。

系统的有序与无序的程度是以“熵”来量度的。在系统科学中，“熵”泛指某些物质系

① 戴维斯：《宇宙的最后三分钟》，傅承启译，上海科学技术出版社 1995 年彼，第 9 页。

② 达尔文．物种起源（第三分册）[M]．北京：商务印书馆，1963：431．

统状态可能出现的程度。奥地利物理学家玻尔兹曼对熵作出了一种精确的描述：一个系统在保持宏观特性不变的情况下，它所包含的粒子可能具有的所有的不同微观状态数就是熵。这就是说，如果只有一种状态出现，那么这个系统的熵就为零；如果会发生两种状态，那么熵就增大了。微观状态数越多，系统的熵越高，这个系统的确定性也越差，即有序程度越低。这样来理解系统科学中的熵，会发现它与热力学中的熵一样，都表征着系统的无序状态的程度。熵增意味着系统从有序到无序的演化，熵减（负熵增）意味着系统从无序向有序的演化。

举例来说，假定某一系统有 a、b、c 三个粒子，分布在 A、B 两个容器中，那么其可能出现的状态会有如下几种：

第一种状态（A3 个，B0 个）：A（abc）；B（ ）；

第二种状态（A2 个，B1 个）：A（ab）、B（c）；A（ac）、B（b）；A（bc）、B（a）；

第三种状态（A1 个，B2 个）：A（a）、B（bc）；A（b）、B（ac）；A（c）；B（ab）；

第四种状态（A0 个，B3 个）：A（ ）；B（abc）。

我们可以发现，当三种物质都在一个容器里时即在第一种和第四种状态下，只有一种微观状态，没有其他“不同微观状态数”，即熵为零。当三种物质分布在两个容器里即在第二种和第三种状态下，可能出现的微观状态就有 6 种，即熵增大，不确定性增大。

于是，信息被看作是有序的量度，等价于负熵。信息量越大，对事物状态的确定程度就越高，不确定性就排除得越多。比如，当我们知道“粒子 b 分布在容器 A 里面”这一信息时，系统可能出现的微观状态就减为四种：A（abc）；A（b）、B（ac）；A（bc）、B（a）；A（ab）、B（c），确定性程度大大提高。维纳在《控制论》一书中指出：“信息量是一个可以看作几率的量的对数的负数，它实质上就是负熵。”①

系统科学的进化标准不仅适用于生物界，也适用于其他自然系统。与生物进化标准相比，它既描述了系统各要素之间的关系（秩序、规则），又揭示了系统转化的可能性和方向（无序向有序）。无论是趋于有序的进化，还是趋于无序的进化，都是客观存在的，它们往往是一个过程的两个方面。因为，既然系统有序程度的提高，需要以从环境中引入负熵为前提，这相当于系统把熵增转移到了环境之中，从而导致环境的某些退化，即系统的进化是以环境中某些方面的退化为代价。

4. 进化与退化的辩证统一

进化和退化，作为自然界中广泛存在着的两种趋势和过程，不能简单地把它们对立起来。进化与退化是相对的概念，绝对的进化与绝对的退化都是不存在的。进化和退化总是相互联系着，并在一定条件下相互转化。具体地说。

（1）既没有纯粹的进化也没有纯粹的退化，两者不可分离。这是从空间上来看。有进化的方面，一定有退化的方面。因为进化是无序走向有序，或低序走向高序，而在系统的这一演化过程中，它必然要与内部其他要素和环境进行物质、能量与信息的交换，这一交换必定会打破其他要素或系统原先的有序状态，而导致无序的发生。

① 维纳．控制论 [M]．北京：科学出版社，1985：85．

（2）进化与退化常常包含在同一个过程中。这是从时间上来看。进化的同时退化也在发生。比如古猿进化为人，但同时这一过程也包含着古猿的某些结构与功能的退化，如尾巴退化成尾骨、盲肠功能退化、智齿退化等。同样，人类起源后，在自身的进化中又包含着种种退化，比如因为食物过于精致而导致人类牙齿在退化、因为太多的以车代步而导致骨骼的退化。

（3）系统的进化是以环境的退化为代价的。系统从环境中引入负熵实际上意味着向环境输出熵。比如，甲状腺功能亢进（进化）会导致代谢紊乱，引起食欲亢进、心律失常、怕热多汗现象，使得这些系统的功能退化，由有序状态向无序状态变化。而癌变的过程其实是一个癌组织进化而使得周围组织器官的生长和功能的正常发挥退化。

（4）自然界的演化从单个系统来看，往往是一个由远离平衡走向平衡、由混沌走向有序的进化过程，但从整个宇宙演化来看，却是一个进化与退化交替，有序与无序转化的循环过程。另外，一个系统当其由混沌走向稳定有序后，便会逐渐形成熵的累积，从而导致系统的死亡，复归于混沌。当然从混沌到有序再到混沌的过程，不是简单的回复、重归，因为系统的演化是不可逆的，所以想要追求直线性的演化图景是不会成功的。

四、自然演化的自组织机制

既然每一个独立的系统，都具有熵增的必然性，自发地趋于无序或退化。那么，自然界物质系统要进化就必须与熵增作斗争，进化的实现是有条件的。系统科学认为，系统的进化是在一定条件下进行的自组织过程。

1. 自组织

自古以来，人类就不断地尝试回答现实世界为什么会有这样或那样的结构、模式和形态，一些哲学家认为，这是事物“自己运动”的产物。这种回答虽然正确，却没有揭示事物是如何“自己运动”的，只是一种思辨的回答。第一批自组织理论出现于 19 世纪中叶，达尔文的进化论可以说是生物学的自组织原理，物质三态转变的相变理论可以说是物理学的自组织理论。但这样的理论只限于某个特定领域，并停留在对于自组织的定性描述上，尚未建立一般意义上的自组织理论。

20 世纪 60 年代以后，出现了一批以揭示一般自组织规律为目标的科学学派，他们以现代科学的前沿成果为依据，建构起描述自组织现象的概念框架，其代表人物有普利高津、哈肯、艾根等。但直至今天，对于自组织的概念、原理和方法等，各学派通常都只能在自己特殊的学科背景基础上给出一些片段，尚未形成一个成熟的自组织理论。

组织是一个总概念，凡是朝向结构和有序程度增强的方向演化的过程和结果就是组织。按照事物本身如何组织起来的方式可以划分为两种：一种即“自组织”，另一种即“他组织”。哈肯认为，如果一个系统靠外部指令而形成组织，就是他组织；如果不存在外部指令，系统按照相互默契的某种规则，各尽其责而又协调地自动地形成有序结构的，就是自组织。自组织现象无论在自然界还是在人类社会中都普遍存在。一个系统自组织功能愈强，其保持和产生新功能的能力也就愈强。

自组织理论的研究对象主要是复杂自组织系统（生命系统、社会系统）的形成和发展机制的问题，即在一定条件下，系统是如何自动地由无序走向有序，由低级有序走向高级有序的。自组织理论由耗散结构理论、协同学、突变论、超循环理论组成，而其基本思想和理论内核由耗散结构理论和协同学给出。

普利高津把自然界自组织产生的结构分为两类。通过平衡过程中的相变而形成的有序结构，称为平衡结构，如晶体、超导体等，其基本特点是无须与环境进行交接即可保持其结构，甚至只有隔断与外界的联系才能长久地保持自己。系统在远离平衡态的条件下通过相变而形成的有序结构称为耗散结构，特点是只有与外部环境不断交换物质、能量、信息，才能保持有序结构。耗散结构理论揭示，当一个系统处于开放状态，在该系统从平衡态到近平衡态、再到远离平衡态的演化过程中，达到远离平衡态的非线性区时，一旦系统的某个参量的变化达到一定的阈值，通过涨落，该系统就可能发生突变（即非平衡相变），由原来的无序混乱状态转变为一种时间、空间或功能有序的新状态。

协同学主要研究系统内部各要素之间的协同机制，认为系统各要素之间的协同是自组织过程的基础，系统内各序参量之间的竞争和协同作用是系统产生新结构的直接根源。哈肯认为，系统内部大量的微观组织通过相互关联的运动即协同作用，创造了一只“看不见的手”，驱动着系统各个部分排列起来，以同样的方式行事。哈肯把这只能安排一切的“看不见的手”称为“序参量”。序参量即有序参量，是描述系统有序程度的物理参量，是针对系统相变后和相变前相比出现的宏观上的物理性能或结构而言的。中医认为人体这个系统状态，由阴阳变化来决定，阴阳变化就是人体系统宏观有序程度的度量。当系统处在由一种稳态向另一种稳态跃迁时，系统要素间的独立运动和协同运动进入均势阶段，任一微小的涨落都会迅速被放大为波及整个系统的巨涨落，推动系统进入有序状态。

2. 系统自组织的条件

依据耗散结构理论及协同学等非平衡自组织理论，一个系统具备了以下条件就会进入有序状态。

（1）系统必须处于开放状态。普利高津以总熵变公式 $dS=d_iS+d_eS$ 为工具，论证了开放性是自组织的必要条件。封闭的环境按照熵增规律只能是死寂。系统必须处于开放状态，才能从外部环境中吸取足够大的负熵，使负熵的绝对值大于系统内部增加的熵值，即 $dS=d_iS+d_eS<0$。

普利高津指出，一个系统的熵变 dS 是由两个方面的因素引起的，一个是系统内部自发产生的熵 d_iS，一个是系统通过与环境相互作用而交换来的熵 d_eS。根据热力学原理，系统内的熵增是必然的，即 $d_iS \geqslant 0$，不可能是一个负量；而 d_eS 则可正可负。

如果是一个孤立系统，就不存在 d_eS，或者说 $d_eS=0$。这时总熵变公式可以表达为 $dS=d_iS>0$。系统的熵值非负量，内部熵增使得系统无序程度不断增加，不可能出现自组织。

如果是一个开放系统，d_eS 必定存在，不可能为 0，或大于 0 或小于 0，可正可负，则会出现如下四种状态：

当 $d_eS>0$ 时，$dS>0$，系统以比封闭状态下更快的速度走向无序化；

当 $d_eS<0$ 时，且｜ d_eS ｜ $<d_iS$，则依然是 $dS>0$，系统仍然沿熵增方向走向无序化；

当 $d_eS<0$ 时，且｜ d_eS ｜ $=d_iS$，则 $dS=0$，系统宏观结构不变；

当 $d_eS<0$ 时，且｜ d_eS ｜ $>d_iS$，则 $dS<0$，系统出现熵减过程，走向有序化。

这表明，系统的开放性是系统自组织的必要条件，封闭系统是不可能出现熵减运动的。但开放性只是系统自组织的必要条件，错误的开放从外界得到的是正熵，反而会导致系统有序结构更快地瓦解；正确的开放才能从外界得到负熵。但若开放程度不够，从外部得到的负熵不足以克服自身的熵增，仍然不能出现自组织。只有正确而又充分的对外开放，才能保证系统的自组织。

（2）系统必须处于远离平衡状态。平衡状态是系统处于一种各部分长时间不发生变化的状态。在这种状态下，即使系统向环境开放，它也会返回到平衡状态，维持原状而无法实现进化。近平衡状态中，系统内部虽有一定的变化，但只产生线性作用，这种线性作用不会产生系统的新功能。只有远离平衡状态，才能变化之源。开放系统必须通过来自外部环境的物质流、能量流、信息流的输入，将系统驱使到远离平衡状态，在破坏原有结构稳定性的前提下，产生新结构的平衡与稳定，才能实现从无序向有序的转变。远离平衡状态是系统实现自组织的必要条件。这好比是往咖啡里面加牛奶，达到平衡时的最后状态只能是一碗混沌无序的灰色浑汤。但是在达到那个状态以前的非平衡态，则白牛奶在黑咖啡里排演了多少瞬息万变的漩涡花样和结构！可见，有序的生机是在远离平衡态时萌动的。

（3）系统存在非线性相互作用。系统内部要素间的线性作用只能导致系统特性的量的改变，而不会带来新的性质与功能。当系统远离平衡态时，系统内部的相互作用为非线性机制。此时系统内部的作用关系不再是各种作用的简单叠加，而是多种作用相互制约、耦合而成的全新的整体效应。这意味着系统内要素独立性的丧失，各要素按一定方式在大范围内协调运动，从而生发出原来各个要素所没有的新功能，并使系统的演化产生多种可能的方向。

（4）系统存在内部涨落。通常，系统总是处在来自内部子系统与外部环境的扰动中，使系统产生偶然的、随机出现的、不可预言的涨落。一般说来，当系统处于平衡状态或近平衡态时，这种涨落被系统稳定的结构所约束，趋于衰减，不会对系统产生大的影响。但当系统处于远离平衡状态时，这种微小的变化可能因非线性的反馈机制而被放大，成为巨涨落，使系统状态发生质的变化，从而导致有序结构的出现。这种随机的涨落因非线性作用可能产生多种变化方向，究竟哪种方向最终会成为现实，是由系统内部因素和外部环境一起来作出选择的。

在很长的历史时期，科学家们受牛顿力学自然观的影响，认为在因果关系确定的系统中，后面的状态对前面的状态具有依赖性，但这种依赖是不敏感的，即对前面状态中出现的小的改变，后面状态中的反应也很小。比如说，前一天对表时不够精确，差了一秒，就会影响到后面几天表的精确性，但这种偏差不太大，也就几秒而已，可以忽略掉。因此，在科学研究中，他们会将极小的影响或者误差毫不犹豫地忽略掉，从不认为这样做会造成重大的错误。系统科学研究则向这种传统看法发出了挑战。1963 年，美国气象学家爱德华·洛仑兹建立了大气对流数学模型，运用计算器对天气变化进行数值模拟，结果很清楚地看到数值上千分之一的误差导出了完全不同天气模式。千分之一的误差，相当于计算器仿真的天气系统受到了一个极其微小的干扰，比如说，蝴蝶扇动了几下翅膀。按照常理，这么一点误差应该不会造成多大的影响，顶多使结果略有偏离。然而，正是这小小的误差带来了完全不同的新的天气变化模式。洛仑兹因此不无夸张地说，一只蝴蝶在巴西的热带雨林中扇动几下翅膀，几周后便会在美国的得克萨斯引起一场巨大的龙卷风。这就是“蝴蝶效应”。也就是古人所言的“失之毫厘，差之千里”。

五、自然演化的和谐性

1. 什么是和谐

和谐是一个无论在哪种层面上都可以使用的概念。高级阶段有高级阶段的和谐，低级阶段有低级阶段的和谐。和谐是指物质或过程内各种有质的差异的部分协调共进的关系。

自然界是和谐的，这早已为人们所认识到。无论是哲学家还是科学家都认为自然的内在美就是和谐，达到和谐的状态是自然内在的追求和规律性。

（1）和谐是以各部分之间的差异为前提的。如果没有差异，各个部分整齐划一、完全相同、没有矛盾，那么就不是和谐，而是单一。单一中没有差异和矛盾，也不能变化。正因为各个部分具有差异，相互之间才会有竞争、制约、合作，才会在这种相互作用中形成和谐。

（2）和谐的特征是比例合理或平衡。比例是指各要素的数量关系。在自然物质系统中，系统内各种要素对系统的作用，与它们的数量有关。一些要素的数量过多或过少，都不利于系统整体的优化，也不利于自身的优化。所以，在自然的演化过程中，各个部分总是一面相互促进，另一面又相互制约，使各个部分既共进又形成比例合理。比例的合理其实就是一种均势，一种平衡。所以，也可以说，和谐是一种平衡状态。

比如在生态学研究中，人们发现生态系统内部各个物种之间的数量是具有一定的比例的，这就是所谓“生态平衡”。在一个生态系统中，各个物种的营养级水平并不相同，系统内能量的流动是沿营养级逐渐上升的。通俗地说，就是低营养级生物成为高营养级生物的能量来源，植物成为食草动物的能量来源，食草动物成为食肉动物的能量来源。生态系统的能量利用率并不高，通常只有1/10左右，也就是说10个单位的低营养级生物才能满足1个单位的高一级生物的需要。这样，在生物界由植物、草食动物、一级肉食动物、二级肉食动物构成的这样一个营养级水平由低到高的链条中，其合理的数量比例应当是1 ∶ 1/10 ∶ 1/100 ∶ 1/1000。所以，常理是越高级的动物数量越少（一般表现为其繁殖率较低或死亡率较高），否则它就可能因为下一级食物数量不够而无法生存。在这一平衡系统中，如果其中一个物种数量急剧减少或增加，都可能带来不平衡而导致系统的崩溃。当然这种平衡不是绝对的，而是相对的、暂时的、动态实现的。

2. 自然界和谐的原因

这确实是一个很难回答的问题。历史上有很多哲学家、科学家无法回答这个问题，就假定自然的这种和谐是上帝安排的。他们不会因为找不到原因反过来假定自然是不和谐的，因为自然实在是太和谐了。早期的天文学家认为地是圆的时，并没有看到地是圆的，只是因为坚信它应该是圆的，否则就不和谐、不完美。20 世纪初，宇宙学家提出了一个不是解释的解释——人择原理：宇宙为何如此和谐，因为只有在和谐的宇宙中才会有人类，有人类才会提出和谐的问题。换言之，宇宙可能有多种状态，有和谐的也有不和谐的，但如果宇宙不和谐，就不会有人类，那么人类就看不到不和谐的宇宙。所以既然有人类，宇宙就只能是和谐的。正如霍金所言："事物之所以如此是因为我们如此。"[①] 可见，人择原理实质上是用结果来解释原因，反映了现代科学对宇宙和谐原因探索的局限性。

用人择原理来解释宇宙的和谐，是富有智慧的，却非科学的。现代系统科学中的自组织理论对这一和谐问题做了比较科学和系统的回答。目前自组织理论包括耗散结构理论、协同学、超循环理论、突变理论、混沌学、非线性科学等。自组织理论认为生命物质甚至包括无生命物质都具有一种自组织的协同行为，这种协同性仿佛一只使事物有条不紊地组织起来的无形之手。

"协同"是指系统大量的微观组分的相互关联运动。协同论认为，只要是一个由大量子系统构成的系统，在一定条件下，它的子系统之间通过非线性的相互作用，就能够产生协同现象、相互竞争和相干效应，形成一定功能的自组织结构，表现出新的有序状态。相比于普里高津的耗散结构理论，协同学更侧重于分析过程自组织的演化，而不是分析系统演化与外部环境的关系。协同的基本内容包括。

（1）协同放大原理。协同放大原理是指开放系统内部子系统围绕系统整体的目的协同放大系统的功能，使整体大于局部之和。例如，经济学的乘数论，管理学的倍数原理，力学的加速原理，物理学中的共振现象等。系统的非平衡性决定了系统内部物质、能量、信息的差异性，这种差异性的相互作用使系统要素之间与子系统间具有动态的非线性作用，导致差异系统协同放大，这是产生系统功能协同放大的内因；非平衡系统的开放性，使系统内部结构与外部作用产生共鸣与涨落，这是促进系统内部协同放大的外因。

（2）协同进化原理。宇宙进化中，宏观的演化与微观的演化互为条件，相互对应和相互协调。宏观是微观的外部条件，微观是宏观的内部机制。宇宙的演化是宏观的分化与微观的整合相互对应的一个协同进化过程，是系统改变了环境、环境又影响系统的交互作用。如奇点宇宙产生之初，由爆炸而形成现在宇宙的那一点，是一种无形的、无限小的的存在，是我们宇宙的初始和出处，具有所有形成现在宇宙中所有物质的势能的大爆炸是"最大"与"最小"尺度起源的交叉点；社会发展与生物个体发展的交汇——人脑；昆虫与植物的协同进化；微观上的血吸虫与哺乳动物宿主的协同进化等。物理学家狄拉克认为，从宇宙到人，所有的物质世界不同尺度的结构、形态都取决于物理常数。这个常数就是协同的本质。这个从胀观到渺观的差异协同进化是宇宙进化的最根本的核心。这个协同进化的结果

① 霍金．霍金讲演录——黑洞、婴儿宇宙及其他 [M]．长沙：湖南科学技术出版社，2002：37．

就是和谐系统。

哈肯说：各个部分像由一只看不见的手在驱动排列；另一方面，正是这些个别系统通过其协同作用，又反过来创造了这只看不见的手，我们把这只能安排一切的看不见的手称为“序参量”。[①] 正是这种协同规律的作用使系统整体有序、和谐，大自然就是一个高度复杂的协同系统，协同是有序之源，也是和谐之源。

“人海关系”案例集萃之二

1. 大洋盆地的构造演化

关于大洋盆地的起源曾有过种种假说。随着海底扩张、板块构造学说的兴起和完善，曾经流行过的“大洋永存说”已被大量事实所否定，“大洋化作用说”也难以解释海底的许多地质现象。板块构造学说认为，大洋盆地的形成和演化与岩石圈板块的分离和汇聚运动密切相关。威尔逊（Wilson）研究了大陆分合与大洋开闭的关系，将大洋盆地的形成和构造演化归纳为六个阶段：胚胎期、幼年期、成年期、衰退期、终了期、痕迹期，这就是迄今具有重大意义的“威尔逊旋回”。

根据板块构造学说，大陆裂谷是大洋形成中的胚胎或孕育中的海洋。地幔物质上升导致岩石圈拱升并呈穹形隆起、岩石圈拉长减薄，进而穹隆顶部断裂陷落，形成典型的半地堑－地堑系。各穹隆的地堑系彼此连接，就形成大致连续的裂谷体系，如东非大裂谷。

大陆岩石圈在拉张应力作用下完全裂开，地幔物质上涌冷凝成新洋壳，形成陆间裂谷并成为典型的分离型边界，两侧陆块分离作相背运动。一旦注入海水，就意味着一个新大洋的诞生，并进入大洋发展的幼年期，如红海、亚丁湾。

幼年期海洋进一步发展，陆间裂谷两侧大陆随着板块的运动，相背漂移越来越远，洋底不断展宽，逐渐形成宏伟的大洋中脊体系和开阔的深海盆地，这标志着大洋的发展进入了成年期，如大西洋。

随着大洋不断张开展宽，大陆边缘被推离中脊轴的距离越来越远。岩石圈随时间推移不断冷却、增厚变重，加之被动大陆边缘积聚的巨厚沉积物载荷，在地壳均衡作用下导致大洋边缘岩石圈发生显著沉陷。在板块水平挤压力作用下，大洋岩石圈向下潜没，形成以海沟为标志的俯冲带。当板块俯冲消减量大于增生量时，洋底变窄，表观上是两侧大陆相向漂移（运动），大洋收缩（面积减小），大洋便进入衰退期，如太平洋。现在的太平洋是泛大洋收缩后的残余大洋，从中生代联合古陆解体时的古太平洋至今日的太平洋，其面积减少了 1/3 左右。

相向运移的大陆彼此接近，大洋趋于关闭，如现在的地中海。特别是东地中海，成为收缩后的特提斯洋（古地中海）残余部分。目前地中海的海盆相当狭小，也不见活动的洋中脊，说明洋壳不再增生，只有俯冲消亡，两缘陆地逐渐靠拢，海盆日益缩小，意味着大洋演化已进入终了期或称结束阶段。

处于终了期的残余海洋进一步收缩，洋壳俯冲殆尽，两岸陆块拼合、碰撞，海盆完全

① 哈肯．协同——大自然构成的奥秘 [M]．上海：上海译文出版社，2001：7．

闭合，海水全部退出，大洋就此消亡。当大洋闭合、两侧大陆碰撞时，受到的强大挤压力，在地表留下了这一作用过程的痕迹（地缝合线），故称这一阶段为大洋演化的遗痕期。新生代以来，印度－阿拉伯以北的古地中海洋壳相继俯冲殆尽，印度－阿拉伯与亚洲前缘大陆相遇、发生碰撞。大陆碰撞的巨大挤压力导致岩层褶皱、断裂、逆掩、混杂，地面隆升，山根沉陷，形成地壳增厚的巨大褶皱山系——喜马拉雅山脉。

大洋的张开和关闭与大陆的分离和拼合是相辅相成的。其中前三个阶段代表大洋的形成和扩展，后三个阶段标志着大洋的收缩和关闭（消亡）。现今的大西洋和印度洋正在扩展，太平洋则处于收缩的过程中。

威尔逊旋回是根据中生代以来大洋盆地的形成与演化规律而建立的，它所揭示的大陆分合与大洋开闭的演化模式，可能在古老的地质时代就已经存在。

人类赖以生存的地球表面就是由不断合而分、分而合的大陆及不断张开和关闭着的大洋组成的，其实质乃是地表岩石圈板块生长、运移和俯冲活动的表现形式。地球表面的海洋和陆地就是这样处在永不止息的运动变化之中。

2. 海洋变暖可导致地球倾斜角度改变

美国《新科学家》杂志网站报道称，一项最新研究显示，气候变化对地球运动的影响是多方面的，尤其是海洋变暖对地球倾斜角度的影响远比人们过去预想的严重，在研究地球运动时必须将此因素考虑在内。

地球围绕地轴旋转，其倾斜角度为 23.5 度。但由于地球质量分布情况并非一成不变，因此地轴的倾斜角度也不会永远固定不变，而是随着质量分布的变化进行相应的改变。就如陀螺，当一端的重量高出另一端时，陀螺的旋转轴就会发生偏移。气候变化对地轴偏移的影响早已为科学家知晓。例如受北美洲、欧洲和亚洲的大量冰原影响，地球北极点以每年大约 10 厘米的速度向西经 79 度方向移动。

美国宇航局喷气推进实验室的菲利克斯·兰德尔的研究发现，气候变化对地轴倾斜角度的影响远比过去认为的要严重。冰川融化后大量淡水注入海洋会造成地球倾斜。据兰德尔估计，目前格陵兰冰层融化会导致地轴以每年 2.6 厘米的速度倾斜，并且这个速度在未来还会加快。兰德尔的研究小组估计，因温室气体排放而引起的海水变暖也会造成地球倾斜。为此，他们根据联合国政府间气候变化专门委员会所做的中度预测，即在 2000 ~ 2100 年间地球大气中二氧化碳水平会增加一倍进行了模拟研究，结果发现，随着海水变暖，海洋会不断扩张，越来越多的海水将被推到海洋大陆架浅区。到下世纪，将使地轴北极点每年向阿拉斯加和夏威夷方向移动 1.5 厘米。

气候变化不仅会影响地球的自转角度，也会影响地球的自转速度。兰德尔和同事此前的研究曾表明，全球变暖将导致地球的质量向更高纬度堆积，导致地轴附近质量增加，进而会加速地球自转速度。

3. 海洋中的生态

海洋占地球表面积的 70%。整个地球上的海洋是连成一体的，海水具有流动性，因此可以说地球上的全部海洋是一个巨大的生态系统。在这个生态系统中生活着大量的生物，它们与陆地上的生物种类大不相同。海洋中的动物大都能够在水中游动。不具备快速奔跑或飞翔的能力。海洋中的植物能够在水中进行光合作用，它们既不具备高大的树干，也没有发达的根系。影响海洋生物的非生物因素主要是阳光、温度、和盐度等，这一点与陆生生物也有区别。海洋中的植物以浮游植物为主，如硅藻等。浮游植物个体小，但数量极多，是植食性动物的主要饵料。在浅海区还有很多大型藻类，如海带、裙带菜等。海洋中的动物种类很多。在水深不超过 200 米的水层，光线较为充足，有大量的浮游植物，海洋动物的许多种类主要集中在这样的水层，其中有各种各样的浮游动物、虾、鱼等。在水深超过 200 米的深层海域，能够进行光合作用的植物和植食性动物都不能生存，但是还有不少肉食性动物栖息，这些动物对深海环境有特殊的适应性，有的鱼眼睛退化，依靠身体前端很长的触须来探寻食物；有的鱼具有特殊的发光器官，有利于发现食物和敌害。

海洋生态系统包括四个成员：无生命的海洋环境（物质和能量），生产者就是海藻等植物；消费者。不管是大鱼、小鱼、虾还是海癗，它们都不能自己制造有机物质，而只能靠捕食为生；再就是分解者了，主要是微生物，它们是辛勤的“清道夫”，如果没有它们，海洋恐怕用不了多长时间会被动植物的排泄物或遗体填满了，在这个物质循环链中，缺少哪个环节都不行，机器就不会运转，它们相互依存，相互制约，相克相生。

海洋生态系统的物质循环和能量流动遵循“生态金字塔”定律。塔基是生产者—海藻，它从海水中吸收太阳辐射能，将之转化为这个生态系统的能量基础，可以说海洋浮游植物是整个海洋生态系统的基础，最终驱动整个生物圈生态系统“活机器”运转的动力却来自太阳辐射能，塔基以上都是不劳而获的掠夺者，但它们之间却充满了弱肉强食的战争，位于塔尖的往往是数量极少，形单影只的最高统治者，例如鲨鱼。

海洋生态系统的物质循环和能量流动都是一个动态的过程，在无外界干扰的情况下，就会达到一个动态平衡状态。因此，过渡的开采与捕捞海洋生物，就会导致一个环节生物量的减少，这也必然导致下一个相连环节生物数量的减少。一个环节的破坏，就会导致整个食物链乃至整个海洋生态系统平衡的破坏，反过来，就会影响捕捞产量，近年来由于鱼虾等水产品的过渡捕捞，破坏力超过了生物的繁殖力，使鱼虾等难以大量生存繁殖。海洋污染是海洋生态系统平衡失调的一大“罪魁”。海洋污染时，首先受到危害的就是海洋动植物，而最终受损的还是人类自身利益。

4. 海洋生态系统

任何一个生态系统都是由生命和非生命两大部分组成的，这两部分对于生态系统来说都是同等重要的，缺少其中之一，生态系统都将丧失其功能。

生态系统的非生命部分有：无机物质，包括处于物质循环中的各种无机物，如氧、氮、二氧化碳、水和各种无机盐等；有机化合物，包括蛋白质、糖类、脂类和腐殖质等；气候因素，包括太阳辐射能、气温、湿度、风和降雨等；海洋特定环境因素，如水温、盐度、海水深度（静压力、光照、深度）、潮汐、水团和不同海底底质类型等。这些环境因子不仅提供基本能量和物质，而且决定着一些植物和动物生活在某一特定海区。

生态系统中的生命部分，依其在生态系统中的功能可划分为三大功能类群：生产者、消费者和分解者。海洋生态系统中的生产者包括所有海洋中的自养生物，这些生物可以通过光合作用把水和二氧化碳等无机物合成为碳水化合物、蛋白质和脂肪等有机化合物，把太阳辐射能转化为化学能，贮存在合成有机物中。植物的光合作用只有在叶绿体内进行，而且必须是在阳光的照射下，但是当绿色植物进一步合成蛋白质和脂肪时，还需要有氮、磷、铁、硫等 15 种或更多种元素和无机物参与。

生产者通过光合作用不仅为本身的生存、生长和繁殖提供营养物质和能量，也为消费者和分解者提供唯一的能量来源。因此，生产者是生态系统中最基本和最关键的生物成分，没有生产者就不会有消费者和分解者。太阳能只有通过生产者的光合作用才能源源不断地输入生态系统，然后再被其他生物所利用。值得提出的是，深海热泉生态系统的生产者能通过化能作用制造有机物。

消费者是指依靠动植物为食的动物。直接吃植物的动物叫植食动物，又叫一级消费者，如大多数海洋双壳类、钩虾、哲水蚤、鲍等；捕食动物的叫肉食动物，也叫二级消费者，如海蜇、箭虫、对虾和许多鱼类等；还有三级消费者（或叫二级肉食动物）、四级消费者（或叫三级肉食动物），直到顶位肉食动物。消费者也包括那些既吃植物也吃动物的杂食动物，如鲻科鱼类、只吃死的动植物残体的食碎屑者和寄生生物。

分解者在任何生态系统中都是不可缺少的组成成分。它的基本功能是把动植物死亡后的残体分解为比较简单的化合物，最终分解为无机物，并把它们释放到环境中去，供生产者再重新吸收和利用。因此，分解过程对于物质循环和能量流动具有非常重要的意义。此外，还有一些以动植物残体和腐殖质为食的动物，在物质分解的总过程中发挥着不同程度的作用，如沙蚕、海蚯蚓和刺海参等，有人把这些动物称为大分解者，而把细菌和真菌称为小分解者。

5. 海洋酸化及其后果

（1）海洋酸化及其原因。

海洋酸化即海水由于吸收了过量的二氧化碳，导致酸碱度降低的现象。酸碱度一般用 pH 值来表示，范围为 0-14，pH 值为 0 时代表酸性最强，pH 值为 14 代表碱性最强。海水应为弱碱性，海洋表层水的 pH 值约为 8.2。当过量的二氧化碳进入海洋中时，便会增加海水中的氢离子浓度，海洋就会酸化。

进入海洋的二氧化碳主要来源于大气。从工业革命开始，人类开采使用煤、石油和天然气等化石燃料，并砍伐了大量森林，至 21 世纪初，已经排出超过 5000 亿吨二氧化碳，这使得大气中的碳含量水平逐年上升。一份来自夏威夷附近海域 20 年来的数据显示，工业革命以来，海水表层 pH 值从 1960 年的 8.15 下降到 8.05，这表示，海水中氢离子浓度增加了 30%。科学家研究表明，至 2012 年，过量的二氧化碳排放已将海水表层 pH 值降低了 0.1，预计到 2100 年海水表层酸度将下降到 7.8，那时海水酸度将比 1800 年高 150%。

二氧化碳也可以从海底释放出来。例如，在意大利伊斯奇亚海岸带水域，二氧化碳在火山活动中从海底逸出，导致海水的酸化。

2012年，美国和欧洲科学家发布了一项新研究成果，证明海洋正经历3亿年来最快速的酸化。

（2）海洋酸化对海洋生物的影响。

由于物种在生态系统中存在着复杂的相互作用，因此要预测生物在海水酸化导致的复杂系统的行为的确困难重重。有些物种对海洋环境的变化并不敏感，有些物种可能对海水酸化非常敏感，但后果既可能是去适应它也可能因此消亡。但某些现象已经在发生并被科学家关注到，需要引起人类的高度重视。

①对浮游植物的影响。

在海洋与大气的交换过程中，二氧化碳浓度提高首先影响到海洋表层水域。由于需要进行光合作用，浮游植物只分布在表层水域，因此直接受到海洋酸化的影响。

植物要从海水中吸收二氧化碳来生产物质，二氧化碳是植物不可缺少的养分。海水中二氧化碳含量的上升肯定有利于这些生物的生长。有报告指出，在二氧化碳浓度较高时，蓝藻的光合作用速率大为加快。但海水酸化对藻类的影响并非都是有益的。比如颗石藻，它们也像蓝藻那样因海水酸化而使光合作用有所加强，但起初获得的利益最终却转化为致命因素，因为各种颗石藻属均具有钙化外壳，起着滤除或减少有害紫外辐射的作用。有研究表明，海水酸化对颗石藻的光合作用影响并不十分显著，然其对钙化作用的抑制作用却特别明显，使其降低42.3%～89.4%，颗石层（钙壳）厚度相应变薄21%～33%。也有研究表明，硅藻的光合作用与外壳形成基本不受二氧化碳浓度的影响，但会导致其物种组成的变化。

此外，从大气中吸收二氧化碳的海洋上表层由于温度上升而密度变小，从而减弱了表层与中深层海水的物质交换，并使海洋上部混合层变薄，不利于浮游植物的生长。

所以，非常难以预测哪些类别的浮游植物可以因酸化而受益，哪些类别会在其中成为失败者。但可以确定的是，海水酸化必然带来浮游植物的变化。由于浮游植物构成了海洋食物网的基础和初级生产力，它们的“重新洗牌”很可能导致从小鱼、小虾到鲨鱼、巨鲸的众多海洋动物都面临冲击。

②对软体动物的影响。

海洋酸化会严重影响有壳类生物的生存和繁衍。研究表明，钙化藻类、珊瑚虫类、贝类、甲壳类和棘皮动物在酸化环境下形成碳酸钙外壳、骨架效率明显下降。钙化生物在高二氧化碳的条件下呈现不同的应答反应，大部分无脊椎动物表现消极应答，例如在钙化、繁殖和幼虫发育方面受到抑制，新陈代谢速率增加或减少，摄食量降低等。在海洋酸化条件下贝类最终表现为生长率、繁殖力和存活率降低。目前，已有大量海洋酸化对海洋贝类的生理生态影响的报道。

有一项研究调查了主要栖息在沉积物中的棘皮类无脊椎动物海蛇尾的断肢再生能力，惊奇地发现栖息在酸度较高的海水中的海蛇尾再生的触手不仅更长，而且含有大量的钙质骨骼。不过，它们要为此付同肌肉生长速率下降的代价。所以，尽管第一眼看到的似乎是酸化的好处，但海蛇尾显然受到海洋酸化的不良影响，因为只有具有正常功能的触手时，它们才能有效地在溶解有氧气的沉积物中摄食和营掘穴生活。

而在意大利一处海域，因海底火山活动释放二氧化碳，导致海水酸化，结果相邻的海岸带水域，既有正常 pH 值，也有明显低 pH 值的。对这两类海域的动物和植物群落的比较，可清楚地看出其中的差异。酸化区造礁珊瑚，海胆和螺类的物种数量很低，钙化红藻的物种数量也低。这些酸化区域海草场和各种非钙化藻类占优势。

一些研究认为，到 2030 年，南半球的海洋将对蜗牛壳产生腐蚀作用，这些软体动物是太平洋中三文鱼的重要食物来源，将导致三文鱼数量的减少或是在一些海域消失。

③对鱼类的影响。

即使鱼类也会受到海水酸化的影响。许多成年鱼类对二氧化碳具有相当高的忍受力，但其早期发育阶段显然对二氧化碳非常敏感。

在低 pH 值的海水中，曾经观察到小丑鱼的嗅觉出现了状况。正常条件下，小丑鱼会根据特殊的嗅觉信号系统调整其方向，在经过幼体阶段后，它们则在水中自由游动，在珊瑚礁中寻找自己永久的窝。实验表明，在 pH 值低 0.3 个单位的海水中培养的幼鱼，对于与其在珊瑚礁中共生的海葵的非常刺激的气味的反应显著下降。如果由二氧化碳导致的行为变化发生在生活史的关键阶段，对于该生物的繁殖成功当然具有强烈的影响。

《美国国家科学院院刊》的一份报道模拟了未来 50 ～ 100 年海水酸度后发现，在酸度最高的海水里，鱼群起初会本能地避开捕食者，但它们很快就会被捕食者的气味所吸引，这是它们的嗅觉系统遭到了破坏。也有实验表明，同样一批鱼在其他条件都相同的环境下，处于在现实的海水酸度中，30 个小时仅有10% 被捕获；但是当把它们放置在大堡礁附近酸化的实验水域，它们便会在 30 个小时内被附近的捕食者斩尽杀绝。

总之，人类活动导致了海水的不断酸化，而海洋酸化的后果到底会怎样呢？美国《科学》杂志 2015 年 4 月 10 日发表的一项新研究显示，海洋酸化可能是造成 2.5 亿年前地球上生物大灭绝的“元凶”。由英国爱丁堡大学领衔的这项研究发现，当时西伯利亚火山猛烈喷发，释放出大量二氧化碳，导致海洋变酸，结果地球上 90% 的海洋生物与三分之二的陆地生物灭绝。这也是地球史上 5 次生物大灭绝中规模最大的一次。而我们的地球正经历过去 3 亿年来速度最快的海洋酸化进程，超过历史上 4 次地球生物大规模灭绝时期，众多海洋生物因此面临生存威胁。

6. 海洋与气候系统

大气并不是孤立的系统，它与地球上的其他系统，如海洋系统相互作用，也与冰雪圈、生物圈、土壤圈和岩石圈相关联。所有这些共同组成了气候系统，其中各个子系统和过程以各种不同的形式相互关联、相互影响。

气候预测的基础是大气与较为惰性的气候子系统，尤其是海洋系统之间的相互作用。海流在全世界输送着巨大的热量，这使得海流成为气候最重大的驱动力。由于海流对气候的反应极其缓慢，因此，全球暖化的效应只有在几百年尺度才引起人们的关注。

大洋中的海水从来都不是静止不动的。它像陆地上的河流那样，长年累月沿着比较固定的路线流动着，这就是“海流”。不过，河流两岸是陆地，而海流两岸仍是海水。在一般情况下，用肉眼是很难看出来的。世界上大洋中的海流规模非常大，最大的海流有几百公里宽、上千公里长、数百米深。

海流并不都是朝着一个方向流动的。在北太平洋，表层有一个顺时针环流；在南太平洋也有一个方向相反的环流。它们由南赤道流、东澳大利亚流、西风漂流和秘鲁海流组成的逆时针方向的环流。在大西洋的南部和北部也各有一个环流，模样大体与太平洋相仿。北大西洋环流由北赤道流、墨西哥湾流、北大西洋流和加那利海流组成；南大西洋环流由南赤道流、巴西海流、西风漂流和本格拉海流组成。印度洋有点特殊，只在赤道以南有个环流，位于印度洋中部赤道以北，洋域太小，又受陆地影响，形不成长年稳定的环流。由于季节不同，印度洋北部的海流方向，随着季风改变，夏季是自东向西流，并在孟加拉湾和阿拉伯海形成两个顺时针的小环流；冬季则相反，海流由西向东流。北冰洋由于位置特殊，又受大西洋海流的支配，也只形成一个顺时针的环流。

大洋环流主要受大气环流风带、海洋中热辐射和海水盐度等影响，其中又以大气环流的影响最为重要。风不仅能掀起浪，还能吹送海水成流。常年稳定的风力作用，可以形成一支长盛不衰的海流。但是，大洋环流形成的“环”，却不能把功劳都记在风的账簿上，大陆的分布和地转偏向力的作用，都占着重要的位置。当赤道流一路西行，到了大洋西边缘时，被大陆挡住了去路，摆在面前的只有两条出路，一是原路返回东岸，二是转弯。但是，因为“后续部队”浩浩荡荡、源源不断地跟进来，全部返回是不可能的，只好分出一小股潜入下层返回，成为赤道潜流；其余大部分只得拐弯另辟他途，继续前进。往哪里转弯呢？这时，地转偏向力帮助了它。在北半球，海流受到地转偏向力的作用，便向右转，在南半球则使它向左转。加上大陆的阻挡，水到渠成，海流便大规模地向极地方向拐弯了。在海流向极地方向进军途中，地转力一刻也不放松，拉偏的劲头越来越足，到纬度 40 度左右时，强大的西风带与地转偏向力形成合力，使海流成为向东的西风漂流。同样的道理，西风漂流到大洋东岸附近，必然取道流向赤道，从而完成了一个大循环。

海水温度和盐度的差异也是形成环流的重要原因，由温盐变化引起的环流被称为“热盐环流”。高纬度地区冰冷、含盐量高的海水从深海流向低纬度的海洋，低纬度的高温洋流则由南往北流，形成全球热量的“交换机”。

除了运送大量的水团之外，巨大的洋流还把巨大的热量运送到全球各海域，显著地影响世界许多地区的气候。据科学家研究，海洋暖流在调节全球气候上起着重要的作用。它们把赤道海域过多的热量带走，送到高纬度气候寒冷的地方，对改变全球冷热不均的现象，起到了平衡与缓和的作用；调节了地球的气候，使炎热的地方变得凉爽些，给寒冷的地方送去一些温暖。地球的两极气候严寒，赤道附近又很炎热，如果没有海洋和大气进行调节，冷热的差别还要拉大。

除了输送热量，海洋还吸收人类大量排放的二氧化碳。从大气中吸收二氧化碳，同时释放氧气，在这一点上，海洋有着和森林一样的作用。2004 年，美国国家海洋和气候管理局的萨宾和同事们曾在《科学》杂志上发表了一篇有关二氧化碳和海洋相关性的文章，他们在对 72000 次海水测量进行分析后，发现海洋在 1800 年～ 1994 年间吸收了 4760 亿吨的二氧化碳，接近于排放总量的一半。正是海洋这样强大的“吞吐”作用，地球才保持着今天这样的温度；如果那些累积的二氧化碳全部被释放到大气中去，地球将会变得灼热，令人难以生存。

近十几年来，虽然温室气体排放仍在加速上升，地球气候系统仍在持续吸收热量，但是全球表面温度却呈现出增暖减缓甚至停滞的趋势。因此有人开始怀疑全球气候变暖是否已经开始减缓，还有些人质疑温室效应以及人类减少温室气体排放的必要性。中国海洋大学物理海洋教育部重点实验室的陈显尧教授与美国西雅图华盛顿大学应用数学系的董家杰教授合作，在 2014 年 8 月 22 日出版的《科学》杂志上，发表了一项最新的研究，指出 21 世纪以来全球气温升高的步伐之所以有所停滞，是因为许多热量沉入了北大西洋和南大洋的深层水域。全球气候变暖的步伐并没有减缓或者停滞，只是热量在气候系统各个组成部分中的分配发生了变化。过去十几年间，深层海洋吸收热量减缓了全球表面温度上升的速度，正是海洋暂缓了全球气温的飙升。

但目前科学家们尚不能精准预测，从大气中进入海洋的二氧化碳会对气候产生怎样的影响。另外，科学家最近发现，与人类活动释放二氧化碳的速度呈对比的是，海洋吸收二氧化碳的能力已变得越来越弱。2009 年，《自然》杂志刊登了一项研究成果，指出在 2000 ~ 2007 年间，因人类活动而造成的二氧化碳排放量以惊人的速度增长着，然而，海洋对二氧化碳的吸收却没有等比例增长，而是从 27% 降到了 24%，原因至今仍不明。有学者认为，持续上升的二氧化碳排放量造成了海水酸性增强，这可能是导致海水对碳的吸收率下降的原因，这是因为酸性越高的水越不容易分解二氧化碳。

海洋占了地球表面积的 70% 左右，因此在调节地球气候和全球暖化中起到重要作用。

7. 能够呼风唤雨的浮游生物

浮游生物包括浮游植物和浮游动物两大类。浮游生物种类多、量大，是海洋生物的主要成员。浮游生物最重要的特点是能在水中保持悬浮状态，具有多种多样适应浮游生活的结构和能力，或者通过扩大个体表面积或结成群体增加浮力，或者通过减轻比重来增加浮力。

浮游植物占了浮游生物的绝大多数，它们多半形态简单，只有一个细胞，是地球上最古老的低等生物之一，其中硅藻又占了浮游植物的 60%，其他是腰鞭藻、裸石藻、海球藻、硅鞭藻等。浮游植物靠太阳光和吸收海水中的营养盐生活。没有阳光，浮游植物不能生存。

浮游生物在海洋生态系的结构和功能中占着极为重要的位置。在海洋食物链中，浮游植物是初级生产者，通过光合作用，制造有机物，成为食物链的第一环节（也称第一营养阶层）。浮游植物的产量（初级生产）影响着植食性浮游动物的产量（次级生产），而后者又影响着肉食性小型动物的产量（三级生产）和肉食性大型动物的产量（终级生产）。这 4 级生产的数量逐级减少，构成数量或生物量的金字塔。因此，浮游生物的产量（包括初级和次级生产）是海洋生物生产力的基础，在很大程度上决定着鱼类和其他经济水产动物的产量。

在能量流动中，浮游植物把吸收的日光能转变为化学能，植食性浮游动物摄取浮游植物后获得能量，并通过食物链的各个环节将能量传递下去，逐级减少，构成能量金字塔。因此，浮游生物在海洋生态系统的能量流动中起着很重要的作用。

2004 年，以色列科学家经过研究，说浮游生物能够呼风唤雨。这听起来有点不可思议，但道理也很简单，因为浮游植物的叶绿素可以吸收太阳光进行光合作用，浮游植物多了，吸收的太阳光也多了，大部分太阳光在海面被吸收了，进入水下的阳光自然减少了。进入水下的阳光减少了，海水的温度就要降低。因此，浮游植物数量的变化，就能影响海水的温度。海水的温度改变了，海洋的蒸发量也会随着改变，从而天空的云量也会改变。天空的云量籽，气候状况特别是降水量也会变化。所以，研究人员说："西太平洋里的浮游生物群变化，也能引起印度下雨。"

8. 演化中的海岸带

海岸带是陆地、海洋和大气之间的界面。它既可以说是显著受到海洋影响的陆地地区，也可以说是明显受到陆地影响的海域。自从有了人类社会以后，海岸带区是一个强烈受到人类活动影响的复杂空间。全球 75% 的人口数量在 1000 万以上的大都市分布在海岸带地区；全球 45% 以上的人口居住在海岸带地区；全球 90% 的渔业活动发生在海岸带水域；海岸带区具有重要的生态系统，具有高物种多样性；海岸作为海陆之间的缓冲区影响到全球的许多参数。

海岸带的形态受到许多因素的影响。其中最重要的因素之一是淤泥、沙砾等沉积物的改变。沉积物主要由风引起的波浪和水流运送，水流包括潮流和河流径流。沉积物的运输只有两个主要方向：一个是和海岸线平行，另一个是向着或背着海岸线。沉积物侵蚀或沉积得越多，海岸带的形态变化越强烈。侵蚀的结果普遍导致海岸线的后退。

气候变化改变着海岸带。亚极地和极地海岸带水域的海冰在大气与海水之间起到缓冲作用，防止暴风卷起波浪冲击到海岸带区并带走沉积物。如果海冰的体积由于气候变暖融化而缩小，这种缓冲效应就会丧失；气候变化也会导致陆架冰川的融化，维持冰川所不可缺少的降雪量也会减少。这种趋势长期将导致从山脉上流下的淡水量减少，结果导致缺水。人们可以通过增加水库库容来应对这种现象，但是，这种措施会导致运输到海洋的淡水量和沉积物量的下降；全球暖化会导致热带风暴和风暴潮等极端天气的频率提高，风暴对海岸带的破坏能力也会加强。

港口航运影响海岸带。全世界的大型港口都位于河口区。航运船舶吨位的日益增长以及相应的吃水线加深需要更深的航道。航道的深挖会使沉积物污染物再悬浮，流速的提高也促进了沉积物的再分布。

人类塑造着海岸带的形象。砍伐森林、过度放牧和不合理的农耕行为导致严重的水土流失，这在地区尤其严重。如果没堤坝拦截沉积物，流失的水土则大部分沉积在海岸带地区。如果建筑堤坝拦截沉积物，对海岸带的补充和发育来说，是严重的损失，造成严重的海岸带侵蚀。在全世界，目前已经有 4 万多个大型堤坝投入使用，还有许许多多小型的堤坝和水库。所有水库和堤坝拦截了全球 14% 的河流径流量，以及大量的沉积物。这方面，尼罗河就是一个典型的例子。在建筑阿斯旺大坝之前，每年反复发生的洪涝把肥沃的沉积物从内陆冲刷到地中海的尼罗河三角洲。沉积物不仅对于尼罗河两岸的农民至关重要，对于下沉的三角洲地区的补偿也有关键的作用。在阿斯旺大坝于 20 世纪 60 年代建筑之后，沉积物通过洪涝的运输就停止了，造成尼罗河三角洲地区农业产量的下降和严重的海岸带侵蚀。

总之，海岸带地形决定于不同因子之间的平衡，例如海岸侵蚀稳定性、沉积过程、潮汐、风暴频率、海湾等相互之间的平衡。气候变化、海平面上升、人类活动可以干扰或增长这些因子，从面影响到海岸带的平衡。海岸带的不平衡在没有达到关键的拐点之前普遍可以获得补偿。一旦突破拐点，变化则不可阻挡，再次恢复自然平衡则永不可能。人类活动和气候变化的综合效应正在将许多海岸带地区推向这个拐点。

第三讲　自然观与思维方式

作为智慧的标志，人类有着丰富的思维。有了思维，人类才得以认识自然，把握靠人的感觉所不能把握的事物的本质；有了思维，人类才得以学会利用自然，创造出一个新的丰富的物质世界——人工自然界。恩格斯曾把思维着的精神誉为“地球上最美丽的花朵”。

每个人都是一个独立的个体，其思维也各有差异，除了内容上的差异外，思维方式也有区别。这种方式的区别是非常明显的，比如东方式的思维和西方式思维。有人把东西方思维方式与植物摄取营养的两种不同方式相类比：植物生长有两种获取营养的渠道。一种是从根部到枝叶的从下到上的物质流，从大地土壤中吸收养分，是一种由整体走向分散的方式；另一种是从枝叶到根部的由上向下的物质流，由枝叶吸收阳光和空气制造养分，是一种由分散走向集中的方式。东方式思维擅长整体的综合思维，西方式的思维则关注事物的细节。

思维方式对于思维活动及其结果具有重要的意义。正确的思维方式有助于我们正确地认识事物，把握事物内在本质和发展规律，以便采取正确的行为或措施并取得成功。反之，错误的思维方式则可能导致错误的认识和行为。科学发展的历史表明，在科学研究中，探索之成败，收获之多寡，不仅取决于探索者已有的知识储备的丰富程度和是否有献身科学的精神，还取决于他在科学认识中是否具有先进、科学的思维方式。恩格斯曾对这种重要性作出哲学概括说：“一个民族想要站在科学的最高峰，就一刻也不能没有理论思维。”①

在人类社会发展史上，科学、技术、知识、信息的生产曾长期落后于物质的生产，实践经验的重要性常常掩盖了思维活动和思维方式的重要性。随着近代科学技术的全面发展，科学技术逐渐担负起对生产实践的指导作用，思维方式的重要作用也越来越为人们所重视。爱因斯坦在谈到马赫时，曾说马赫的弱点正在于他或多或少地相信科学仅仅是经验材料的一种整理，认为理论产生于发现而不是发明。爱因斯坦和马赫的分歧是现代思维和经验思维的分歧，是思维方式的分歧。在现代科学技术革命的条件下，思维方式影响之大远远超过了以往任何历史发展时期。

第一节　思维方式及其类型

一、思维方式及特征

1. 思维方式的定义

什么是思维方式，人们有着各种不同的见解，主要有“思路”说、“方法”说、“模

① 马克思，恩格斯．马克思恩格斯选集（第 3 卷），北京：人民出版社，1995：467 页．

式”说、“体系”说、“结构”说等。的确，从不同的角度，我们可以对思维方式有不同的理解。

从本质上说，思维方式是人脑运动的方式，是思想、观念、理论、方案等一切精神产品的生产方式。人脑的运动既有感性活动，也有理性活动。思维方式主要是指人们理性认识活动的方式，即理性认识的发动、运行和转换的内在机制与过程。现代信息科学把思维方式理解为思维主体在获取、加工、输出信息的认识过程中的相对定型化的思维程序、思维方法和思维模式。

从结构上看，思维方式应该包括思维的内容和形式两个方面。虽然思维内容决定着思维形式，但对思维方式的考察更偏重于思维形式，即思维活动的结构、方法、程序等要素。思维的内容和形式作为思维方式的基本要素并不是一成不变的，它们在不同的历史时期具有不同的特点。正如恩格斯所说：“每一个时代的理论思维，从而我们时代的理论思维，都是一种历史的产物，它在不同的时代具有完全不同的形式，同时具有完全不同的内容。因此，关于思维的科学，也和其他各门科学一样，是一种历史的科学，是关于人的思维的历史发展的科学。”① 人类实践方式的变化、发展决定着思维方式的变化与发展，思维方式的变化与发展是人类实践方式变化、发展的必然结果。所以，思维方式是一个历史范畴。

从要素上看，思维方式是一个由思维主体、思维客体、思维工具等思维要素构成的有机系统，是一定的思维主体（首先是实践的主体）运用具体的思维工具（主要是理性思维的具体方法）对思维客体（首先是实践活动改造的对象）进行认识时所形成的一种思维习惯。正是这些要素的变化影响和制约着人类思维活动的变化，形成了不同的思维方式。从思维方式的要素来看，思维方式总是具有主体的属性，不同的主体（主要是指不同的民族），由于实践活动的不同，会形成不同的思维习惯。同时，尽管各民族的社会实践有不同的活动内容，但在实践的水平上也往往具有相似性，从而形成相近的思维方式。所以，不同地区不同民族的思维方式既有共性又有差异。

思维方式也是一个哲学范畴，它是那个历史阶段上占主导地位的哲学世界观、基本科学理论和科学方法论的综合。恩格斯在谈到近代经验自然科学的分析、还原的研究方法时指出：“这种考察方法被培根和洛克从自然科学中移植到哲学中以后，就造成了最近几个世纪所特有的局限性，即形而上学的思维方式。”②

虽然对于思维方式的定义，尚未形成一种统一的认识，但对思维方式的一些特征，还是形成了一定的共识。

2. 思维方式的特征

（1）普遍性。对于每一个认识主体而言，思维方式的形成不仅与自我实践经验有关，而且与其赖以存在的种族、群体的关系更为密切。故思维方式通常体现为民族的整体的思维倾向，形成一个民族特有的思维类型，并成为决定该民族文化如何发育的一项重要而稳定的控制因素。东西方民族思维方式的差异就具有普遍性。比如一个美国人给日本人写信，

① 马克思，恩格斯．马克思恩格斯选集（第 4 卷），北京：人民出版社，1995：284．

② 马克思，恩格斯．马克思恩格斯选集（第 4 卷），北京：人民出版社，1995：359—360．

日本人一看马上就上火，因为美国人在信中将自己的要求放在最前面，一点都不客气，直到最后才讲些客套话。所以，日本人为了保持心理的平衡，看美国人的来信是先看后面再看前面。而美国人看日本人的信，开始时越看越糊涂，因为都是些寒暄客套的话，不知道想要说什么，到信的末尾才发现有几句是他们要说的问题。所以，美国人读日本人的信也倒过来看。这种不同的写法就反映出不同的思维方式，非个性差异，而是民族特征。

（2）时代性。思维方式既非先验又非一成不变的，不同历史时代有不同的思维方式，每一个历史时代都要产生与其他历史时代不同的思维方式。这是因为，任何一种思维方式都是人们在与其生存环境之间的相互作用中形成，植根于每一时代的社会生产力和科学技术基础，固必然带有鲜明的时代特征。

（3）相对稳定性。思维方式是一种思维结构或习惯，表征着人们思维活动的不同类型。在人们的思维活动过程中，某一种具体的思维活动可以时过境迁，但思维方式一经在主体的思维结构中固定下来以后，则是相对稳定和独立的。

（4）能动性。无论是科学的、先进的还是非科学的、落后的思维方式，它一经形成，不是消极被动的，就是积极能动的，潜移默化地控制着人的思维机制，支配着人的行为，对人的实践、行为以及社会存在都会发生巨大的反作用。

二、思维方式的类型

思维方式的种类或类型是极其繁多的，可以从不同角度作不同的划分。比如，从思维主体的不同层次上看，可以把思维方式区分为个人思维方式、群体思维方式、社会思维方式和人类思维方式；从思维方法的认识层次上看，可以区分为直观型思维方式、抽象型思维方式和具体型思维方式；从思维运动的不同态势来分，可以区分为动态型与静止型、开放型与封闭型、发散型与收敛型、创新型与保守型、多维反馈型与单向直线型等；从历史发展阶段的不同来分，可以区分为古代思维方式、近代思维方式和现代思维方式等。

我们以自然观的发展为前提，立足于自然科学研究内容与方法的变化，将思维方式的类型区分为：古代朴素的整体思维方式；近代机械的分析思维方式；现代辩证的系统思维方式。

1. 古代朴素的整体思维方式

（1）整体思维方式的形成。所谓整体思维方式，是指人们在考察事物时，往往着眼于事物的整体性，擅长整体、综合以及相互联系的思维方法。由于古代的生产水平和科学技术的水平低下，人们没有条件和手段把研究对象打开，以对其各个部分和细节进行研究，因此只能从总体上、宏观上采用思辨的方法来研究事物，形成整体论思维方式。

例如，中国古代哲学用阴阳、五行、八卦的观点来统一自然界的各种现象，统一人类与自然，并把人的生老病死与自然界的现象联系在一起，形成“天人合一”的世界观。在西方，柏拉图之前的早期希腊哲学，人与自然不分，类似中国天人合一的整体观。德谟克利特把宇宙看成一个统一的整体，从整体上进行研究，把宇宙看成是由原子组成的，原子的运动和相互作用构成了整个宇宙的运动变化，并发表了《宇宙大系统》的专著。

整体思维方法使人类在科学技术和生产发展方面取得了辉煌的成就。在工程上，中国古代李冰父子修建的四川都江堰水利枢纽工程不仅是当时世界水利建设史上的杰出成果，也是整体思想方法的一次伟大实践。在医学方面，我国中医理论也充分体现了整体论的思想。古代中医理论《黄帝内经》强调人体各器官联系、生理现象与心理现象联系、身体状况与自然环境联系的观点，并把人的身体结构看作是自然界的一个组成部分，认为人体的各个器官是一个有机的整体。

（2）古代整体思维方式的特点

① 直观性（朴素性）。在人类祖先刚刚脱离动物界时，他们看世界的方式是一种自发的直觉、朴素的思维，自然在头脑中怎样反映，就认为自然怎样，带有鲜明的直观性和肤浅性。无论是中国的“五行”说，还是西方的“四根”说，无论是中国的阴、阳，还是西方的水、火，都具有直观性。

② 思辨性。思辨性是哲学的本质性特征。由于科学尚处于幼稚的阶段，古代的哲学是粗犷的、模糊的，但其本质上不同于宗教神话。宗教和神话也是对世界的一种解释，但其解释说明完全依靠想象，用一些虚幻的、超自然的东西来解释世界。哲学与科学也不同，科学是用实证来说明世界。古代哲学家们以那些虽然是直观的、但却是自然本身的东西如水、火、原子等来解释自然，特别是试图从各种各样的具体事物和现象中找出某种一般性的规律性的东西，并依靠理性的逻辑方法如分析、归纳、演绎等来弥补经验的不足，建立系统的理论。如古希腊人为地球是球形提供的一个论据，就是为何从地平线外驶来的船总是先露出船帆，然后才是船身？

2. 近代机械的分析思维方式

（1）近代机械的分析思维方式的形成。近代，自然科学冲破封建神学的束缚并随着实验科学的兴起得到了较大的发展。17 ～ 18 世纪，以伽利略的惯性定律、自由落体定律以及牛顿的三大定律和万有引力定律为主的较完整的力学理论体系得以完善并且取得了巨大的成功，使得经典力学自然而然地成为当时一切自然科学知识的基础。受此影响，人们把物质运动的形式都归结为机械运动，而运动的原因都归结为机械力的作用，这样就产生了机械的分析思维方式。

分析思维的精神实质，就是坚持实证的、实验的、解剖的观点，认为事物都是有结构的，这种结构及其规律是可以通过“分析”和“简化”而被人类所认识的。这种分析思维方式，也被人们称为“还原”思维方式。

还原思维以世界和事物的组合性、可分解性，以及其本原的微观性、粒子性为前提，把整体分解为部分，把高层次还原到低层次，直到最低的层次和最终的物质要素坚信事物的本质在于构成宏观现象的微观物质基元。还原思维方式虽然也要把握整体，但整体是通过“分析——累加法”得到的，决定性的环节还是分析。由于对自然界认识的深入，学科分类越来越细，知识的专业化、专门化越来越加强，整体性被淡化。结果是，虽然对事物的认识深化了，但也同时将事物的整体性本质割裂开了，事物在人们眼中成为静止的、孤立的、片面的。故这种思维方式与古代的整体思维相比，在某种程度上说是一种倒退。

还原的思维方式虽然是片面的，但却是科学研究中必要的一种方式。它将复杂性现象分解为简单的部分，开辟了研究部分、掌握细节、了解微观机制的道路，克服了古代整体论的直观、模糊、思辨等局限和缺陷，使科学认识第一次达到了精确、严格的程度。尤其是在自然科学发展的初期，这种方法不仅必要而且富于成效，使人们对自然界的各种具体物质形态和运动形态有了丰富和细致的把握。物理学研究宏观现象推进到分子水平，对力、能、热、声、光等都进行了分解、还原。化学则把分子分解为原子，掌握了化合与分解反应规律，认识了几十种化学元素，提出了化学元素周期律。生物学对生物的研究突破了三个层次：器官、组织、细胞，建立了细胞生物学，并开始研究亚细胞的蛋白质、核酸等。在这种把握基础上，才有后来人们对自然的辩证的认识。所以，恩格斯评价道："把自然界分解为各个部分，把自然界的各种过程和事物分成一定的门类，对有机体的内部按其多种多样的解剖形态进行研究，这是最近400年来在认识自然界方面获得巨大进展的基本条件。"①。

（2）分析思维方式的特点在于，在研究任何一种物质对象、过程时，以几何学和微积分作为分析的工具，并以观察和实验为基础，把客体分解为各个组成要素。具体地说。

① 实证性。实证性是这种思维方式的基础。还原分析思维强调在研究任何一种物质对象和过程时，都以观察和经验为基础，采用实证方法。实证是一种通过对研究对象大量的观察、实验和调查，获取客观材料，归纳出事物的本质属性和发展规律的一种研究方法。如果将这种方法普适化，只囿于经验材料，拒绝任何先验或形而上学思辨的哲学思想，就成为实证论（实证主义）。

② 还原性。还原性是这种思维方式的取向。还原分析思维认为现实生活中的每一种事物和现象都可看成是更低级、更基本的现象的集合体或组成物，因而对研究对象不断进行分析，将研究对象分解为它的最终组成因素——原子和最基本的关系——机械力学关系，通过对它们的研究，揭示较高层次事物的特性和规律。牛顿在其代表作《原理》第一版中多次表示，认为机械运动是自然现象的终点，一切自然现象都可以还原、归结为机械运动。这种把自然界的一切都归结为机械运动的还原论，把高级运动形式及其规律完全归结为低级运动形式及其规律，否定高级运动和低级运动的特殊本质和相互区别，已不同于还原的方法，成为一种哲学方法——还原论（还原主义）。经过笛卡尔、牛顿等科学家们的努力，在近代自然科学研究的实践中，还原论思维方式正式形成并日益成熟，成为一种带有常规性的方法体系。

③ 数学化。数学化是这种思维方式的重要特征。还原分析思维注重用几何学和微积分作为分析的工具，将机械运动的规律用数学关系揭示出来。机械论的重要代表人物笛卡尔宣称"科学的本质是数学"，一切现象都可以用数学来描写。牛顿的《原理》一书全名就是《自然哲学的数学原理》，所谓自然哲学在那时的含义包括物理、化学等，而主要是物理学。通过数学化的形式，一方面可使研究内容精确化，另一方面也有助于将物理规律借助数学形式推广到其他自然科学的研究领域。

① 恩格斯．反杜林论 [M]．北京：人民出版社，1970：18．

3. 现代辩证的系统思维方式

（1）现代辩证的系统思维方式的形成。机械的分析思维方式在近代自然科学发展的早期曾起过拓展知识的积极作用，但到后期，机械的分析思维方式已经愈来愈成为阻碍科学发展的障碍。因此，随着科学实践的不断深化，这种思维方式已不能适应现代科学研究的需要。20 世纪 20 ～ 30 年代，相对论和量子力学相继诞生并取代了经典力学的统治地位，成为现代科学的一种主导理论，也从根本上动摇了机械的分析思维方式的科学基础。20 世纪 40 年代产生发展的系统论及系统科学，同样也以其丰富的科学思想内涵，成为当代科学的又一重要主导理论。系统论和系统科学的建立，彻底地改变了世界的科学图景和当代科学家的思维方式，为人们提供了一个崭新的科学思维方式——系统思维方式。贝塔朗菲在他的代表性著作《一般系统论：基础、发展、应用》中指出："我们被迫在一切知识领域中运用'整体'或'系统'概念来处理复杂性问题。这就意味着科学思维基本方向的转变。"①以往的分析思维提供的是一套把复杂性当成简单性处理的语言和方法，系统思维提供的则是一套把复杂性当复杂性处理的语言和方法，即用整体或系统概念来处理复杂性的思维方式。

所谓系统思维方式，是把对象当作一个系统的整体加以思考的思维方式。它根据系统的性质、关系、结构，把对象的各个组成要素有机地组织起来构成模型，研究系统的功能和行为。系统思维方式虽然也是一种整体思维方式，但绝不是古代整体思维方式的简单复归，比古代的整体思维方式更精确、更科学。

（2）系统思维方式的特点。

① 整体性。整体性可以从两个方面理解，一是把对象作为一个由若干要素构成的具有特定结构和功能的系统整体来考察，并把这一对象系统放在更大的系统之中来进行考察；二是从整体出发，对事物进行综合研究，然后以综合为指导，对事物的组成部分进行分析，最后又在分析的基础上回到整体的综合研究。整体既是认识的出发点，又是认识的归宿。

② 结构性。结构性是基于系统的功能由系统的结构决定的这一原理，强调从系统的结构去认识系统的功能，把握系统各种要素与系统功能之间的关系，并在要素不变的情况下，寻找系统最优结构，以获得系统的最佳功能。

③ 立体性。所谓立体性，就是在考察对象时，既要考虑对象存在的空间关系（横向思维），也要考虑对象发展的时间关系（纵向思维），并将时空关系联系起来，注意对象纵向层次与横向要素的有机耦合，形成时空一体思维。

④ 动态性。任何系统都处于和周围环境的物质、能量和信息的交换过程中，是动态的、演化的，存在着无序、不稳定、多样、不平衡、非线性等情形。用系统思维方式考察对象，就要把对象发展置于多种可能、多种方向、多种方法、多种途径的动态状况下，寻找多方面解决问题的方法。

⑤ 综合性。系统思维的综合性，不同于传统的综合。传统的综合是一种从分析到综合的单向思维，而系统思维的综合则是双向思维，是综合 – 分析 – 综合的相互反馈过程。综

① 冯・贝塔朗菲．一般系统论 [M]．林康义等译．北京：清华大学出版社，1987：2．

合是系统思维的逻辑起点，在综合的指导和统摄下进行分析，然后再通过逐级综合而达到总体综合，对系统的成分、层次、结构、功能、内外联系方式的立体网络做出全面综合的考察。

三、思维方式与科学思维方法

1. 思维方式与思维方法的关系

（1）思维方式要通过具体思维方法来实现。思维方式决定了人的思维活动的基本方向，而这种决定作用的实现，需要通过更为具体的思维方法来实现。相对于思维方式而言，思维方法更为具体，是思维方式的体现。思维方式主要是确定思维的目标与趋向，而整个思维活动的起点、经历、终点等程序和路线这些具体的运作过程，则与思维方法相关。

思维方法是人们在思维活动中为了实现特定思维目的所凭借的具体途径、手段或办法，是思维活动从一个环节按程序过渡到下一个环节的中介和联结，对思维的具体操作运行起着规范作用。如归纳思维方法实现了从个别向一般的联结，演绎思维方法实现了从一般向个别的联结。

同时，思维方式也决定着思维主体对具体思维方法的选择。思维方法是思维方式的具体体现，每一历史时期人类认识自然的思维方式，都与相应的研究方法相联系。比如古代朴素的整体思维方式依靠的主要研究方法是演绎思维、类比思维、联想思维等，近代机械的分析思维方式则与归纳思维、分析思维、数学方法等相联系，而现代辩证的系统思维方式中，控制方法、信息方法及系统分析法等都是不可缺少的研究方法。

（2）科学认识离不开科学方法。在科学认识活动中，科学认识主体同样需要用科学方法去把握客体。科学方法就是科学研究者在认识自然的过程中，为实现特定科学研究的目的所采用的思维和实践的手段、技巧、规则程序等。

科学方法是伴随着科学的兴起而出现的，并随着科学的发展经历了由简单到复杂、由低级到高级、由粗糙到精细、由贫乏到多样的发展过程。亚里士多德的《工具论》可以说是古代科学方法的集大成著作，而经验论者 F. 培根的《新工具》和理性论者笛卡尔的《论方法》则是科学方法发展史上两座永恒的纪念碑，分别代表着科学方法的两翼——经验归纳法和假设演绎法，奠定了科学方法的基本格局或图式。19 世纪自然科学的革命性发展则造成了如假说演绎法等新科学方法的产生。20 世纪后，伴随着计算机的产生和应用，数学方法发展成为一种重要的无可替代的科学方法。伴随着系统科学的发展，系统科学方法成为现代科学研究的常用方法。科学方法所起的作用也有目共睹：欧几里得的几何学和阿基米德的静力学是古代逻辑方法运用的杰出典范；近代科学之父——伽利略提出了实验和数学相结合的方法，并借此取得一系列重大的科学成就；牛顿的力学理论建立在他的归纳—演绎法与实验—数学方法的综合基础之上。

2. 科学方法的层次划分

科学方法种类繁多，适用范围各异。从不同的角度可以做不同的划分。

（1）依照认识发展的过程，可分为经验获得方法和理性思维方法。

① 经验获得方法。这是当科学认识还处在经验认识层次时，研究者直接同被研究的自然现象或自然过程相联系，其认识的方法同所使用的研究工具、仪器、设备等相联系。这一层次的方法主要是实证方法，包括科学观察、科学实验、科学模拟等。通过这些方法从客观对象中获得事实材料并对这些事实材料做初步的加工、整理。

② 理性思维方法。这是当科学认识处在理论认识层次时，研究者已不再直接同被研究的自然现象或过程相联系，也不直接使用仪器和设备等物质手段，而是对经验认识所提供的、经过初步整理和加工过的事实材料，进行去粗取精、去伪存真、由此及彼、由表及里的加工制作，从纷繁复杂的现象中抽取出事物本质和规律，实现把经验材料加工提炼成为系统的理论的方法。这一层次的方法主要是指抽象思维的方法，包括归纳、演绎等逻辑方法和直觉、灵感等非逻辑方法。通过这些方法，建构并发展理论。

（2）依照普适程度的不同，可分为特殊方法、一般方法和哲学方法

特殊研究方法仅适用于自然科学个别学科或个别研究领域的特殊认识方法。由于自然科学中的各个学科领域的研究对象在性质、状态和属性上各有不同，因而对其研究的方法也有特殊性。如物理学中研究原子核结构的核磁共振法，化学中为测定化合物的化学组成及其含量的光谱分析法，天文学中研究天体运动速度的光谱红移法，生物学中研究细胞结构的显微分析法等。

一般研究方法是人类认识自然界的一般方法，具有很高的普适性。这一层次的研究方法适用于对各门自然科学的研究，或者在自然科学的许多学科和领域中适用。如实验法、观察法、抽象法、假说方法、数学方法等传统的一般科学方法，以及 20 世纪后新出现的系统方法、信息方法、控制论方法等。它是从具体、特殊的研究方法中提炼和概括出来的，如实验方法就是从物理实验、化学实验、生物实验等具体实验中提炼出实验的基本环节和过程，概括其共同特征和规律。

哲学方法是人类认识世界的最一般的方法，是概括面最广、抽象程度最高的方法，如一切从实际出发、实事求是的方法，矛盾分析法，用联系和发展的观点看问题的方法等都是哲学认识方法。它是普遍地适用于自然科学、社会科学、思维科学的研究方法。爱因斯坦曾深刻地指出：“如果把哲学理解为在最普遍和最广泛的形式中对知识的追求，那么显然，哲学就可以被认为是全部科学研究之母。”①

哲学方法对于自然科学的研究虽然有着根本的指导作用，但不是人类认识自然的一般方法。人类认识自然的一般方法，指的是第二层次的方法。

3. 科学方法的重要性

方法是认识客观对象的途径和手段，科学研究就是对未知对象的探索，因此有无正确的方法，对于科学研究有着十分重要的作用。培根有一句名言：“跛足而不迷路能赶过虽健步如飞但误入歧途的人。”形象地道出了方法的重要性。法国生理学家贝尔纳说得更清楚：“良好的方法能使我们更好地发挥运用天赋的才能，而拙劣的方法则可能阻难才能的发挥。

① 爱因斯坦．爱因斯坦文集（第 1 卷）[M]．许良英编译．北京：商务印书馆，1976：519．

因此，科学中难能可贵的创造性才华，由于方法拙劣可能被削弱，甚至可能被扼杀；而良好的方法则会增长、促进这种才华①。”而毛泽东有一个很形象的说法：“我们不但要提出任务，而且要解决完成任务的方法问题。我们的任务是过河，但是没有桥和船就不能过。不解决桥或船的问题，过河就是一句空话。②”具体来说，科学方法的作用主要是。

（1）提供了科学研究成功的范例，从而增加了后来者成功的几率。科学史上无数的事实表明，科学研究的规则和方法确是有效的。许多科学家都从别人那里得到了方法的启示。最为典型的当数库仑和安倍模仿万有引力定律的思维方式。爱因斯坦在 67 岁时回忆了他在 12 岁时读到了一本关于欧氏几何学的书籍的感受时说：“这本书里有许多断言，比如三角形的三个高交于一点，它们本身虽然并不是显而易见的，但是可以很可靠地加以证明，以致任何怀疑似乎都不可能。这种明晰性和可靠性给我造成了一种难以形容的印象……如果我能依据一些有效性在我看来是毋庸置疑的命题来加以证明，那么我就心满意足了。”③ 后来，他就从相对性原理也适用于电磁现象和光速不变这两个基本前提出发，逻辑地推导出一些结论，创立了狭义相对论。

（2）有助于提高科学研究的效率。所谓效率就是用尽量少的投入得到尽量多的回报。那么如何提高科学研究的效率呢？科学家们最津津乐道的是简化规则即在研究时先把科学对象想得简单一些，暂时撇开它的多方面的属性，用粗线条描绘出它的大致轮廓，求得一级的近似；然后再在这种初步认识的基础上，逐步增加考虑的因素，逐步细化，向第二级、第三级的近似逼近。这种简便方法被科学家们纷纷效仿。马赫在研究了牛顿建立力学理论体系后认为，牛顿只考虑物体的质量和时空（位置、速度）的关系，而不去考虑物体的体积和形状，从而使研究工作变得极为简单并且有效。道尔顿在研究化合物成分时，也是应用简化的方法。他认为，在一个分子中，互相排斥的原子越少，这个分子的力学稳定性就越大。几何学已经表明在一个球的周围最多可以与 12 个同体积的球接触。他由此想到，一个 A 原子最多可以同 12 个 B 原子化合，它们的分子式分别是 AB、AB^2、AB^3……直到 AB^{12}。而在这 12 种化合物中，最稳定的是 AB，最不稳定的是 AB^{12}，所以，如果现实存在的化合物只有一种，那么 AB 的可能性最大，如果存在着两种化合物，那么除了 AB，AB^2 和 A^2B 的可能性最大，除非有理由证明它不是这样。而如果一开始就猜想是 AB^{11}、AB^{12}，那就会浪费很多精力。道尔顿用这种思维方法进行研究获得了很大成功。他在 1801 年提出化学原子论，1803 年就发现了倍比定律（当两种元素化合生成两种或多种化合物时，若固定其中一种元素的质量，则另一种元素的质量互相成简单整数比），其间并没有做过很多的化学实验。这表明他的研究方法是很有效率的。

但是，我们也要辩证地看待科学方法的作用。科学方法只是提供了一种借鉴、给予一种启示，并不能绝对保证研究的成功。

我们知道，海王星的发现是因为人们观测到天王星的实际运行轨道总是和理论计算的数据有差距，于是法国的勒维列依据牛顿力学理论猜想这种偏差是因为天王星受到一颗未

① 陈衡．科学研究的方法论 [M]．北京：科学出版社，1982：11．

② 毛泽东．毛泽东选集（第 1 卷）[M]．北京：人民出版社，1991：139．

③ 爱因斯坦．爱因斯坦文集（第 1 卷）[M]．许良英编译．北京：商务印书馆，1976：4．

知行星引力作用的结果，并算出了它的位置，后来人们果然在这个预定位置发现了海王星。但勒维列也有失误的时候。当时天文学家发现水星的近日点的进动是每世纪 5599 秒，用金星的引力影响只解释了其中的 5556.5 秒，还有 42.5 秒得不到解释。勒维列便再次用同样的方法预言有另一颗未知行星影响着金星，并将其命名为“火神星”。可是人们找了半个多世纪也没有找到火神星，最后用爱因斯坦的广义相对论才对此作了科学解释。道尔顿用简化规则研究化合物时也发生不少错误，比如他把水说成是 HO，而实际上是 H_2O，把氨说成是 NH，而实际上是 NH_3。所以，只能把科学方法理解为一种“助成法”，而非“必成法”。既要反对把科学方法看成是必胜法则的机械主义，也要反对无视科学方法指导意义的科学无政府主义。

第二节　逻辑思维的方法

一、逻辑思维方法概述

1. 逻辑思维的定义

逻辑思维又叫抽象思维，是人们在认识活动中运用概念、判断、推理、论证等思维形式，对客观现实进行间接的、概括的反映的过程。

概念是对同类事物的性质和关系的反映。判断是利用概念对事物的状况所有断定（肯定或否定）。推理是从一些命题得出某个命题的思维形态。论证是从一些已经肯定的命题出发经过一系列推理而达到肯定另一命题的思维形态。推理、论证都是思维中所特有的，事物中没有与其相应的部分。

在各种逻辑思维形式之间存在着一定的顺序。一般地说，后一种思维形态是由前一种思维形态通过一定的方式复合而成的：概念形成命题，命题形成推理，由推理得到论证。

逻辑思维是思维的一种高级形式。因为它可以凭借抽象概念对事物的本质和客观世界发展的深远过程进行反映，使人们通过认识活动获得远远超出靠感觉器官直接感知的知识。逻辑思维是以分析、综合、比较、抽象、概括和具体化作为基本过程的。

2. 逻辑思维的基本特征

逻辑思维有两个最基本的特征：抽象性和确定性。

抽象性可以从三个方面去理解：一是抽取事物的共同点，从而使思维从个别中把握一般，从现象中把握本质；二是抽取事物的深入点，从而限定探究范围，突出某一重点，使我们能够深入地研究认识对象；三是从直观客体中抽象出理想对象，使我们可以脱离直观，运用思维创造出理想客体。抽象既是逻辑思维的重要手段，也是逻辑思维的重要特征。正是这个意义，我们把逻辑思维叫作抽象思维。

确定性是指逻辑思维以确定的概念和命题为基础，按照严格的逻辑规则和程序进行推理和论证，因而其得出的结论具有高度的确定性。这种确定性使逻辑思维表现为线性思维。

抽象性和确定性是逻辑思维的两个基本特征，二者是统一的。爱因斯坦有一句话，可以说是言简意赅地表达了抽象思维抽象性和确定性的这种统一。他说："科学家必须在庞杂的经验事实中间抓住某些可用精密公式来表示的普遍特征，由此探求自然界的普遍原理。"[①] 仔细玩味这句话，我们便可以体察逻辑思维中抽象性和确定性的统一关系。

由这两个特征还派生出其他一些特征，如形式性、精密性、简单性、理论性和分析性等。不过后者都是由抽象性和确定性所决定和制约的。

3. 逻辑思维方法的类型

在科学理论的建构和表达过程中，逻辑思维尤其是逻辑推理有着重要的作用。无论是从已有知识中分离出新知识，还是从经验事实中概括出新知识，都需要运用推理。可以说，没有推理，就没有新知识的诞生，也就没有科学理论的建立。

通过推理所获得的新知识，可能是必然性的，也可能不具有必然性。这要看在推理过程中，前提是否蕴含着结论，或者说前提与结论之间是否存在着蕴含关系。如果前提蕴含着结论，那么从前提出发推导出的结论就具有必然性，否则就不具有必然性。我们把前提与结论之间具有蕴含关系的推理称为演绎推理方法，把两者之间不具有蕴含关系的推理方法称为非演绎方法。除演绎方法外，其他的推理方法都带有不同程度的或然性，这些方法包括：归纳与概括、分析与综合、类比与移植、比较与分类、逻辑与历史的一致等。

二、演绎方法

1. 演绎方法及其形式

演绎，是以一般概念、原则为前提推导出个别结论的思维方法。即依据某类事物都具有的一般属性、关系来推断该类事物中个别事物所具有的属性、关系的推理方法。比如，人们根据"物质是无限可分的"原理，推知基本粒子也是可分的，这就是演绎推理得来的。

最常见的演绎推理形式是三段论：大前提、小前提、结论。大前提是已知的一般原理，小前提是已知的个别事实与大前提中全体事实的关系，结论是对该个别事实的论断。如"人皆有死；苏格拉底是人；所以，苏格拉底也是有死的。"

演绎推理是一种必然推理，凡大前提正确，小前提无误，推理符合逻辑，结论一般正确。

2. 演绎方法的作用

既然依据演绎法所获得的结论已经被包含在前提中，为什么还要去将它演绎出来呢？这是因为，作为前提的基本概念和原则虽然已经存在，但是它并没有被运用到具体对象中去，具体对象的性质和状态尚未被人们明确地认识，这就有必要通过演绎来予以明确的揭示。事实上，演绎推理不仅不是可有可无的，而且在科学认识中具有特殊重要的意义。

① 爱因斯坦．爱因斯坦文集（第 1 卷）[M]．许良英编译．北京：商务印书馆，1976：76．

首先，演绎推理提示了前提和结论之间的逻辑联系，把某个领域的科学知识系统地结合起来，成为构建理论体系的最重要的方法。这个作用在一切用公理构造起来的理论体系中，表现得非常突出，被称为公理化方法，即从尽可能少的基本概念、公理、公设出发，运用演绎推理规则，推导出一系列的命题和定理，从而建立整个理论体系。通过这种方法构建起来的体系被称为公理化体系。公理化体系的代表当数欧氏几何学体系了。欧几里得在《几何原本》中以 23 个定义、5 条公设（不证自明，主要适用几何学，如著名的第五公设：过直线外一点，有且仅有一条直线与已知直线平行。）和 5 条公理（不仅自明，适用所有学科。）作为出发点，推演出 467 个数学命题，将古代关于几何学的知识系统化为一个逻辑上完美、严密的体系，对科学理论的发展产生了深远的影响。牛顿也是用公理化方法，从运动三定律和万有引力定律出发，把力学的其余定律逐个推导出来，其《自然哲学的数学原理》就是历史上第一个完整的力学体系。相对论、量子力学等也是用演绎法构建起来的公理化体系。

其次，演绎推论也是作出科学预见的重要手段。科学预见是指把一般原理运用于具体的研究对象而作出的合理推论。由于一般原理已被实践检验过，由此作出的演绎推论就是有科学根据的，可以作为新的观测和实验的出发点。如物理学家鲍利鉴于 β 衰变中有能量亏损现象，衰变放射出来的电子带走的能量小于原子核损失的能量的现象，根据能量守恒原理，他在 1931 年作出推论，预言在 β 衰变中有一种尚未发现的微小中性粒子带走了亏损的能量。费米把它命名为“中微子”。后来，在 1956 年和 1968 年，人们间接和直接找到了中微子，终于确证了鲍利的科学预见。

再次，演绎法在科学假说的检验过程中也发挥着独一无二的作用。因为那些最基本的公式、定理等，只有演绎到具体对象中，揭示对象的基本性质或规律，才能被实践所检验。牛顿万有引力定律的真理性，就是通过这一途径获得确证的，其中关于地球形状的测量、哈雷彗星的回归、海王星的发现等三大实践活动，充分检验了牛顿的理论。

所以不能因为演绎推理中，结论与前提之间存在着蕴含关系，就否认这种思维方式的重要性。事实上，在科学理论的构建过程中，运用得最多的方法就是演绎法。

三、归纳方法

1. 归纳法及其类型

所谓归纳，是指从许多个别的事物中概括出一般性概念、原则或结论的思维方法。归纳可分为完全归纳法和不完全归纳法。

完全归纳法是根据一类事物中每个事物都具有某种属性从而得出这类事物全都具有这种属性的推理方法。由于完全归纳推理在前提中考察的是某类事物的全部对象，其结论所断定的范围并未超出前提所断定的范围，所以其结论是根据前提必然得出的。数学上的穷举法就是完全归纳法。虽然完全归纳的结论可靠性很强，但它的运用是有局限性的。如果某类事物的个别对象是无限的（如天体、原子）或者事实上是无法一一考察穷尽的（如工人，学生），它就不能适用了。这时就只能运用不完全归纳推理了。

不完全归纳法是根据一类对象中部分对象都具有某种属性从而得出这类对象的全体都具有这种属性的推理方法。不完全归纳法有简单枚举法和科学归纳法两种。

简单枚举法是通过观察和研究，发现某类事物具有的某种属性，并且不断重复而没遇到相反的事例，从而判断出所有该类对象都有这一属性的推理方法。例如“金导电、银导电、铜导电、铁导电、锡导电，金、银、铜、铁、锡都是金属，所以一切金属都导电。”简单枚举归纳法所依据的仅仅是没有发现相反的情况，而这一条件对于做出一个一般性的结论来说，是必要的但并不是充分的。没有碰到相反的情况，并不能排除这个相反情况存在的可能性。只要有相反情况的存在，无论暂时碰到与否，其一般性结论就必然是错的。正如有一个人从市场上买只鸡回来，每天早上会喂它一把米，如果这只鸡会用归纳法，它就会得出“每天都有一把米吃”的结论，无论如何也归纳不出有一天会被主人一刀宰了。

19 世纪的英国学者约翰 · 穆勒认为，完全归纳法不能增加新的知识，简单枚举法经不起一个反例的检验，所以两者都不能适应科学发展的需要。穆勒在他的《逻辑体系》一书中，提出了科学归纳法。科学归纳法不是简单地、无选择地考察所碰到的某类事物的部分对象，而是按照事物本身的性质和研究的需要，选择一类事物中较为典型的个别对象加以考察，并且分析该考察对象何以具有某种性质的原因和内在必然性。建立在这种对事物进行科学分析基础上的不完全归纳推理，我们就称之为科学归纳推理。

穆勒还提出了科学归纳的“五法”：求同法。从不同场合中找出相同的因素；存异法。从两种场合之间的差异中找出因果联系；共用法。将求同法和存异法二者结合起来寻找因果联系；共变法。从某一现象变化所引起的另一现象变化中，找出两个现象之间的因果联系；剩余法。在一组复杂的现象中，把已知因果联系的现象减去，探求其他现象的原因。穆勒还制定了一般规则和公式，大大推动了归纳法在科学研究中的应用。

2. 归纳法的特点

由于不完全归纳推理的前提是一些关于个别事物或现象的认识，而结论则是关于该类事物或现象的普遍性认识，其结论所断定的知识范围超出了前提所给定的知识范围，故归纳推理的前提与结论之间的联系不具有必然性。也就是说，其前提真而结论假是可能的。

相比简单枚举法，科学归纳法由于建立在科学分析因果关系的基础上，因而在一定程度上能够提高归纳结论的概率可靠性。但科学归纳法毕竟是一种归纳方法，其结论不可避免地带有或然的性质。

3. 归纳法的作用

尽管归纳推理所给予的只是一种或然性的结论，但并不意味着这种推理是无价值的。事实上，在感官观察和经验概括基础上形成一般性结论的归纳推理过程，是对客观世界的新探索过程，没有这个过程，科学的发展几乎是不可能的。由于归纳推理中结论所包含的内容超出了前提所包含的内容，因而它是人们扩大知识、增加知识内容的一种逻辑手段，是获得新知识的基本方法。归纳法在建立科学假说、确定假说的支持度、进行科学预测等方面都起着重要的作用。

四、类比法

1. 类比及其形式

类比又叫类推，是根据两个或两类对象之间在某些方面的相似或相同而推出它们在别的方面也可能相似或相同的一种逻辑思维方法。例如卢瑟福把原子内部结构与太阳系结构类比获得了原子结构模型。

类比思维的基本形式是 A 有属性 a、b、c、d。B 有属性 a、b、c，则 B 也可能有属性 d。

2. 类比的特点

类比的种类非常丰富，包括因果类比、共存类比、协变类比、综合类比、模型类比、数学类比、结构－功能类比、概念－机制类比等。不管何种类型的类比，都具有以下特点。

（1）类比所根据的相似性属性越多，类比的应用越为有效。所以，要尽量扩大类比的范围，已知相同或相似的属性越多，得出的结论就越可靠。10 ： 9 要比 10 ： 7 可靠得多。

（2）类比所根据的相似性属性越具有本质特征、相似属性之间越具有关联性，类比的应用越为有效。所以，要特别注意将对象的本质属性相类比，避免犯“表面类比”的错误。

（3）类比所根据的相似数学模型越精确，类比的应用也就越为有效。

（4）以上三条没有必然性，类比的结论是或然的。因此，在使用类比方法时，一定要注意同其他方法相结合。类比的结论是否正确，最后要接受科学观察与实验的检验。

3. 类比的作用

类比方法在科学研究中有显著的作用。爱因斯坦说 ：“在物理学上往往因为看出了表面上互不相关的现象之间有相互一致之点而加以类推，结果竟得到很重要的进展。”① 康德说：“每当理智缺乏可论证的思路时，类比这个方法往往能引导我们前进。”②

波动力学的建立就是通过类比而提出的。1923 年，法国物理学家德布罗意将反映光学领域物质运动规律的费尔玛原理与反映力学领域物质运动规律的漠泊图原理进行类比，发现二者具有完全相似的数学形式。而物理光学的发展已证明光具有波粒二象性。由此，德布罗意大胆地作出如下推论 ：物质粒子也具有波粒二象性，亦即它既是一种粒子，也是一种波。接着，他又将物质粒子和光作进一步的类比，由二者都具有波粒二象性，提出了物质粒子的波长也应与光波波长相似的假说。这就是著名的物质波波长公式。1927 年，通过中子衍射等实验，他的预言被证实了。后来，奥地利科学家薛定谔受到德布罗意研究成果的启发，沿着另一条思路，将经典力学和几何光学进行类比，即依据经典力学和几何光学的一些规律具有完全相似的数学形式，而几何光学又是波动光学的近似，据此，他提出了经典力学也可能是波动力学的一种近似的假说。在这一假说的指导下，薛定谔作了种种尝

① 爱因斯坦．物理学的进化 [M]．上海：上海科学技术出版社，1962：198．

② 康德．宇宙发展史概论 [M]．北京：商务印书馆，1980：147．

试，终于建立起波动力学的崭新体系。

现代宇宙学关于宇宙膨胀的假说，也是得益于类比方法。在声学中，当声源远离观察者运动时，声波的频率减小，这叫作多普勒效应。天文观测发现，在某些天体的化学元素的光谱中，光谱线同在地球上被观测到的这些元素的光谱线相比，移到了光谱的红端方面，这就是“红移”现象。这表明光波的频率减小了。与声波的多普勒效应相类比，就可以作出天体远离我们而去的推论。由于天文观测发现，从四面八方接收到的光波都有“红移”现象，于是作出了宇宙膨胀的假说。当然，将红移现象与多普勒效应相类比而得出宇宙膨胀的结论，是以光和声在一系列特性上的同一本性为基础的。由于类比结论的或然性很高，所以最终要用科学的观察和实验来检验。1929 年，埃德温 · 哈勃作出了一个具有里程碑意义的观测，即不管你往那个方向看，远处的星系正急速地远离我们。换言之，宇宙正在膨胀。

五、逻辑与历史的一致的方法

逻辑与历史的一致是科学思维的重要原则，这一原则同时具有方法论的意义。所谓历史，是指事物发展的历史或认识发展的历史；所谓逻辑，是指人们运用概念进行思维的过程。逻辑与历史的一致，就是说人们的逻辑思维过程（表现为知识的逻辑体系）是对事物的历史发展过程或认识的历史发展过程的反映。逻辑体系不是任意创造的，而是对历史东西的科学抽象。恩格斯所说：“历史从哪里开始，思想进程也应当从哪里开始……”①

逻辑与历史一致的方法，在科学思维中，特别是在科学理论体系的建立中有着重要意义。一门科学的逻辑体系应该体现这门科学所研究对象的历史发展的线索，或者，应该反映人类对这门科学所研究的对象的认识发展的历史。也就是说，自然科学的逻辑体系，或者要与自然史一致，或者要与认识史一致。当然，逻辑的过程究竟按对象本身的历史发展的线索还是按人们对它的认识历史发展的线索来进行，并不是绝对的。例如遗传学，长期以来是从孟德尔的遗传规律开始，进而论述连锁交换规律和染色理论，最后论述分子遗传学，这个逻辑体系与遗传学发展的历史大致吻合。近年来有些遗传学教程从遗传的物质基础——核酸的结构与功能开始，进而论述较低级的原核细胞生物(病毒等)的遗传规律，再论述较高级的真核细胞的遗传规律。这种逻辑体系就基本上和自然界遗传方式的进化过程相一致。

六、数学方法

1. 数学方法的定义

数学是人类最早发展起来的科学之一。从毕达哥拉斯开始，人们就形成了一种数学方法能够把握宇宙的信念，并鲜见有被质疑。伽利略曾深信不疑地说：“宇宙这本书是用数学

① 马克思，恩格斯．马克思恩格斯选集（第 2 卷）[M]．北京：人民出版社，1995：43．

语言写出的，符号是三角形、圆形和别的几何图像[①]。”他的同时代人开普勒也说：“大自然是用几何的艺术表现出来的。”罗素对此的解读是“逻辑学和数学是自然这部书的字母，而不是书本身”。

数学是专门研究量的科学，它撇开客观对象的其他一切特性，只抽取各种量、量的变化以及量之间的关系，从量的方面揭示研究对象的规律性。因此，数学方法原则上适用于一切科学。对数学的运用程度，也是一门科学成熟的标志。因为如果某门科学用它所特有的方法预先进行了对现象的大量研究，那么它对于现象的量的把握就更丰富、更全面，更有利于数学有机地进入到这门科学中。马克思认为一种科学只有当它达到了能够运用数学时，才算真正发展了。

数学方法是利用数学语言表达事物的状态、关系和过程，经过推导、运算与分析，形成解释、判断和预言的方法。

2. 运用数学方法的基本过程

在科学研究中成功地运用数学方法的关键，就在于针对所要研究的问题提炼出一个合适的数学模型，以利于展开数学推导。建立模型的过程是一个“化繁为简”“化难为易”的过程。

（1）将研究的原型抽象成理想化的物理模型（这是因为自然科学中的量绝大多数都是物理量），即转化为科学概念。

（2）对物理模型进行数学科学抽象，使研究对象的有关科学概念采用符号形式的量化，初步建立起数学模型（理想化了的数学方程式或具体的计算公式），并按数学模型求出结果。

（3）对数学模型进行验证，即将其运用到原型中去，看其近似的程度如何。根据情况对模型进行修正，使其符合程度更高。

已经获得广泛应用并且卓有成效的数学模型大体上有两类：一类称为确定性模型，即用各种数学方程如代数方程、微分方程、积分方程、差分方程等描述和研究各种必然性现象，在这类模型中事物的变化发展遵从确定的力学规律性；另一类称为随机性模型，即用概率论和数理统计方法描述和研究各种或然性现象，事物的发展变化在这类模型中表现为随机性过程，并遵从统计规律，而且具有多种可能的结果。

3. 数学方法在科学中的作用

（1）数学方法是现代科研中的主要研究方法之一。数学方法是各门自然科学都需要的一种定量研究方法。数学语言的运用，大大提高了对象的抽象化程度，可以帮助人们进入和把握超出感性经验之外的客观世界。法国著名数学家彭加勒认为一切定律都是从实验中推出，但是要阐明这些定律，则需要有专门的语言。日常语言太贫乏、太模糊，不能表达如此微妙、如此丰富、如此精确的关系，而数学为科学家们提供了他能够表述的唯一语言。正是由于有了数学语言这种极其方便的工具，从而使自然科学更加完善。例如引力场这种

① （美）克莱因. 古今数学思想（第2册）[M]. 上海科学技术出版社，1979：33.

的对象，如果没有非欧几何语言的描述，是很难把握的。在当今世界科学技术飞速发展、计算机已得到广泛应用的时代，许多过去无法进行定量研究的问题，现在一般都可以通过数学建模进行定量研究。

(2) 数学方法为多门科研提供了简明精确的定量分析和理论计算方法。一门科学从定性描述进入到定量分析和理论计算，标志着这门科学已经达到了比较成熟的水平。在生物学中，著名的基因遗传学说与以往对遗传现象的描述有着根本的区别，因为它是在大量实验数据基础上进行数理统计推导出来的。在现代科学研究中，如果没有定量分析和理论计算，理论研究是走不远的。数学语言（方程式或计算公式）是最简明和最精确的形式化语言，只有这种语言才能给出定量分析的理论和计算方法，以进一步揭示事物的本质，为人们提供事物发展的某种预测。海王星的预言，就是勒维列和亚当斯通过数学计算、推导出来的。爱因斯坦通过数学方法而获得的质能关系式，则精确地预示了原子能一旦释放出来所具有的巨大的威力。

(3) 数学方法，特别是公理化方法，为建立科学的理论体系，提供了有效的手段。数学是一门逻辑极为严谨的科学，数学中的命题、公式都要严格地从逻辑上加以证明后才能够确立，数学推论必须遵循逻辑法则，以保证从某一前提出发导出的结论在逻辑上准确无误。这些特点，使数学方法成为建立理论体系的有效手段。特别是公理化方法，在建构科学理论体系中，具有无可替代的作用。

(4) 数学方法能最大限度地保证科学理论的客观性。运用数学方法使科学变成定量的，从而可以减少或消除主观随意性的侵入，使科学共同体尽快地取得共识，这正是作为主体间性的客观性。更重要的是，要求方程相对于变换群不变，确立了客观固定的原理，这是数学作为自然科学知识的客观性的保证者所起的作用。

当然数学方法也必须与其他许多方法相辅相成。构建数学模型的各种数据，都是人们通过观察或实验得到的；各种数学结论是否可靠，最终还需要通过实践的检验和修正。

七、系统科学方法

当代社会出现了许多综合性很高的复杂系统，它们往往突破了区域性、行业性、学科性的界限，具有规模巨大、结构复杂、目标多样、功能综合、影响面宽等特点。对这些复杂系统的处理，系统科学形成了一套行之有效的方法。系统科学方法是指按照系统科学的理论和观点，把研究对象视为系统来解决实践中各种问题的方法的总称。利用系统科学方法不仅能够加强对科学的认识，还可以有力地解决科学认识过程中的问题。

常用的系统科学方法主要包括：系统方法、黑箱方法、反馈方法、信息方法等。

1. 系统方法

系统方法是指按照事物本身的系统性，将研究对象作为系统加以考察的一种科学方法。它从系统的观点出发，着眼于整体与部分、系统与外部环境之间的相互联系和相互作用，综合、精确地考察对象，以达到优化地处理问题的目的。其特点是整体性、综合性与最佳化。

我国著名的水利工程“都江堰”，在整体性、目的性与分工、系统的运筹和优化、系统管理等方面，都堪称应用系统方法的典范。随着系统理论的发展，人们不再满足于对系统的定性研究。于是，各种数学方法便成了系统方法的有机组成部分。特别是20世纪40年代以后，多种系统理论以常规数学、概率论、数理统计和运筹学等为工具，再加上电子计算机的运用，形成了各种多样地对系统进行定量化研究和描述的方法。这就使得系统方法变得更加复杂。目前，人们正在试图把系统方法发展成由不同层次构成的方法论体系。

2. 反馈方法

反馈是指系统内输出的信息，通过一定的渠道返回该系统，从而对系统信息地再输出施加影响的过程。因此，反馈就是因果关系中结果对原因的反作用。反馈有正反馈和负反馈两种，前者使系统的输入对输出的影响增大，后者则使其影响减少。反馈的最终目的就是要求对客观变化做出应有的反应。

反馈控制方法是一种用控制系统运行的结果来调整控制系统运行的方法。任何一个控制系统都离不开环境，都处在与环境的相互作用之中，这种作用往往破坏控制系统的稳定性。因此，控制系统必须抗拒系统内外的扰动作用。通常情况下，要使系统排除扰动因素保持控制系统的稳定性是较为困难的。而运用反馈控制方法正好可以绕过这一困难，它不需要直接获取扰动的具体信息，只要依据控制系统输出量偏离规定值的信息，就可以调节、控制系统。

3. 信息方法

信息方法是把研究对象看作是一个信息系统，将事物的运动过程看作是信息传递和替换过程，通过对信息流程的分析和处理，达到对复杂事物运动过程的规律性认识，并实现对复杂系统的控制和组织。

同传统方法以对物质、能量具体运动形态为主的研究不同，信息方法是以信息的运动作为分析和处理问题的基础，把系统有目的的运动抽象为信息变换过程，完全撇开了对象的具体运动形态。信息方法暂时撇开信息的语义方面，单从技术方面研究信息量的计算问题，要求运用数学理论寻找合适的数学模式。

4. 黑箱方法（系统辨识）

黑箱就是指那些不能打开箱盖因而其内部结构不能直接观察，只能从外部去认识的客体(系统)。黑箱方法是将研究对象当作“黑箱”，通过考察外界向“黑箱”输入的信息和从“黑箱”中输出的信息两者之间的关系，来认识黑箱系统功能的研究方法。

黑箱方法是探索复杂大系统的重要工具。黑箱方法不涉及复杂系统的内部结构和相互作用的大量细节，而只是从总体行为上去描述和把握系统、预测系统的行为，这在研究复杂系统时特别有用。古典中医学认识人体采用的就是黑箱方法，它只能从人体外部的输入输出信息，模拟描述人体中的信息控制系统及其疾病，因而不可能清楚人体中信息控制系统的真实结构和生理学变化。

第三节　非逻辑思维方法

一、非逻辑思维及其特征

1. 非逻辑思维的含义

非逻辑思维又叫具象思维或广义上的形象思维，是指主体运用表象、直感、想象等形式，依据研究对象的有关形象信息，结合贮存在大脑里的形象信息进行加工（分析、比较、整合、转化等），从而认识和把握研究对象的本质和规律。

2. 非逻辑思维特点

（1）形象性。形象性是非逻辑思维最基本的特点。非逻辑思维所反映的对象是事物的形象，思维形式是意象、直感、想象等形象性的观念，其表达的工具和手段是能为感官所感知的图形、图像、图式和形象性的符号。这种形象性使非逻辑思维具有逻辑思维所没有的生动性、直观性和整体性的优点。

（2）非逻辑性。非逻辑思维不像逻辑思维那样，对信息的加工一步一步、首尾相接地、线性地进行，而是可以调用许多形象性材料，一下子合在一起形成新的形象，或由一个形象跳跃到另一个形象。它对信息的加工过程不是系列加工，而是平行加工，是立体性的，可以使思维主体迅速从整体上把握住问题。这种非逻辑性，一方面大大加快了思维的过程，甚至使思维出现惊人的飞跃，可以迅速突破某些思维障碍，但另一方面由于不具有逻辑思维的确定性，其结论具有或然性或似真性，有待于逻辑的证明或实践的检验。

（3）粗略性。非逻辑思维对问题的反映是粗线条的反映，对问题的把握是大体上的把握，对问题的分析是定性的或半定量的。所以，非逻辑思维通常用于问题的定性分析，不像逻辑思维那样可以给出精确的数量关系。所以在实际的思维活动中，往往需要将逻辑思维与非逻辑思维巧妙结合，协同使用。

（4）想象性。想象是思维主体运用已有的形象形成新形象的过程。非逻辑思维并不满足于对已有形象的再现，它更致力于追求对已有形象的加工，而获得新形象产品的输出。所以，形象性使非逻辑思维具有创造性的优点。这也揭示了一个道理：富有创造力的人通常都具有极强的想象力。

但非逻辑思维也存在着明显的缺点和局限性：一是它不易表达，这就为集体的协调一致的行为带来阻碍。别人不知道你的思维过程和结果，你也无从得知别人的思维过程和结果。现代艺术家们殚精竭虑调动各种“艺术语言”，所能表达的也只是有限的和简单的信息；二是它常常失真和不准确，包括记忆的失真和感知的不准确。这往往会导致行为的脱离实际和怪诞，我们有限的感知能力面对快速变化和运动的事物，经常不能提供准确的形象和图画，再加之头脑记忆的以往的形象和图画越来越模糊，可以想象非逻辑思维靠比较图画变换做出判断会多么地偏离现实；三是它无法考察感官不能直接触及的现象，如极小的微观世界、极大的宇宙空间等。另外，事物不仅有“有形”事物，还有“无形”事物。而“无形”事物由于不具有形象性，非逻辑思维便无法把握。例如国家、磁场等。这个世界真的存在许多只能用“思维”来考察的事物。

二、非逻辑思维的分类

1. 形象思维

形象思维是凭借形象进行的思维活动，思维的手段是图形、典型模型等，思维的方式是联想、想象。形象思维具有直观性、形象性、整体性、概括性等特征。在科学发明创造中，飞机的设计受到鸟和蜻蜓的启示，潜艇的制造得益于对鱼类的模拟，这些都证明了想象对于发明创造所具有的重要性。爱因斯坦说过：“想象力比知识更重要，因为知识是有限的，而想象力概括着世界上的一切，推动着进步，并且是知识进化的源泉。”[①]

2. 直觉思维

直觉思维是一种高度简缩的思维方式，是指不受某种固定的逻辑规则约束而直接领悟事物本质的一种思维形式。柏拉图称直觉为“灵魂之眼”。直觉思维具有迅捷性、直接性、本能意识等特征。直觉作为一种心理现象贯穿于日常生活之中，也贯穿于科学研究之中。洛克曾说过：“确定性是完全依靠于直觉的……一切中介观念只有凭直觉才能得到联系。离开了直觉，我们就不能达到知识和确定性。”[②]直觉思维的进行并不是凭空的，它是以过去的体验和知识水平为基础产生的。在科学发展史上，有意义的直觉的形成总是基于一定的经验、理论背景。爱因斯坦说：“物理学家的最高使命是要得到那些普遍的基本规律……要通向这些定律，并没有逻辑的道路，只有通过那种以对经验的共鸣地理解为依据的直觉，才能得到这些定律[③]。”直觉就像是一种模型，这种模型是在长期的经验知识的积累和沉淀中形成的，当一种新的现象出现了，直觉会将其迅速纳入模型中去，从而快速地作出判断。

直觉思维是依靠一种包含有某些理性认识的、并真正渗透到主体自身的内在经验，而获得对事物的既简洁明了又刺入底蕴的本质的认识。这种对事物料事如神的思维方式，并不像理性认识那样沿着认识各阶段依次递进，而是认知者的各个感觉器官综合在一起与外界事物发生关系，并且每一部分器官都参与对外界事物的反映过程。在这种思维中，各种感觉（认识）不是按线性方式排列，各种认知环节处于一种交互重叠、交叉循环的整体网络中。在这种思维中，认知者的理智、意志、情感、心理、思想沉淀物都被调动和综合起来。

直觉思维有着逻辑思维所没有的优点。它对事物的认识是一种整体、本质的把握，不追求思维的确定性和严格性，思想的边缘是模糊的，不同思想与经验之间可以相互渗透和过渡，使人思维异常活跃，容易在问题丛生的状态下找到摆脱思维困难的突破口。从这个

① 爱因斯坦．爱因斯坦文集（第1卷）[M]．许良英编译．北京：商务印书馆，1976：284．

② 洛克．人类理解论[M]．北京：商务印书馆，1959年：521．

③ 爱因斯坦．爱因斯坦文集（第1卷）[M]．许良英编译．北京：商务印书馆，1976：102．

意义上说，直觉是发现的工具。而逻辑思维依靠概念进行，在中国人看来，任何一种概念都有它的局限性与凝固性，永远不能充分反映事物运动变化的全貌，所谓“言不尽意”“词不达意”。

但是直觉思维也有其明显的不足：一是具有神秘性，思维的过程和结果都不易交流，有碍知识的进步；二是对事物不做定性、定量分析，所获得的知识缺乏精确性，有碍知识的发展。正因为我们的祖先过分沉湎于直觉思维中，致使中国古代逻辑思维不能得以充分发展，在一定程度上束缚了哲学与科学的发展，也妨碍了知识的传承。

3. 灵感思维

灵感思维是因创造力突然达到超水平发挥的一种特定心理状态。钱学森以为，如果把非逻辑思维视为形象思维，那么灵感思维就是顿悟，实际上是形象思维的特例。他把灵感的出现看作是智慧之光。科学史上许多重大难题往往就是靠这种灵感的顿悟，奇迹般地得到解决。所谓“众里寻他千百度，蓦然回首，那人却在灯火阑珊处”就是这样一种意境。例如，德国化学家凯库勒长期从事苯分子结构的研究，一天由于梦见蛇咬住了自己的尾巴形成环形而突发灵感，得出苯的六角形结构式。灵感不是唯心的、神秘的东西，它是客观存在的，是思维的特殊形式，是一种使问题一下子澄清的顿悟。灵感绝不会从天而降，它是在一定知识信息储备的基础上，对疑难问题久经沉思之后不同知识信息之间的突然沟通。爱迪生说：“发现是百分之二的灵感加上百分之九十八的血汗。”

据传，笛卡儿发明坐标、创立解析几何就是源于灵感。一次，笛卡儿生病了，遵照医生的嘱咐，躺在床上休息。这时的笛卡儿仍然在思索着用代数方法来解决几何问题。一直以来，几何学与代数学是分道扬镳互不相干的。几何学虽然直观形象、推理严谨，但证明过于繁杂，往往需要高度的技巧。笛卡儿试图用代数的方法来研究和解决几何问题，使其化繁为简。但他遇到了一个问题，那就是几何中的“点”与代数中的“数”怎样才能建立起对应关系。突然，在天花板上爬来爬去的一只蜘蛛引起了他的注意。这只蜘蛛正忙着在天花板靠近墙角的地方结网，它一会儿沿着墙面爬上爬下，一会儿又顺着吐出的丝在空中荡来荡去。这只悬在半空中的蜘蛛令深思中的笛卡儿豁然开朗，能不能用两面墙的交线以及墙与天花板的交线，来确定这只蜘蛛的空间位置呢？他爬起来，在纸上画了三条互相垂直的直线，分别表示两墙的交线和墙与天花板的交线，用一点来表示空间的蜘蛛，这样蜘蛛的空间位置就准确地标示出来了。由这样三条相互垂直的线组成的图形就是坐标，而这个坐标被人们叫作笛卡儿坐标。1637 年，笛卡儿的《几何学》发表，标志着解析几何学的诞生。

三、在科学认识和研究中逻辑思维与非逻辑思维的统一

过去人们曾认为“科学家用概念来思考，而艺术家则用形象来思考”，以为科学认识的思维形态仅限于逻辑思维，实则不然。非逻辑思维也是科学家进行科学发现和创造的一种重要的思维形式。例如，物理学中所有的形象模型，像电力线、磁力线、原子结构的汤姆生枣糕模型或卢瑟福小太阳系模型，都是物理学家抽象思维和形象思维结合的产物。爱因

斯坦是一个具有极其深刻的逻辑思维能力的大师，但他却反对把逻辑方法视为唯一的科学方法，反而十分善于发挥形象思维的自由创造力。他描述自己的思维过程是“我思考问题时，不是用语言进行思考，而是用活动的跳跃的形象进行思考，当这种思考完成以后，我要花很大力气把它们转换成语言。”另一位诺贝尔奖获得者李政道从20世纪80年代起，每年回国两次倡导科学与艺术的结合。他在北京召开“科学与艺术研讨会”，请黄胄、华君武、吴冠中等著名画家来“画科学”。李政道的画题都是近代物理学最前沿的课题，涉及量子理论、宇宙起源、低温超导等领域。科学研究的过程，从本质上说是逻辑思维与非逻辑思维交互作用的过程，逻辑思维与非逻辑思维是统一的。

1. 科学研究既需要运用逻辑思维，也需要运用非逻辑思维

这两种思维虽有不同的特点、不同的品质、不同的作用，却是一种互补的关系。科学研究的过程常常是从逻辑思维开始，以非逻辑思维拓展思路，再由逻辑思维最终完成。

（1）科学始于问题，而大量的问题尤其是理论问题是科学工作者在逻辑思维中发现的，即问题之所以是问题，是因为它不符合逻辑。

（2）对问题的突破需要借助非逻辑思维。因为科学突破往往是对原有科学概念或科学理念的突破，因而不太可能从原有的框架里用逻辑推演的方式得到。逻辑思维对科学问题的突破作用是有限的，而非逻辑思维在此过程中则起着巨大的作用。

（3）科学一旦取得突破之后，还需要在突破的基础上构建新的科学体系，否则这种突破对科学事业的发展就毫无意义。而体系的构建过程离开了逻辑思维是寸步难行的。因此，逻辑思维和形象思维是相辅相成的。

爱因斯坦说：“从特殊到一般的道路是直觉的，而从一般到特殊的路是逻辑的。”[①] 许多科学家都非常重视两种不同思维在科学研究中的作用。彭加勒也认为，逻辑是证明的工具，直觉是发现的工具。逻辑思维和非逻辑思维虽然是两种根本不同的思维方式，但两者又密切相关，任何一个问题圆满的解决既需要非逻辑思维的启发，它是产生新思想、科学发现和理论创新的必由之路，是解决问题的起点和催化剂，同时也离不开逻辑思维的严密推导和科学论证，它是理论系统化、逻辑化的必要方法，是解决问题的基础和保证。

2. 逻辑思维与非逻辑思维是不可分离的

就每个人的思维来说不可能是纯逻辑思维，也不可能是纯非逻辑思维。同样一个现实的思维过程，也必定包含着逻辑思维与非逻辑思维的因素。

非逻辑思维离不开逻辑思维：非逻辑思维作出的初步结论，需要逻辑思维加以论证。同样，逻辑思维也离不开非逻辑思维：一方面，逻辑推理的每一步都离不开直觉的明证；另一方面，逻辑思维的前提也是人们通过非逻辑思维得来的。

非逻辑思维和逻辑思维又是彼此渗透、相互交融的，很难把它们完全绝对地划分开，两者之间的界限也不是绝对分明的。非逻辑思维是建立在前提材料不充分或很不充分的基础上的，而逻辑思维则是建立在前提材料比较充分或完全的基础上的。但是在材料充分到

① 爱因斯坦．爱因斯坦文集（第1卷）[M]．许良英编译．北京：商务印书馆，1976：102．

什么程度才算是逻辑思维和非逻辑思维，却没有一个明确的界限。极端的情况是容易区分的：在只有一星半点的材料的基础上作出一个大胆的尝试性的结论，这时的思维活动就显然属于非逻辑思维；相反，在有了大量客观事实材料的基础上推导出结论，这时的思维活动就主要是逻辑思维了。

“人海关系”案例集萃之三

1. 发现深海中的河流

直到 20 世纪中期为止，大多数科学家仍相信深海是平静的、毫无变化的，没有上层水域中打转的漩涡。海洋学家亨利 · 斯托梅尔第一个绘制了深海洋流图，改变了人们眼中深海平静的图景。

20 世纪 40 年代，多个主要的浅层洋流已经被人们熟知。比如，墨西哥湾流，它携带着温暖的海水，沿北美洲东南海岸一路向北，然后向东穿越大西洋。再如黑潮，它沿太平洋西侧向北行进，途经日本和西伯利亚的各大海岸。科学家在 19 世纪末时已经发现，浅水洋流的主要动力是风力和地球自转。众所周知，大洲环流西侧的洋流狭窄而湍急，而东侧的则宽阔又舒缓，但没有人能够解释这种差异的原因。

为了解开这个谜团，亨利 · 斯托梅尔开始用一种简单的数学模型来分析洋流运动，在当时，这种方法处于世界领先。他的模型向世人展现了地球自转力造成的科氏力、风力以及大陆边缘与水之间摩擦力三者之间如何相互作用，进而造成了这种东西侧洋流状态的差异。这一研究方法，被他的同事卡尔 · 文施誉为“动力海洋学”的诞生。

像湾流这样的浅海洋流虽然只影响到海洋中 10% 的水域，但其辐射范围却可达到水下 400 米。于是，20 世纪 50 年代，亨利 · 斯托梅尔把目光转向深层洋流，而同时代大多数的海洋学家却怀疑是否有深层洋流存在。

当时，研究者已经发现了一种薄的水层，即温跃层，在这里水温下降得很快，而且它只存在于浅层洋流的海域之下。在这里，温度不是随着深度的增加缓慢下降，而是骤然下降。这种现象，使亨利 · 斯托梅尔意识到肯定有一些力量“支撑”着温跃层。他断言，这种力量就是从深海泛起的冰冷海水。

1955 年，斯托梅尔根据他提出的解释浅海环流的漩涡理论，预言在湾流下面存在着一个冷水流，路径与湾流一样，但方向相反。几乎在同时，英国研究者约翰 · 斯沃洛发明了一种浮舟，通过调整浮舟的密度（密度决定它可以下潜的深度）可以使它停留在特定深度的海洋中。当洋流经过这个深度时，浮舟顺流而下，并向追踪船发出声音。根据这个声音，研究者就可以确定浮舟移动的速度和方向。

1957 年 3 月，斯沃洛和斯托梅尔联手，合力验证斯托梅尔的预测。沿着湾流在美国东南部的流经路线，斯沃洛将浮舟放入水下，略深于湾流所在的深度。正如斯托梅尔所预测，斯沃洛发现，他的浮舟大部分都以极快的速度向南移动。之后，在全世界的海盆西侧都发现了流向赤道的深层洋流。

2. 凡多弗之光

直到 20 世纪 70 年代为止，无论作为科学家的她们是多么成功，女性还是很少被允许参加海洋学旅行……这种禁忌可以追溯到一个古老的水手迷信：女性在船上会招来厄运。所以，长久以来，出海进行研究的科学团队都是由男性组成。这在世界上首艘可以载人的深海潜艇——阿尔文号上也是一样。而辛迪·凡多弗，是第一位驾驶阿尔文号潜艇的科学家和女性。

1985 年，科学家在大西洋中脊的海底热液口发现了一种奇怪的虾，它们缺少浅水中的同类都拥有的眼柄，所以被命名为“喷口盲虾”。1986 年，凡多弗还在读博士期间，就对它进行了研究。当她从热液口录像带中观看这种活生生的虾时，她注意到有两条明亮的光线从上面射下，打到虾背部的前三分之一段。在收藏的样本中，这些光线已经消失不可见了，但凡多弗还是对条纹应该出现的区域进行了检测，在那里她发现了两个条状身体组织，这些组织与一大条神经相连。神经的存在使她猜测，这个身体组织可能是一个功能器官。尽管按照当时的常识来看，热液口的世界应该是完全黑暗的，但她仍然认为，这个器官可能就是眼睛。后来，她对别人说：“我之所以可以看出它的本质，一方面是因为我有无脊椎动物学的丰富知识，一方面是因为我有很强的好奇心。”

为了寻找证据证明她这个看起来很奇怪的想法，凡多弗将这种虾的部分样本送到了纽约的一位研究无脊椎动物眼睛的专家——斯蒂文·张伯伦。虽然这些样本保存不善，但当张伯伦用显微镜检测时，还是在这些器官中发现了一些与眼睛类似的特性。他这样对凡多弗说：“如果你将一只眼睛毁坏，它看起来就是这样的”。

凡多弗之后又把一些虾的组织交给了一位感官生理学家艾迪·肖茨。肖茨在这些虾的组织中，发现了一种化合物，它吸收光线的方式与视紫红质几乎完全相同，而视紫红质是大部分动物眼睛中都有的感光色素。虾的器官中没有晶状体，因此，凡多弗知道它不会形成图像，但这种视紫红质类似物的出现表明，这些虾组织是可以感知到光的存在的。事实上，这个器官中包含了如此多的化学物质，所以，它的感光能力可能要强过普通的眼睛。

在确定了这些热液口的虾拥有感光器官后，凡多弗所面临的下一个问题就很明显了：什么光能被它们感知？热液口位于深海之下，阳光根本无法直射。但凡多弗知道一个常识：当一个物体被加热到极高的温度时，它就会放射可视光。例如，在开启的电热器和电炉中，线圈会发出红色的光芒。热液口周围的物理和化学进程也可能会产生微弱的光线。虽然此前从未有热液口光线的报道，但凡多弗认为，这是因为从来没有人去寻找的缘故。她认为，即使这些热液口光线确实存在，它们也太微弱了，完全淹没在阿尔文号明亮的外灯光线中了。

凡多弗得知，华盛顿大学水下火山研究专家约翰·德莱尼将在 1988 年 6 月进行一次阿尔文号潜水，以检测一种超灵敏的数字摄像机。在她的请求下，当潜艇到达离热液口只有 18 英寸的距离时，德莱尼命令驾驶员将阿尔文号所有的外灯和内灯关闭。然后，这个火山专家开始用他新发明的摄像机，对着这个热液口拍摄了 10 秒钟。不久后，焦急等待中的凡多弗收到了德莱尼的简短信息：“热液口发光”。

当凡多弗后来查看这段摄像时，她记录道：“我本以为会看到一些若隐若现的光点，可能只有把图像放大，它们才能被称之为光线……但事实相反，屏幕上出现了醒目的、明确的光线，而且在硫化物烟囱和喷出的热水之间，有一道界限分明的边界。”

这就是“凡多弗之光”。之后，在许多热液口周围都发现了类似的“凡多弗之光”。

在 1993 ～ 1997 年间，借助一种叫水下光学传感器的设备，以及环境光成像和光谱系统，凡多弗和她的共事者发现，虽然热能是热液口光线的主要能量来源，但却不是唯一的来源。热液口附近所发生的一些物理过程，如晶体的形成和崩裂、一些小气泡的破裂等，都会发射出光线。

3. 红树林动力学和管理

红树林是一种生长在热带和亚热带陆地与海洋交界处滩涂地带的特有植物群落，因主要由红树科的植物组成而得名。红树林生态系统是红树植物（包括真红树植物和半红树植物）与潮间带泥质海滩（稀有沙质或岩质海滩）的生命的有机集成系统。红树林生态系统是一个复杂的湿地森林生态系统，与珊瑚礁、上升流、海岸湿地并称为最具生命力的四大海洋自然生态系统。全球现有红树林面积达 15 万平方公里，相当于半个菲律宾的国土面积，主要分布在印度尼西亚、巴西、澳大利亚等国家。

红树以凋落物的方式，通过食物链转换，为海洋动物提供良好的生长发育环境，同时，由于红树林区内潮沟发达，吸引深水区的动物来到红树林区内觅食栖息，生产繁殖。由于红树林生长于亚热带和温带，并拥有丰富的鸟类食物资源，所以红树林区是候鸟的越冬场和迁徙中转站，更是各种海鸟的觅食栖息，生产繁殖的场所。研究表明，红树林是至今世界上少数几个物种最多样化的生态系统之一，生物资源量非常丰富。

红树林被称为海洋“环境卫士”和“海水净化剂”。有红树林存在的海域，几乎从未发生过赤潮。据中国林科院专家介绍，红树林每年每公顷能吸收 150 ～ 250 公斤的氮和 15 ～ 20 公斤的磷，对水体起着净化的作用。

红树林又被称为“海岸卫士”。红树盘根错节的发达根系能有效地滞留陆地来沙，减少近岸海域的含沙量；茂密高大的枝体宛如一道道绿色长城，有效抵御风浪袭击。所以红树林具有重要的防风消浪、促淤保滩、固岸护堤的功能。

然而，由于围海造地、围海养殖、砍伐等人为因素及海洋污染、生物入侵、病虫害等种种原因，全球红树林面积不断缩减。2010 年 7 月 16 日，联合国环境规划署发布了全球首份全面评估红树林湿地环境现状的综合报告。报告指出，具有突出生态保护和经济价值的红树林的生存正面临严重威胁，自 20 世纪 80 年代以来，全球红树林面积已缩减了五分之一以上。这份题为《世界红树林版图》的全新评估报告首次对红树林的重要性及其所面临的威胁进行了详细阐述。报告说，目前全球红树林面积仍在以每年平均 0.7% 的速度缩减，比陆地上其他类型的森林缩减速度快了 3–4 倍，而不可持续的沿海滩涂开发活动和近海养殖等将会加快红树林的退化速度。保护红树林对保护生态系统及生物多样性具有重要意义。

红树林动力学和管理（MADAM）是由巴西和德国联合资助的，在巴西背部开展的研究项目。研究地区位于布拉干萨（Braganca）半岛，在亚马孙河口东南约 150 公里处。在沿海高原与大西洋之间，有一片 110 平方公里的红树林生物群落，某些地方宽达 20 公里。

MADAM 项目的总体目标是调查与红树林生态系统的生态学和社会经济学有关的基

本问题，并在生态学知识和海岸带综合管理模式的基础上，提出解决可持续利用和环境保护问题的建议。巴西和德国合作研究组，由巴西巴拉那（Parana）州立大学和德国不来梅热带海洋生态学家中心的植物学家、海洋化学家、渔业生物学家和社会经济学家组成。有100多个科学家和学生参与了这个项目。MADAM项目为期10年。科研工作按3个协调领域进行组织，一个综合组负责将成果综合。

生物地球化学领域的研究，描述系统中无机营养物、氮以及溶解有机碳和颗粒有机碳的流量等。化学指踪分析法跟踪底泥和水体中有机物质的来源，记录水文和气象参数。

生物学领域的研究包括分析红树林和亚马孙洒系统中的生物群落结构，在陆地和滨海泥质海岸上研究重要植物和微生物群落的生物量，初级生产和种群动力学作为主要经济种群，陆地蟹和鱼类是详细研究对象，并研究雨季和旱季鱼类各个生命阶段的营养结构和不同生境的作用。

社会经济学领域的研究涉及布拉干萨附近的红树林系统的经济学、人口统计学和社会文化等各方面。当地人怎样利用红树林？人口压力、修公路和旅游业对红树林有哪些影响？该地区可持续发展（包括渔业法规、生境保护和人口稠密地区的再度移民等）有何建议？

综合小组分析所有模型结果，利用食物和能量转换的营养盐模型和主要过程动力学模型，他们提供了有关红树林系统动力学的基础信息。在此整体性方法的基础上，提出未来管理的建议。

4. 镜式电流发报机的发明

1866年6月，第一条大西洋海底电缆铺设成功，建立了全球性的海底电缆，这堪称人类通信史上的一大革命。人们永远不会忘记它的建造者威廉 · 汤姆生的功绩。

威廉 · 汤姆生1824年出身于英国贝尔发斯特城，父亲是皇家学院的教学教授。1832年他随父亲一起迁入其父任教的格拉斯哥城，两年后他成为格拉斯大学预科生，15岁获校物理学奖，16岁获天文学奖。1846年，22岁的汤姆生成为大学教授。不到30岁，便因在电磁学和热力学方面的研究成就而闻名于欧洲。

19世纪50年代，人们已开始在海底铺设电缆作通信之用。1854年，一个叫克拉的科技人员发现了信号延迟的物理现象，也就是信号通过海底电缆时，收报比发报要滞后一段时间。汤姆生决心解开这个谜。经过整整一年的系统研究，他提出了关于海底电缆信号传递衰减理论，解决了铺设长距离海底电缆的重大理论问题。

1856年，大西洋海底电缆公司正式成立，汤姆生被选为董事，并应董事会之邀代理了电气工程师的职务。英美政府拨出了两艘改装后的轮船供安装电缆所用。电缆两头的登陆点，是加拿大的纽芬兰岛和英属爱尔兰岛。不幸的是，当电缆铺设到300海里时发生断裂。汤姆生经过反复研究，找出事故的原因是电缆表层机械强度不够。从技术上讲，解决电缆的机械强度并不困难，但问题的关键是怎样接收较弱的信号。1858年初，一个阳光和煦的日子，汤姆生约了几个朋友到海边玩，其中有德国著名物理学家赫尔姆霍茨。他们租了一条游艇，一起兴冲冲地上了船。准备开船的时候，忽然发现汤姆生不见了。几个朋友寻找了好一会儿，都没有找到他。赫尔姆霍茨扫兴地在甲板上来回踱着步子，无意中发现汤姆生正躲在船舱里搞运算。赫尔姆霍茨又好气又好笑，从衣袋里取出一面镜子对着太阳，再把阳光反射到汤姆生的脸上。汤姆生正在聚精会神地画着新的发报机，忽然觉得一个刺眼的亮点在眼前晃动。他抬头看到赫尔姆霍茨的笑脸，才知道自己怠慢了朋友。他想站起来赔不是，可却突然望着赫尔姆霍茨手里的镜子发起呆来。紧接着他狂喜地喊了起来："成了！成了！我的赫尔姆霍茨！"朋友们蒙在鼓里，还没有明白是怎么回事，他就撒腿跑回学校做实验去了。

原来，汤姆生受到反光镜子的启发，找到了解决问题的办法。镜子只要在手里稍微移动一点，远处的光点就会大幅度地跳动，这不就是一种放大吗？根据这个原理，汤姆生发明了镜式电流发报机，并取得了专利。这种发报机，灵敏度很高，给长距离的海底电缆通信提供了实用的终端设备。

5. 水母耳风暴预测仪

水母，又叫海蜇，是一种古老的腔肠动物，早在5亿年前，它就漂浮在海洋里了。它们有的是青蓝色，有的是乳白色，还有的透明无色，看上去很像是一把撑开来的伞。在它的伞缘上，有很多触手，还有一个细柄，上面长有小球，它就是水母的耳朵。

水母具有预测风暴的能力，能在风暴到来之前，游离岸边去寻找安全之地，使自己免受风浪的袭击。这种能力，全仰仗水母耳，因为水母耳对次声波非常敏感。

在蓝色的海洋上，由空气和波浪摩擦而产生的次声波（频率为每秒8 ～ 13次），总是风暴来临的前奏曲。这种次声波人耳无法听到，小小的水母却能接收到。这是因为，水母的耳朵的共振腔里长着一个细柄，柄上有个小球，球内有块小小的听石，当风暴前的次声波冲击水母耳中的听石时，听石就刺激球壁上的神经感受器，于是水母就听到了正在来临的风暴的隆隆声。由于次声波的传播速度要比风暴和波浪快得多，所以，水母才能提前收到风暴的"预告"，迅速采取躲避措施。

人们借助水母对次声的特殊反应或功能行为，对海上风暴做出预测，但是水母是活动着的生物，很难对它进行控制，能否用一些机电元件，构成一种装置，把水母的功能行为模拟下来，代替它来预测海上风暴呢？

仿生学家仿照水母耳朵的结构和功能，设计了水母耳风暴预测仪，相当精确地模拟了水母感受次声波的器官。把这种仪器安装在舰船的前甲板上，当接收到风暴的次声波时，可令旋转360度的喇叭自行停止旋转，它所指的方向，就是风暴前进的方向；指示器上的读数即可告知风暴的强度。这种预测仪能提前15小时对风暴做出预报，对航海和渔业的安全都有重要意义。

6. 探测海洋底质的侧扫声纳系统

海底底质探测主要是针对海底表面及浅层沉积物性质进行的测量。在所有的海底底质探测手段中，基于声学设备通过获取海底底质声纳图像反映海床底质、地貌的方法具有简单、有效等特点。

与陆地相比，光波等电磁波在海底传播速度慢，力量减弱，无法传播很远。因此，在海底拍照时，即使使用强光源，也只能拍下眼前的景物。此外，海底与陆地不同，无法通过飞机或人造卫星来通观全景，所以只能通过“声波”来收集一些有关海底地形与地质的信息。通过某种发信物体，把特定频率的声波发出去，声波抵达海底后，会产生散射，其中一部分返回到发信物体。声波的这种散射，受海底地质的影响很大。例如，凹凸不平的熔岩很容易产生散射，而平坦的泥土表面则使声波反射到远处，不再返回，散射程度很小。

海底地貌的探测通常采用的是侧扫声纳系统，侧扫声纳是一种主要用于大洋底勘探，而不是用于测量距离或深度的声纳，它可显示海底地貌，确定目标的概略位置和高度。海底地貌探测一般采用的是双侧扫声纳，把两个换能器装在称为“鱼”形或流线型的拖曳体内，为了获得最佳效果，拖曳体离海底的深度是可调的。测扫声呐组成可分为换能器、发射机、接收机、收发转换装置、记录器、主控电路六个主要部分。

侧扫声纳系统的横向测扫宽度范围取决于许多因素，包括发射的频率和脉冲速率；声能和声脉冲的方向性；换能器的倾斜角；拖鱼在海底上面的高度；介质和反射面的物理性质。回波信号的强弱除与海底地貌的起伏、海底底质的性质等有关外，还与传播路径的远近有关，在海底平坦处，回波信号的强度随着距离的增大而迅速减弱。海底隆起物反映在记录纸上是左黑右白的图形，黑的部分是隆起物朝向测量船方向的正面，而白的部分是该隆起物背后的阴影。对于海底凹陷部位（如沟或坑），没有回波，反映在记录纸上为白色；而朝向换能器的一侧，反向散射回波变强，反映在记录纸上为黑色。海底凹陷部位的地貌声图是先白后黑，白色“影子”的长短在一定条件下反映出凹陷部位的深浅程度。

为了能从声图上繁杂的图像中判读出目标图像及地貌图像，需对各类声信号的图像进行分类，声图图像可分成四类，即目标图像，海底地貌图像，水体图像和干扰图像。

目标图像包括沉船、沉鱼雷、礁石、海底管线、鱼群及海水中各种碍航物和建筑物的图像。

海底地貌图像包括海底起伏形态图像、海底底质类型图像、海底起伏和底质混合图像。海底起伏形态图像如沙波、沙洲、沟槽、沙砾脊、沙丘、凹洼等形态；海底底质图像如漂砾、沙带、岩石等。

水体图像包括水体散射、温度阶层、尾流、海面反射等水体运动形成的图像。干扰图像包括换能器基阵横向、纵向和艏向产生摇摆的干扰图像，海底和水体等的混响干扰图像，各种电子仪器及交流电源产生噪声的干扰图像。声纳图像是海底目标、海底地貌、水体和干扰等多种反射声波的接收信号特征的记录，这些特征称之为判读特征，也称判读标志。影响判读效果的因素是多方面的，当各种判读因素提供得充分时，判读成功率高。影响判读声图中的目标和地貌成功率的主要因素有判读人员对声图的结构、特点、特征的理解认识程度、扫测记录的详尽程度、扫测符合规定要求情况、仪器状态以及声图图像清晰程度等。

7. 向海洋生物学习如何不生病

人类对抗潜在病原体的第一道防线是天然防疫系统。即使是几乎没接触过病原体的初生婴儿，也有天生免疫系统。这一古老的系统发育防御机制由以下几个方面构成：清除细菌的吞噬细胞，攻击并溶解异体蛋白的新陈代谢过程，以及抗菌肽。这些肽在动物、植物和微生物体内都有。它们由身体的某些组织生产，如肠道、皮肤和肺部，保护生物体免受感染。人类的免疫防御系统是——至少部分是——非常古老的，并且与低等生物有关，包括海绵和刺胞动物（珊瑚、水母、海葵、水螅等）。这样的生物已经在海中生活了上亿年，始终与微生物和病毒保持接触。因此，它们很有可能帮助科学家发现有效的防御系统是如何发育的，以及在疾病入侵时是如何修复的。

刺胞动物是最原始的海洋生物之一。它们似乎很适合于研究生物体如何抵御微生物及其他病原体。它们是相对简单的生物，但是在它们细胞内部和细胞之间会发生无数复杂的新陈代谢过程。初看之下，刺胞动物似乎很弱小，也无法抵御病原体，因为它们既没有免疫细胞来摧毁入侵的病原体，也没有淋巴系统将防御细胞输送到身体各处。它们还缺乏坚实的保护壳，只有一层体外细胞——上皮细胞。但是，它们成功存活了上亿年。这让它们成了科学家异常关注的研究对象。

研究人员试图找出刺细胞动物的组织如何与微生物相互作用，以及它们外表皮的新陈代谢过程如何抵御天敌。他们成功地培育出了转基因的刺胞动物，使其抗菌分子可见。这让他们可以观察到抗体在哪里释放，又被部署到哪里。让人惊讶的是，这种弱小、不起眼的小生物在既没有免疫系统也没有在体内游走的免疫细胞的情况下，竟然可以在实际遍布潜在病原体的环境中存活下来。我们知道，许多海洋生物（如海绵）的外表始终都有微生物寄生。此外，一升海水中可以有高达 2 万亿个细菌和数量更多的病毒。这些微生物就包括许多潜在的病原体。虽然如此，生物还是存活下来了。如果我们希望更深入的了解人体如何与环境相互作用，探索进化的原理，那么，古老的海洋生物就是理想的模型。

高等生命形式始终与微生物联系在一起。微生物的角色或是致病的病原体，或是承担某些重要功能的共生体。例如，人体肠道内就生长着复杂、动态的微生物群落，支持着各种新陈代谢功能。而肠道上皮细胞如何与微生物相互作用、人体如何区分有用的微生物和潜在的病原体、微生物如何影响人类肠道上皮细胞的新陈代谢过程及效率，这些问题目前基本上没有答案。对刺细胞动物的研究可能有助于解答这些问题，因为刺细胞动物的上表皮，或者说外表层，同样生活着复杂的、动态的微生物群落。

对水螅的研究发现，这些个体外表层上的微生物组成在受控实验室环境下经过多年后，与自然生境中的同种的个体相比，结果竟然异常接近。也就是说，水螅个体外表层的微生物对其宿主是长期“忠诚”的。它们是表皮的“定居者”。这些发现表明，上表皮中存在一个活跃的选择过程：在特定条件下，适应这种生境的微生物在上表皮组织中形成群落，并保持长期稳定。这些现象同时也表明，上表皮主动塑造了其微生物群落的组成。如果哺乳动物或无脊椎动物身上的微生物被清除，那它们往往会病倒。这时，新陈代谢系统被打乱，免疫系统也被削弱。消化道疾病的后果极其严重。动物将无法抵御致病细菌和病毒的感染。

现代人类的大量疾病源自身体与外部世界之间边界的机能障碍。这些机能障碍包括屏障器官——接触外部环境的器官，如皮肤、肺部和肠道的各种慢性炎症。系统基因测试显示，许多这样的疾病都是由所谓的风险基因引发的。这类风险基因从进化的角度说都属于古老的基因。虽然对于微生物的作用，我们还没有确切的免疫生物学的解释，但是很明显，共生微生物为疾病和健康之间的关键平衡做出了积极的贡献。研究海洋动物表皮的相互作用过程可能有助于理解人类屏障器官疾病是如何发生的。一旦揭开了屏障器官进化和功能之谜，就有可能找到治疗甚至防治疾病的新策略。

8. 鳕鱼为什么愈来愈早熟

人类爱吃的鳕鱼因为长期的被过度捕食而产生预料之外的演化，它们更早性成熟了，而且产生了遗传上的改变。

加拿大的拉布拉多半岛（在哈德逊湾和圣劳伦斯湾之间）和纽芬兰（加拿大东海岸的岛屿）外海在 20 世纪初就大规模地捕捉鳕鱼。到了 80 和 90 年代，鳕鱼的鱼口数量就大幅下降，直到 1992 年 7 月加拿大政府禁止在这个区域捕捉鳕鱼。禁令迄今仍有效，可是经过了 10 年的休养生息，鱼口数量仍还是维持历史新低。

科学家开始尝试去了解其中的原因，结果发现从 80 年代起，鳕鱼的平均生育年龄也下降了。这个现象无独有偶，也发生在其他鱼种。

有些学者推论道，因为鱼口密度变低了，生存者在较不拥挤的情况下有更多的食物，使得它们长得更多也更大。

也有学者认为这样的转变是演化上适应性的结果，因为能够早点生儿育女的鳕鱼能够在送上餐桌前，先把基因传递下去。

而这个研究则支持了第二个看法。

奥地利国际应用系统分析研究所的演化生态学家检验了 1977 ～ 2002 年从拉布拉多半岛和纽芬兰外海捕捉到的 10778 条雌性鳕鱼，分析了他们的大小、年龄和性成熟度等。鳕鱼随着时间愈来愈早性成熟，也可能愈早生育。

达尔豪西大学的渔业科学家 Jeff Hutchings 认为这个结果的确支持了鳕鱼的生育年龄之转变是有遗传基础的。因为如果这个转变是因为食物变多而造成的，那么我们应该可以看到鳕鱼的生长速率也同样上升。

第四讲　人对自然的认识——科学

人类来自自然界，是自然界的一部分，人类必须顺从自然、依赖自然才能生存。然而，人是具有主观能动性的特殊生物体，人类的历史是一部不断地变革自然、超越自然的历史。为了更好地变革自然，人类首先需要认识自然，发现自然的奥秘，把握自然界的规律性。人类对自然的认识，是从变革自然的生产活动中产生的。在古代，人们对于自然界的认识通常是从生存和生产活动中直接获得的经验性认识，表现为常识，不需要专门的学习和研究。比如，人们在生活中认识到“火是热的”“水是往低处流的”。随着常识的积累，一部分人开始对常识进行解释，想要说明诸如“火为什么是热的”“水为什么会往低处流”“天体为什么会旋转”等这样的问题，并相信人的理性可以做到。亚里士多德甚至认为：“人工活动不能真正地洞察自然事件。”只有理性思辨才能获得真理。由此可见，古代关于自然的科学知识主要是通过思辨获得，以自然哲学的方式存在，并没有独立自然科学存在。

真正意义上的科学，诞生于 16 世纪中叶。1543 年，哥白尼发表了他的《天体运行》一书，被称为“自然科学的独立宣言”。与古代科学相比，近代科学的最大的特点是用实验方法和数学手段研究自然界。1687 年，牛顿发表《自然哲学的数学原理》，构建起了一个完整的力学理论，是人类认识自然的第一次理论大综合。到 19 世纪，自然科学进入了全面发展的鼎盛时期，除物理学、天文学、化学外，地质学、生物学等许多科学部门都开始从经验的描述上升到理论的概括，形成了自己的理论体系。学科的分类也进一步细化，许多分支学科如热力学、电磁学、物理化学、生理学、胚胎学等也相继建立起来，使各主要学科之间的空隙得到了填补。19 世纪末 20 世纪初，由于物理学革命，科学发展进入了新的历史时期。相对论与量子力学的建立，把物理学对物理世界的认识，从宏观物体、低速运动推进到微观粒子、高速运动领域，物理学关于物质、运动、时空、规律等观念都发生了根本性的变革。这种新观念、新理论和新方法，也被广泛地应用于自然科学的各个部门，使化学、天文学、地学、生物学都取得了革命性的进展。而粒子物理学、现代宇宙学、量子化学、分子生物学及系统科学等新学科的兴起，把科学对自然界的认识推向新的深度和广度，更加深刻地揭示了自然的本质和规律。总之，在过去的一个世纪里，自然科学各个领域都发生了全面的、空前的革命，并出现了科学一体化、技术化、社会化的趋势。

第一节　科学的本质和价值

一、科学涵义与科学划界

1. 科学的涵义

科学（science）一词，源于拉丁文的 scio，其本意是指系统的“知识”“学问”。日本著名科学启蒙大师福泽瑜吉把“science”译为“科学”，后被康有为引进中国并广泛运用。在汉语中，“科”的本意是分门别类，“学”自然是指学问。将 science 译为“科学”，既符合系统的知识这一拉丁文的原意，也与 19 世纪时科学已经成为一个拥有许许多多专业研究领域的非常庞大的知识体系之现状相一致。由此可知，“知识体系”是人们对科学的最初认识。但是，这样的定义显然是不够的。因为知识的体系并非只有科学，科学只是一类知识体系，那么它是哪一类呢？人们试图进一步定义它，但却无功而返，至今没有一个一致公认的定义。在物理学最辉煌的时期，科学几乎等于物理学，卢瑟福甚至说：“所有的科学除了物理学就是集邮。”科学学创始人、英国著名科学家贝尔纳认为：“科学在全部人类历史中确已如此地改变了它的性质，以致无法下一个适合的定义。”

既然不能为科学下一个公认的定义，人们就尝试从“什么不是科学”这个角度来理解科学是什么。这个问题被叫作科学划界，是科学哲学中最重要的问题之一。

2. 关于科学划界的基本观点

科学划界思想最早可以追溯到亚里士多德。亚里士多德认为科学的特征在于它的确实可靠性，科学因其可靠性（可被信赖）而与各种意见、迷信区分开来，而这种可靠性来自它的逻辑性。亚里士多德称：“我们无论如何都是通过证明获得知识的。我所谓的证明是指产生科学知识的三段论。”[①] 这一思想支配着整个中世纪后期和文艺复兴时期。直到 17、18 世纪，虽然科学家们对实证方法越来越重视，但依然普遍地接受关于确实可靠性是科学本质属性的观点，培根、莱布尼兹、笛卡尔、牛顿、康德等都持这一观点。实证主义哲学的创始人孔德继承了科学的可靠性思想，但认为其可靠之根据在于实证性。他宣称：“从培根以来的一切优秀的思想都一再地提出除了观察到的可以依据的事实之外，没有任何真实的知识。”[②] 强调一切理论要用观察实验的证据来证明。19 世纪末，当人们对科学的信赖程度正不断提高时，卡尔·波普尔提出了科学知识“可错论”，认为除数学知识和逻辑学知识外，一切知识尤其是科学知识都是猜测的、可错的。他说：“一个陈述只有它是可检验或可证伪的，才是科学的；反之，不可证伪的就是属于非科学、形而上学。”可错论的出现，使科学的确实可靠（知识可靠和方法可靠）弱化到了方法的确实可靠上。

① 亚里士多德．亚里士多德全集（第 1 卷）[M]．苗田力主编．北京：中国人民大学出版社，1990：247．

② 洪谦．西方现代资产阶级哲学论著选辑 [M]．北京：商务印书馆，1964：27．

20世纪20年代以来，现代科学哲学进入鼎盛时期，科学划界问题成为科学哲学的重要论题，大致形成以下四种观点：逻辑经验主义（逻辑实证主义）、批判理性主义（逻辑否证主义）、科学历史主义、邦格主义。

（1）逻辑实证主义。即维也纳学派，它是对实证主义的进一步发展。它吸取了实证主义的实证原则，但又试图用逻辑来弥补其不足。维尔纳学派的领袖石里克看到了经验归纳法的不足，认为比较简单的定理也许可以归纳出来，但像相对论、量子力学这样的理论绝对不是归纳法能归纳出来的，这就需要通过假说演绎法：根据一些经验事实、通过自由的创造提出一个假说，再由假说通过演绎法推理出一些可以用实验和观测来检验的推论。这些推论假如证实了，就说明这个理论是对的；反之，就不对，要重新修正。这就引入了逻辑的问题。在逻辑实证主义那里，有两种证实，一是直接用经验证实，二是直接用逻辑间接用经验证实。如果一个命题，既不能用经验来证实，也不能用逻辑来证明，那它就不是科学的命题。这也是他们对科学与非科学划界的一个标准。

然而问题依然存在。因为许多理论和定律既无法用经验直接证实，也无法用逻辑间接经验证实，比如那些在时间和空间上都是无限的全称命题。因为从有限的经验中无法归纳出无限性的全称命题，在逻辑上我们也无法保证结论真前提也一定真。所以，卡尔纳普用"可检验性"来代替"可证实性"，辩称："如果证实的意思是决定性地、最后确定为真，那么我们将会看到，从来没有任何（综合）语句是可证实的。我们只能越来越确实地验证一个语句。因此我们谈的将是确证问题而不是证实问题。"[①]但是，这种"越来越确实地验证"到底在多大程度上算是可以被列入科学范畴之内了呢？

（2）批判理性主义。针对逻辑实证主义的这种不足，波普尔提出了可证伪性原则。波普尔认为，虽然没有理论可以被证明是对的，但有些理论可以被证明是错的，科学就是还没有被证明为错误的理论。科学与伪科学、非科学的区别就在于它们是否具有可证伪性即"可错性"。例如，无论人们看到多少只白天鹅，也不能证实"凡天鹅皆白"这一结论，但只要人们看到有一只黑天鹅，那么就可以证伪"凡天鹅皆白"。

可证伪性标准看似与逻辑实证主义针锋相对，强调对理论的检验是用确凿的证据去反驳而不是去论证，但实质上依然强调经验的判定作用，把理论与事实的关系看作是科学与非科学划界的唯一标准。可错论的标准实际上并不是判断是否为科学的标准，如果说可证伪的就是科学，那么谎言也成科学了，因为谎言也是可以被证伪的。可证伪作为一个标准，倒是明确了一个问题：什么不是科学。凡是不能被证伪的肯定不是科学，比如宗教认为有一个全能的上帝存在，这是不可证伪的。此外，"可错性"理论也告诉我们，在科学中真理是短暂的。证伪主义还存在着一个致命的缺陷，即作为表明理论是否经验检验的观察证据，其真值是有条件的，而非绝对的。

证伪主义的基本思想已被科学家广泛接受。霍金在《时间简史》中也写道："在它只是假设的意义上来讲，任何物理理论总是临时性的：你永远不可能将它证明。不管多少回实验的结果和某一理论相一致，你永远不可能断定下一次结果不会和它矛盾。另一方面，哪

① 洪谦主编．逻辑经验主义 [M]．北京：商务印书馆，1989：69．

怕你只要找到一个和理论预言不一致的观测事实，即可证伪之。正如科学哲学家卡尔·波普所强调的，一个好的理论的特征是，它能给出许多原则上可以被观测所否定或证伪的预言。每回观察到与这预言相符的新的实验，则这理论就幸存，并且增加了我们对它的可信度；然而若有一个新的观测与之不符，则我们只得抛弃或修正这理论。”

（3）科学历史主义。科学历史主义认为科学是一种社会事业，它与社会的其他精神活动形式存在着多方面的联系和相互作用，因此科学与非科学之间并不存在着绝对分明的界限。历史主义者在科学划界问题上又可以分为两派：一派是以库恩、拉卡托斯为代表的温和历史主义，承认科学与非科学、伪科学划界的必要性，但同时又否认逻辑经验主义和批判理性主义的绝对化标准，坚持一种相对的、变化的科学划界标准。他们认为，与科学本性相联系的不仅是科学理论和经验事实，而且还有认识论以外的社会和心理学的因素，因此，单纯从科学理论与经验事实的关系中去寻找区分科学与非科学、伪科学的标准是不全面的。库恩认为，科学与非科学、伪科学的区分在于是否在范式的指导下从事解决疑难的活动。另一派以费耶阿本德为代表，否认科学划界的必要性，主张科学不能与其他知识领域划分开，也不应该做这样的划分。他们认为，科学与非科学的宗教、神话、巫术等在人类的认识活动中都起着重要的作用，即使科学本身的发展，也常常需要这些非科学的精神活动来帮助，所以对科学与非科学实行人为的划分，只能对知识的进步造成危害。

（4）邦格的多元划界标准。邦格认为，在科学与非科学、伪科学之间是可以也应当做出“精细”的区分的，但划界的标准必定是多元的。因为科学是一种复杂的东西，不可能用一种特征来刻画，正如我们判断一块金属是不是真金属，除了看颜色和光泽之外，还需考察许多其他属性。邦格提出了一个多达 12 个特征的标准，认为如果不能满足这些特征的知识领域就不能称之为科学。

由上可知，在科学划界问题上，标准在不断地变化并完善着。逻辑经验主义和批判理性主义将经验与理论的关系看作是决定科学本质的唯一标准，企图寻找一种普遍的、绝对的适用标准。而库恩的温和历史主义虽然看到了科学标准的历史性，从绝对标准过渡到相对标准，从静态标准过渡到动态标准，但仍试图找到一种标准模式，都属一元标准论，可以说是犯了简单主义的错误。邦格的多元划界标准无疑是一个进步，虽然邦格的目的在于追求一种精确的标准，但其提出的标准本身却是相当模糊、缺乏可操作性的。不过，总体来说，这一过程反映了科学划界标准从单一到多元、从绝对到相对、从静态到动态的变化。

3. 科学划界的意义

尽管一直到今天，科学哲学依然没有给出一个清晰的、一致的、可操作的划界标准，但人们对这一问题研究是有重大意义的。

（1）有利于明确科学的知识特性，有效地捍卫科学的尊严和社会形象。

（2）有利于人类更明确地区分科学知识和非科学知识，以便更有效地揭露伪科学和反科学。所谓伪科学是打着科学旗帜、披着科学外衣的一种骗术；而反科学则是公然违背科学规律，公开反对科学。

在社会中，尤其是在科学普及程度较低、文化较落后的国家里，伪科学和反科学可能比科学知识更容易流行，其危害性是极大的。邦格指出，迷信、假科学和反科学并非可以通过循环处理就变成有用的废物，它们是思想的病毒，可以侵袭包括普通人在内的任何人，使整个文化瘫痪并使之反对科学研究。

二、科学的本质属性

无论人们如何定义科学，科学作为一种人对自然的认识成果，有着自己特定的表现形式；科学作为一种人对自然的认识活动，有着自己特殊的认识手段和认识方法。随着科学的发展和人们对科学认识的不断深化，科学的本质也越来越为人们所理解。从认识论和方法论两方面看，科学的本质属性主要有。

1. 自洽性和相容性

科学理论必须是自洽的。自洽性是指一个理论内部各命题之间的无矛盾性，能自圆其说。相容性是指某一理论中的命题与这个理论之外的相关背景理论之间的无矛盾性。如果出现不相容或不自洽，就会导致悖论。科学中一旦出现了悖论，科学家们就必须在解决悖论的过程中把科学推向前进。

2. 科学的解释性和预见性

科学不仅仅是对事实的正确判断和描述，而且要揭示事实背后的本质和规律，不仅要知其然，还要知其所以然，提供对事实的解释。正是对解释的追求使科学超越了常识，科学的发展越深入，就越远离常识。此外，科学不仅提供对已知自然现象的解释，还应该能够预见目前尚未观察到的、但却能够被以后的科学实践证明的自然现象。一个科学理论所揭示的自然规律越深刻、越普遍，它的预见性也越强，其理论和实践意义也就越大。

3. 体系性（系统性）

科学不是零乱的思绪，不是观点的任意堆砌，而是建立在严密逻辑基础上的知识体系。体系性包括两个方面：一是系统性。科学理论力求正确地描述或解释自然，为此它必须尽可能全面地反映事物，把握各种联系，形成系统性的知识；二是逻辑性。科学把握世界有自己的独有方式，是以概念、判断、推理这样一种理性思维方式构建起来的。虽然科学研究中不可能没有非理性思维因素，特别是“问题”解决往往因灵感的闪动而成功，但科学理论的构建却严格地遵循理性思维的逻辑。

4. 可检验性

可检验性可以从三个方面来理解：可证实性、可证伪性、可重复性。可证实性是说科学理论不能只是一种预测、从来没有被实证过，否则它就不是科学理论而是科学假设。但是已被证实的并不一定是科学，还必须具有可证伪性，因为科学作为一种知识，不可能没有适用的条件和领域，不可能在任何条件下都永远正确、无须修正，超出其适用范围的，就会被证伪。所以，可证伪性是科学的必要条件。可重复性是指科学的命题或结论具有确定性，在某种可控条件下可重复接受检验，否则就不被认可。

5. 主体际性

主体际就是主体与主体之间的交互关系。主体际性关注的是诸多主体间的交互性。科学知识并不是其发现者、创立者个人的思想意识，而是一种社会意识，应被社会不同认识主体所理解，被不同主体所检验，在不同主体间自由地流动和沟通。这就要求科学知识应该有对概念的明确界定，对内容的明确解释，所应用的条件是可复制的，所涉及的数据是准确的，研究的手段和过程是可以公开的。总之，原则上任何一个人都可以重复科学研究者的研究历程而得到同样的科学结论。

6. 客观真理性

科学知识的客观真理性，在于它具有不以人的意志为转移的客观内容。所有的科学知识都坚持用自然界自身的因素来解释自然界，而不承认任何超自然的、神秘的东西。科学认识过程的任何一个环节，都要从科学实践出发，要经受科学实践的反复检验。虽然在科学史上，有太多的案例表明曾经被认为是真理的科学知识眨眼间被推翻了，但这并不意味着科学知识是主观的、变化莫测的。之所以某些曾经被认为是真理的科学知识后来被推翻，正是因为科学所要反映的内容是客观的，人的认识如果不符合客观对象本身，便是错误的。当然，科学真理也同样既有绝对性，又有相对性。

三、科学的价值

科学有没有价值，科学有什么样的价值？这是一个长期存在的问题。在西方，长期以来人们认为科学与价值是互不相关的，科学所探究的只是事实，告诉人们事实是怎么样的，而不回答它对人类到底有什么价值，是正价值还是负价值。也就是说，科学是无所谓价值的，它仅仅是一种工具，至于能不能被人类利用，给人类带来福祉或是灾难，那不是科学的事情。然而，20 世纪以后，伴随着科学发展的步伐，科学的价值问题越来越引起人们的重视：为什么科学技术越来越发达，可是人类所面临的处境却越来越糟糕？人们重新审视和反省科学中立说，科学负荷说应运而生。科学负荷说认为，科学不是纯粹的个性工具，它是自始至终与社会相互作用的一种社会事业，科学不但具有事实判断的作用，也具有并应当具有价值判断的作用。科学事业不能脱离人类其他社会事业而孤立存在，科学家不能只顾耕耘不问后果。

科学的价值可以从两个方面去看，一是科学的内在价值，一是科学的外在价值。

1. 科学的内在价值

不管科学研究有没有取得预期的结果，科学家在从事这一事业中所体现出的实事求是、追求真理、勇于创新、敢于怀疑、严谨认真的科学精神、科学态度、科学方法等是非常有价值的。这种价值不仅体现在科学事业的发展中，也成为人类文化中最积极的一个部分，对人类文明的进步起着巨大的推动作用。人们在谈及科学的负面价值时，不是指向科学内在价值，而是指向科学外在价值，即科学成果应用时的问题。

2. 科学的外在价值

科学的外在价值可以理解为科学研究的认识成果对于人类的作用。

（1）科学的认识功能与价值。自从近代产生了职业科学家，并建立了一定的研究机构与组织从事科学研究活动以来，人类对自然界的认识不断拓展和深化。在认识价值方面，自然科学的作用主要体现在两个方面：一是使我们对已存在的自然物逐步掌握其内部结构和变化规律。例如对于“种瓜得瓜，种豆得豆”的生物遗传现象，至今我们已经全部破译了生物的遗传密码，基本掌握了生物遗传规律；二是使人类能够发现和认识我们过去所不知道的自然物和自然运动。例如，利用牛顿定律对海王星存在的预言，利用化学元素周期律对新的化学元素的预言等。

（2）科学的物质价值（经济价值）。虽然对于绝大多数科学家而言，促使其研究的往往不是经济的功利目的，但科学作为知识形态的生产力，可以通过技术转化为现实的、物质的生产力，从而带来经济价值。法兰苐的电磁感应研究起初纯属理论研究，但却因此揭开了电时代的序幕；爱因斯坦相对论的研究起因也同经济生活毫无关系，但质能关系式 $E=mc^2$ 的发现，却预示着原子能时代的到来；而对遗传学的研究，促使人类进入分子生物学的黄金时代，引发了基因疗法、转基因作物、生物克隆技术和 DNA 鉴定技术等一系列新技术的诞生，具有巨大的经济价值。

（3）科学的美学价值。也许有人会说，科学有什么可以美的？不对，科学领域没有成为人类审美的主要对象，是因为普通的人对它了解不多，没有发现它的美。那些美的传播者常常关注于花草之美、人体之美、建筑之美、音乐之美，但却难以发现科学之美。而科学家们则更多的是以个体的身份享受科学之美，而很少传播科学之美。科学之美主要表现在两个方面：一是科学的理性之美。科学的研究与理论的建构都遵循着和谐、统一、简洁、逻辑严密与对称等规则，这是一种高层次的理性之美。牛顿仅用了三大定律，就概括了宇宙间一切物体的机械运动规律，被认为是对自然图景的最美描述；卢瑟福——玻尔的原子结构模型，曾被爱因斯坦视为一种奇迹，称它为“思想领域中最高的音乐神韵”；爱因斯坦建立的广义相对论，更被认为是“一切现有物理理论中最美的一个”“一个被人远远观赏的艺术品”。科学之美的另一个表现是科学的应用之美。在我们所常见的审美客体中，比如音乐、美术、雕塑、建筑、服装、绘画、魔术等作品中，许多都贯穿着科学与技术的成果。

（4）科学的道德价值。科学的道德价值是一个颇受争议的问题。一种观点认为，科学带给道德的是副作用、负价值。在中国古代，老庄哲学就有“为学日益，为道日损”的观点，认为应“绝圣弃智”；在西方，著名的启蒙思想家卢梭也持这种观点。在他看来，“随着科学和艺术的光芒在我们的地平线上升起，德行也就消逝了。”另一种观点认为，科学是中立的，科学发展与道德情感无关，因为科学是对真与假的判定，而道德是对善与恶的评价。西方实证主义哲学家通常都持这种观点。第三种观点认为，科学决定道德。只有科学和科学启示才能给人以必要的精神力量，科学家是人中豪杰，是人类道德崇高的典范。第四种观点认为，科学对道德没有什么影响，但道德却对科学产生重大的影响。

我们应当肯定科学具有巨大的道德价值。一方面，科学精神如实事求是、勇于创新、破除迷信、坚持真理等思想，是推动人类道德进步的强有力的杠杆。另一方面，科学技术的运用，冲击和改变着人们原有的道德观念。比如器官移植技术的应用，有力地改变着人们对待脑死亡病人的道德标准；有关生育的科学理论和技术也改变着旧的伦理观念。但也要看到，这种价值影响不是单向的，而是双向的，道德也影响着科学。

佛经中有这样一句箴语："每个人都掌握着一把开启天堂之门的钥匙，这把钥匙同样也能打开地狱之门。"科学就是握在人类手中的这样一把钥匙，这把钥匙如果能打开天堂之门，就是对人类的正价值；如果不幸打开了地狱之门，对人类就是负价值。但没有这把钥匙，进天堂连门都没有了。

四、科学认识的要素

1. 什么是科学认识

科学认识有广狭两义。狭义上的科学认识是指科学的认识即科学理论，而广义的科学认识是指进行科学认识活动的整个过程。本文是在广义上使用科学认识这个词，包括的是整个科学认识活动的过程。

2. 科学认识活动的要素

从广义上理解科学认识，科学认识活动包含一系列的要素。主要有三大方面：认识主体、认识客体（认识对象）、认识手段。这些要素同生并存、相互作用，构成科学认识活动动态发展的框架。

（1）科学认识的主体。一般认识的主体是人，而科学认识的主体则是科学工作者。他们在现代社会中构成了一个多层次的、具有复杂结构的体系。他们是科学知识的生产者，以现有的人类知识为出发点去探索自然，最后达到把握自然规律的目的。在这一过程中，科学家始终发挥着主导作用。

（2）科学认识的客体。认识的客体在理论上是指认识主体以外的所有客观存在。但是，由于人类认识能力的局限性，认识对象呈现出阶段性和选择性的特点：一方面，科学的认识对象并非一下子就表现为整个大自然的所有方面，而是随着认识的深化，不断地从初级到高级、从简单到复杂，逐渐展现在科学家的视野之中；另一方面，由于科学家的研究总是具有特定目的，对认识对象必定具有选择。

科学认识的客体具有如下特征：对象的客观性。对象的客观性本是不言而喻的。但是量子力学中的测不准关系，却向我们展示了客体的复杂性。按照海森伯的这个理论，我们要认识微观粒子，就必然会对微观粒子产生"干扰"，使它的状态发生变化。我们只能认识这种变化，而不可能认识微观粒子在未被"干扰"前的状态。但即便如此，客体的客观性依然存在，因为我们观察微观粒子时，它是客观存在的，它被我们干扰而发生变化也有客观规律的。测不准原理只是提醒我们，要注意宏观物体与微观物体的客观性在我们认识时的不同情形；对象的可知性。科学认识的目的是为了揭示认识对象的本质和规律，是为了由未知而走向可知。无论对象多么复杂、神秘，都应该是可知的。对于这点必须既有足够的确信，又有辩证的态度。所谓辩证的态度，就是要看到可知和能知的距离。永远不要以为我们对客体已完全认知；对象的可控性。所谓可控性就是对象具有可重复性、可模拟性、可简化性。虽然自然物质没有绝对的可逆性，但相对的可逆性还是存在的，这主要表现为在一定自然条件下可以重复，或在人工条件下可以模拟。完全不能重复或者无法为人工模拟的事物与过程，无法成为人们研究的对象，因为它一去不复返，我们没有足够的时间和条件去研究它。即使我们抓住时机研究了它，我们也没有可能去验证我们的认识。

（3）科学认识的手段。即主体对客体进行科学认识的中介工具。这种中介工具有两类，一类是物质性的工具即硬件，一类是思想性的工具即软件。硬件主要是指科学认识和研究活动所需要的科学仪器、设备等，而软件指的是科学研究者在研究中所要遵循的理论、规则、途径、程序和所采取的手段、技巧、思维方式的总和。在工具系统中，人们往往会更多地关注硬件，其实软件在科学研究中是极为重要的。科学家是用概念结成的网来把握世界，没有概念、判断、推理等逻辑工具，人们就只能停留在感性的层面而难以达到理性的深度，科学认识活动也就难以进行下去。

总的来说，所有的仪器包括科学仪器或者劳动工具等，都是为了弥补人自身肉体器官的不足，包括我们感觉器官的不足、思维器官的不足和劳动器官的不足。没有先进的科学仪器，就没有先进的科学理论。目前人类已经能够研究150～200亿光年的空间，或者能深入到10^{-13}厘米的微观世界，或者能够把握寿命只有10^{-24}秒左右的共振粒子，而这一切离开科学仪器是根本无法做到的。科学仪器大大提高了科学家研究的能力，可以被看作是科学认识水平的重要标志。但是科学仪器又一定存在着某种片面性：科学仪器本身存在一定的误差值；科学仪器的功能具有片面性，它只能帮助研究者确认对象的某些属性；科学仪器本身不会说话，不能告知，仪器所显示的各种客体的特性还需要主体去解读。这一切意味着研究者不能过度依赖仪器。

五、科学认识的分类

在近代自然科学诞生以前的漫长历史时期，自然科学知识、哲学知识，以及其他社会科学知识，都是分散的、零乱的，它们既不成体系，也没有区分的界限。随着近代自然科学的诞生和繁荣发展，一系列知识门类应运而生，也因此激发了人们对科学知识进行分类。英国著名思想家弗兰西斯·培根就是试图描述科学知识体系内部结构的第一人。19世纪以来，自然科学进入全面发展阶级，一系列重大科学突破进一步揭示了自然界的普遍联系和发展，恩格斯正是以这样的现实为背景确立了辩证唯物主义的科学分类原则，把人类的知识体系分为五种类型：机械运动、物理运动、化学运动、生物运动和社会运动。这种分类理论，迄今仍然是我们研究科学结构与分类的基本指导思想。总之，科学知识的类型，是在社会发展的推动下，科学知识自身内在逻辑结构演化的结果。

20世纪以来，随着科学知识总量的急剧增长，自然科学的体系结构也变得更为复杂，由原来仅有基础自然科学，发展为包括基础科学、技术科学、工程科学三大层次的结构体系。

1. 基础科学

基础科学研究自然界一切基本运动形式的规律。传统的基础科学包括数学、物理学、化学、生物学、天文学、地学六大门类，是一切科学技术知识的理论基础，也是一个民族整体思维能力的一种标志。目前，基础科学向着更复杂、更高级的运动形式方面延伸，逐渐形成了新的基础科学门类，如人体科学、思维科学、系统科学等。基础科学以理性形式反映物质运动的基本规律，与生产的关系比较间接。

2. 技术科学

技术科学以基础科学为指导，着重研究有关应用学科的共同问题，并形成应用的基础理论，是联系基础科学和工程技术的桥梁和中间环节，与生产的联系比基础科学更为密切。技术科学包括应用数学、计算机科学、材料科学、能源科学、信息科学、空间科学，以及应用化学、电子学、应用光学、医药科学、环境科学、农业科学等。

3. 工程科学

工程科学是工程实践的科学基础，它是围绕一个共同的工程对象（人造系统），综合运用涉及该工程的所有学科的理论成果，研究为实现该工程对象如何将各学科的理论和方法进行综合以获得实用经济的解决方案。例如“三峡工程”就涉及地质科学、水力科学、建筑科学、生态科学、经济学、伦理学、社会学等学科。

4. 边缘（交叉）学科、横断学科

边缘学科又称交叉学科，是由原有基础学科的相互交叉和渗透所产生的新的学科的总称。19 世纪七十年代，恩格斯根据当时自然科学发展所显示的突破原有学科界限的新趋势，在分析各种物质运动形态相互转化的基础上指出，原有学科的邻接领域将是新学科的增长点。此后在物理学、化学、生物学、天文学等原有基础学科相互交界的领域产生出一系列的边缘学科，如物理化学、生物化学、生物物理等。现代科学的发展表明，不仅在相互邻接领域，就是在相距甚远的学科领域之间，甚至在自然科学和社会科学这两大门类之间，由于交叉和渗透，也会不断产生出新的边缘学科。

综合学科可以理解为若干学科的综合。科学发展中的许多重大发现以及国计民生中的许多重大问题的解决，常常涉及诸多不同的学科，需要借助于这些相关学科的支撑，否则便失去了存在的条件和发展的可能。比如环境科学，没有物理学、化学、生态学、生命科学等学科的支撑，环境科学根本无法生存。生命科学、材料科学等也是如此。

横断学科尚无一个较为严格、统一的定义。从字面上看，“横断”可以理解为横向贯穿于众多领域甚至一切领域，具有很高的普适性。横断学科的研究对象，不是某一领域或某种物质等，而是在跨学科基础上着眼于各种物质结构、层次、运动形式的共同点，探究各学科共同的概念、原理和研究方法，其普适性虽然不及于哲学，却是其他各专门学科所不及的。最传统的横断学科乃是数学，因为数学所要把握的事物数量关系和空间形式在各个领域中都普遍存在。新兴的横断学科主要有信息论、控制论、系统论、协同论、突变论、耗散结构理论等。横断学科的兴起，体现了现代科学发展既高度分化又高度综合的特点。

当代自然科学，就是这样一个由各门基础科学及技术科学、工程科学构成，并由各层次、各学科间的边缘学科、综合学科、横断学科的联系和过渡而结成的一个大系统。

第二节　科学认识活动的基本过程

科学研究固然没有刻板的程序和模式，但在一般情况下，科学研究的过程总是由几个相互连接的环节组成，大致包括：提出科学问题、获取科学事实、形成科学定律、提出科学假说、建立科学理论五大环节。

一、提出科学问题

1. 科学始于问题

科学认识活动的开端在哪里？有两种不同的观点。

传统的观点认为，“科学始于观察”。亚里士多德认为，科学研究的一般程序是从观察个别事实开始，然后归纳出解释性原理，再从解释性原理演绎出关于个别事实的知识。近代以后，由于近代科学是以经验科学为特征的，因而把观察和实验作为科学研究的逻辑起点为大多数科学家和哲学家所接受。培根认为，观察和实验是科学认识过程的首要环节。

但是随着现代科学的发展，人们开始注意到，现代科学研究的实际过程很难与传统的“科学始于观察”的模式相符合。爱因斯坦根据自己的亲身科学实践认为：“提出一个问题往往比解决一个问题更重要。因为解决问题也许仅仅是一个数学上或实验上的技能而已，而提出新的问题，新的可能性，从新的角度去看待旧的问题，却需要有创造性的想象力，而且标志着科学的真正进步。”① 爱因斯坦提出广义相对论，显然不是因为他观察到了什么新奇的实验事实，而是出于想解答某些疑难问题目的。②

波普尔系统地阐述了“科学始于问题”这一观点。波普尔认为，尽管观察是科学研究不可缺少的，但是观察和实验都不是盲目的，它离不开理论的指导，观察和实验的过程总是要渗透、伴随着预设的问题，观察首先要回答观察什么、为什么观察和如何观察的问题。波普尔在有一次演讲时，一开始就宣布：“女士们，先生们，请观察！”听众被弄得莫名其妙，不知道要观察什么。波普尔认为，之所以会造成这种情况，是因为没有提出问题。只有问题才是科学研究的起点，“科学和知识的增长永远始于问题，终于问题——愈来愈深的问题，愈来愈能启发新问题的问题。”

---

① 爱因斯坦，英费尔德．物理学的进化 [M]．上海：上海科学出版社，1962：66．

② 波普尔．猜想与反驳 [M]．上海：上海译文出版社，1986：318．

从科学始于观察到科学始于问题，这并不是科学起点理论上的纠错，而是体现了科学发展的进程。科学始于问题，反映的是现代科学研究的本质特征。从现代科学理论发展的进程来看，科学理论的萌芽、进步以及新旧理论的交替、更迭，并不是简单地起源于经验观察，而是来源于理论本身的不完备性所引发的问题。科学认识的主体通常以科学问题为基本框架，有目的、有选择地进行材料收集与观察、实验，而与问题无关的东西则往往被忽略。这种将研究聚焦于问题的研究方式，能有效地提高科学研究的成效。

2. 科学问题及其特征

科学问题是指一定时代的科学认识主体在当时的知识背景下提出的关于科学认识和科学实践中需要解决而未解决的矛盾。科学问题成立与否，不是以人们主观上用疑问句形式的陈述来判断的，而是以人类科学知识的总和或者以科学家共同体为参照标准来判断的。科学问题既不同于日常生活问题，也不同于哲学问题，有自己的特征。

（1）科学问题的真实性。这是说任何一个科学问题都可以用科学事实加以证实或证伪，从而获得有意义的解答或解决；反之，如果不能用科学事实去证实或证伪的问题，就不是科学问题。

（2）科学问题的待解决性。这是指在科学发展中，前人或他人对本学科领域里的问题还没有或没有完全解决，这些问题又确实具有科学探索价值，具有需要研究解决的性质。

（3）科学问题的正确性。这是指科学问题提出后，根据它的指向，在预设的应答域中，能够找到“解”或答案，使问题得到解决。而科学问题的错误提法，则会使问题无法解决，既不能证实，又不能证伪。

3. 科学问题的结构和类型

（1）问题的结构

任何一个问题的提出都不是孤立的，而是有其丰富内涵的。其基本结构包括：问题的指向、研究的目标、求解的应答域。

问题的指向即问题所指向的研究对象。不同的科学问题，其指向是不同的。科学问题从形式上看可分为三种：是什么、为什么、怎么样。这三类问题的指向是有区别的，“是什么”的问题指向的是自然界某种可观察的实体或对象；“为什么”的问题指向的是现象发生的原因；“怎么样”的问题指向的是对象的状态或过程。

研究的目标是指所要解决的具体问题。针对所提出的问题，要搞清问题的来龙去脉，把握解决问题的难点之所在，思考解决问题可行的方法、手段。这样，对问题的研究才能有条不紊地进行下去。

应答域是一个预设的解决问题的范围和方法。如果只有问题和研究的目标，而没有应答域，这样的问题即使来自科学领域，也很难成为科学问题，因为其求解的范围是一个无所限定的全域。应答域的预设只是一种猜测，但却对科学研究起了定向和指导作用。如果应答域的设定是错误的，则在这个领域中无论如何研究都无法求解，使人劳而无功。所以一个问题提出来时，它不单单是一个问题，而是已经包含了问题的意义、求解的目标、解决问题的难点、求解的范围和方法。正因为如此，所以有人认为提出一个问题比解决一个问题更难。

（2）问题的类型

当代美国科学哲学家劳丹第一个对科学问题做了详细的分类研究，他把问题分为经验问题和概念问题两大类。

经验问题：如果人们对所观察的自然界中任何一件事物感到新奇或企图进行解释，就构成了一个经验问题。例如：为什么重物会自然下落？为什么孩子的相貌像他们的父母？把棒冰放在碗里，当棒冰溶化后，碗上为什么会有雾水？

概念问题：是这种或那种理论内部或理论之间所显示出来的问题。又分为内部概念问题和外部概念问题。内部概念问题是由一个理论内部的逻辑矛盾所产生的，比如基本概念含混不清，以致在研究和应用中发生冲突。外部概念问题是同一领域不同理论之间的矛盾或不同研究领域之间在同一问题上存在的冲突。如哲学上的物质与物理学上的物质存在着冲突。

4. 科学问题的来源

科学问题的来源主要有五个方面。

（1）经验事实积累到一定阶段时产生的科学问题。当经验事实累积到一定程度，人们就会要求揭示其中本质，说明它们之间的内在联系。美国麻省理工学院机械工程系主任谢皮罗教授注意到了这样一个现象：每次放掉洗澡水时，水的漩涡总是向左旋，也即总是逆时针方向转。这是他所用的浴缸的特殊现象吗？谢皮罗决心追究到底。1962 年，谢皮罗发表论文，认为这种现象与地球自转有关，并以此来说明台风的产生。

（2）科学理论与科学实践的矛盾。传统的科学理论难以解释新的经验事实，这是现代科学发展中产生科学问题的重要来源之一。如黑体辐射、光电效应等新的实验事实，与经典物理的能量连续理论不相容，为了解决这个矛盾而导致了量子论的产生。

（3）科学理论体系本身的内在矛盾所产生的科学问题。比如著名的罗素悖论。罗素提出过许多集合理论中存在的矛盾，并将这种悖论生动地形象化为“理发师悖论”。罗素悖论以极为简单、明确、通俗的疑问动摇了这一数学的基础，形成了所谓的第三次“数学危机”。为了克服这些悖论，数学家们做了大量研究工作，由此产生了大量新成果，也带来了数学观念的革命。

（4）不同科学学派和科学理论之间的矛盾所产生的科学问题。在科学中，常常有这类现象，不同学科中的理论各自解释了一大类现象，但它们相互之间却存在着矛盾。例如，生物进化论和热力学在各自的范围内都解释了广泛的现象，建立了相对严密的理论体系。但仔细分析这两种理论基本原理，这两门学科间却存在着矛盾：热力学第二定律表明任何孤立系统的熵将不断趋向于极大，它提供的是一个不断衰退的时间箭头；而生物进化论却提供了一个相反的时间箭头，它表明了我们所处的世界是由一个不断地由低级向高级发展的进化过程。这两种时间箭头如何统一？此类的争论与矛盾，也成为科学问题的基本来源。

（5）社会经济发展和生产实际需要所产生的科学应用问题。现实生活中，无论是经济活动、军事活动或是其他日常活动中，都存在着大量的有待解决的问题。这些实际问题，经过一定的抽象、转化，可以成为理论研究的重要来源。如农业增产的需要、培养优良品种的农业技术研究等向遗传学提出了研究的问题。

5. 科研选题的原则

科研选题就是形成、选择和确定所要研究和解决的问题。尽管科学问题很多，来源丰富，但是对于每一个研究者来说，并不是什么问题都可以作为其科研选题，而是需要综合考虑主客观各方面的条件，遵循一定的原则。科研选题的基本原则，既是选题的方法，又是课题评价的基本准则。一般地说，科研选题应遵从下列基本原则。

（1）创造性原则。科学研究贵在创新。科研选题应是前人没有做过的，或虽然做过但没有解决或没有完全解决的，或虽然已有结论但结论有错需要重新研究的，并预期可能有新的方法、新的技术、新的知识或新的理论产生的那些问题。创新是多角度的，既可以在概念、理论观点上创新，也可以在研究方法或探索角度上创新，还可以是对原有理论在应用上的创新等。只有具有创新性的研究结果才具有学术意义或实用价值。创新并不意味着都要追求高、精、尖，任何一个微小的进步均可称为创新，不能强求每项研究都有大的突破而创新出新的理论。

（2）科学性原则。科研选题应该以一定的科学理论和科学事实为依据，把课题置于当时的科学背景下。那些与已经确证的科学理论完全违背的课题就不应该作为选择对象。虽然从理论上讲科学无禁区，但在实践中“选题有约束”。

（3）可行性原则。并不是所有符合需要的、有创造性的、科学性的题目都是可行的科研题目。如果主观条件和客观条件不具备，无论多么诱人的题目也难以取得预期的成果。所谓主观条件，是指研究人员的知识结构、研究能力、技术水平、兴趣、对课题研究途径的认识等。所谓客观条件，是指经费、设备、材料、资料、时间、协作条件、技术力量、资源状况、国家政策、本学科和相关学科的发展程度等。在一项科研中，研究者是主导，设备是条件，方法是手段，经费是保证，要综合考虑现有人力、物力、财力如何发挥其优势。

（4）需要性原则。科研活动作为一个社会活动，是一个有意义和价值的活动，所以科研选题应当考虑是否符合社会需要。当然，从科学发展史看，一些重大的科学发现很难说之前就有明确的社会需要，特别是在基础理论研究方面，往往是科学家自由探索的产物。但是对于普通科研工作者来说，课题的选择应当尽量符合需要性原则。

以上述四条选题原则，分别体现了科研的目的、价值、根据和条件，它们相互联系、缺一不可。所以，选题时应以系统的观点，从整体出发，全面考虑、综合运用这些基本原则。选题如不符合需要性原则，课题研究就会失去应有的社会作用和根本目的；如不符合创造性原则，课题研究就不能满足社会实践或科学发展的需要，达不到科研的目的；如不符合科学性原则，课题研究就不可能完成；如不符合可行性原则，课题研究在现有条件下就没有完成的可能性。

6. 科研选题的步骤

科研选题一般分为三步：课题的前期调研、课题的构思和论证、课题的提出和评审。

（1）课题的前期调研。某些人萌生课题时，可能只是灵机一动，比如在看书时、在跟人交流时、在回答别人问题时或在日常生活和工作中有感而生。但是萌生的课题并不能立即确定为科研对象。在确定课题前，要进行前期调研。

前期调研主要是文献调研。文献调研主要是为了了解科学共同体对有关课题已经做过的工作及其经验教训，以免重复他人已经做过的研究或重犯他人已经指出的错误，在此基础上寻找自己的突破点，确定研究的基本目标。某些应用性强的课题还应有相关的实际考察，了解所选课题是否属于生产技术领域迫切需要解决的问题，估计问题的可能应答域及研究的社会经济价值。由于科研选题来源广泛，要求不同，前期调研工作也应各有特色，根据课题的性质或侧重于文献调研，或侧重于实际考察，或两者兼顾。总之，前期调研越充分，把握的情报资料和现实情况越丰富，课题的理论基础和现实依据才会越扎实，越有科学性。

（2）课题的构思和论证。这主要是指对前期调研所搜集、查阅和考察所得到的科研情报资料，进行系统的归纳、整理、判断、分析，初步论证课题的理论意义和现实意义，分析课题的研究价值和重点难点之所在，并构思出课题研究所采取的主要方法和手段。然后确定研究的课题，写出研究计划，申报有关部门审批。

一般来说，对自己所要申报的课题必须做好如下准备工作：选题的理论依据与实践依据；所选课题的历史概况和现代研究进展；所选课题的先进性及创新性；研究方法中关键技术的选定及其说明；研究的技术手段与操作水平的说明；研究场地、仪器设备及经费的准备情况；研究的预期结果及其形式；研究结果的学术价值及应用价值。

（3）课题的提出和评审。科研选题通常需要在前期调研、构思论证的基础上，填写科研项目申请表，将上述思考和准备反映在申请表上，接受有关专家学者的评议和审查。因此，完成科学选题项目申请表是科研选题过程的最终形式。总之，科研课题的选择和提出是一项十分复杂的工作，事实上在正式申报前要进行大量的工作，积累丰富的资料。

二、获取科学事实

当提出某一科学问题之后，就要去设法解决。科学问题既不同于日常问题——可以以经验来处理，也不同于哲学问题——主要依赖于理性思辨。科学问题是需要被证实或证伪的。因此，要解决科学问题，首先必须获取大量的科学事实。

1. 科学事实及其类型

科学事实是科学认识的主体通过观察和实验获得的对于个别对象的真实描述或判断。它是科学认识的最初的成果。

科学事实可以分类两类：事实Ⅰ和事实Ⅱ。事实Ⅰ是客体与仪器相互作用结果的表征，如在血压计所显示的人体的血压值，心电图所显示的图形等。事实Ⅱ是主体对观察实验所得结果的陈述和判断，如放射科医生对 X 光片子所显示的信息的文字表述。

2. 科学事实与客观事实的区别

科学事实与客观事实是两个不同的概念。

客观事实属于客观范畴，是客观世界的事件、现象和过程，其存在和发生不以人的意志为转移，无所谓对错，但能为人的意识所反映。

科学事实是属于主观范畴，是人们通过观察和实验所获得关于客观事实的一种认识。科学事实是对客观事实的反映，两者具有同一性。但是由于反映过程的复杂性，两者往往并不直接一致，科学事实存在着可错性。事实 I 会因为观察和实验所处的条件、使用仪器的精密度等原因而发生错误，事实 II 带有更多的主观性，发生错误的概率更高。

比如，丹麦医学家菲比格曾经因为“发现致癌寄生虫”获得 1926 年诺贝尔生理学及医学奖。菲比格偶然观察到老鼠胃前肿瘤中有一种不认识的螺旋虫，进一步的研究表明，别的老鼠吃了被这种虫感染的蟑螂后，虫就在老鼠胃中发育为成虫，这些老鼠胃的前部就形成了肿瘤。在某些老鼠中，这种肿瘤具有癌的形态特征：它可以转移，有时还能传染给其他老鼠。于是，菲比格通过观察获得了这样一个科学事实：寄生虫引起癌。菲比格因此而获得诺贝尔奖。但后来，更精密的实验表明，这种癌是寄生虫内的病毒引起的。这件事成了诺贝尔奖授予工作中的一个著名失误。

3. 科学事实的特点

科学事实具有如下的特点。

（1）科学事实应是个别存在的陈述，其逻辑形式是单称命题。科学事实强调的是认识特殊事物的感性活动，而不是由特殊到一般的理性抽象活动。

（2）科学事实应有可复核、可重现性。可复核、重现是基于两个原因，一是可重现的科学事实才是具有普遍性必然性的，才可能从中概括抽象中具有共性的理论，才是有价值的；二是如果可以复核和重现，就能尽量地排除错觉和假象，使科学研究建立在可靠的基础上；

（3）科学事实应该比较精确和系统。粗糙的、零散的事实，缺乏足够的准确率和事实间的内在联系，难以形成科学的结论。

（4）科学事实既渗透理论又具有相对独立性。科学事实属于主观范畴，其获得总是在一定的理论指导下的，其最终目的是为了导出新的科学理论。所以，与理论无关的纯事实不是科学事实，没有科学价值和意义。但是科学事实又具有相对独立性。它不是为了理论的需要而人为地制造出来的，是客观存在的。某些时候，依据这些科学事实所得出的结论被证明为错误的，但科学事实本身却没有被推翻，依然有着科学认识和研究的价值。

4. 获取科学事实的方法——观察和实验

（1）科学观察。科学观察是指科学认识的主体通过感官或借助于科学仪器，有目的、有计划地感知客观自然界现象，从而获得感觉经验的方法。科学观察有别于普通的日常观察，日常观察的目的是为了满足生活的需要，而科学观察的目的是为了求知、解惑。

科学观察最重要的特点是在自然发生的条件下对自然现象的研究，在观察时人不干预自然现象，即使运用仪器，也要保证仪器不改变自然现象的基本形态和运动的原有进程。这个特点也是观察与实验的主要区别。

按照不同的标准，可以对科学观察作不同的分类。

按照观察过程中是否使用仪器中介，可以分为直接观察和间接观察。直接观察在观察者与观察对象之间不存在任何中介，具有简单、方便、较少受客观条件限制等优点，在地理学、地质学、气象学、医学等领域不失为一种基本的经验认识方法。而间接观察能够克服人的感官的不足及感官带来的某些错觉，提高观察的精确性和速度，具有明显的优越性。比如关于粒子的运动，人的眼睛是无法直接观察的，科学家就应用云雾室，观察粒子通过云雾室时所留下的痕迹，达到观察粒子运动的目的。

按照人们获取观察对象信息的要求不同，可以分为定量观察和定性观察。定性观察主要是考察对象的某种特征及事物之间的某种联系，主要回答“是不是”“是什么”之类的问题。而定量观察是对对象量的规定性的反映。科学研究中精确、严密的科学定律的建立，无不依赖于定量观察。定量观察一般多为间接观察。

科学观察的作用主要有两个方面：一是获得感觉经验，二是在特殊情况下对科学理论进行检验。特别是在当对象的性质使人们一时难以达到实际作用于对象、无法进行实验时，观察就成为一种主要的认识方法。在天文学研究中，情况就是这样。大量的天文学资料的获得，都只能通过观察获得。开普勒提出行星运动三定律所依靠的经验材料，正是他的老师第谷 20 余年坚持每天观察天体的结果。许多天文学上的发现，其检验也只能通过观察。例如，科学家发现天王星轨道的理论计算总是同实际观测有出入，法国的勒维列和英国的亚当斯同时认为，这是因为存在着一颗未知行星，对它产生着引力作用，并算出了这颗未知行星的位置。这一理论对不对？检验的方法就是对准那个位置看一看。随后，德国的加尔通过望远镜果然观察到了这样一颗行星，后来它被命名为海王星。

观察虽然有其独特的价值，但由于不能控制对象的发展进程，使得观察具有一定的局限性。特别是对一个理论的确认，需要进行反复的检验，而观察却很难无限制地重复进行。观察的许多不足可以由实验来克服。

（2）科学实验。科学实验是人们根据一定的研究目的，利用科学仪器设备，人为地控制或模拟自然现象，使自然过程或生产过程以纯粹的、典型的形式表现出来，以便在有利的条件下进行观察、研究以获得科学事实的一种方法。由此可见，实验实际上也是一种观察，是在对自然现象或过程作人工干预或改变的条件下进行的观察。

与科学观察相比，科学实验有自己鲜明的特点：一是科学实验可以简化和纯化研究对象。从而排除各种偶然因素、次要因素和外界的干扰，使对象的属性以纯粹的形式体现出来；二是科学实验可以强化和激化研究对象。比如，为了发现对象的某些特性，需要在超高温、超低温、超高压、超真空、超导电性、超强磁场等条件下进行研究。这些强化条件都是在常规情况下不具备，只有在实验室中可以制造；三是科学实验可以重复或再现研究过程和结果。这也是观察所不具备的优势。

巴甫洛夫比较了观察同实验的特点后，说：“实验好像是把各种现象拿在自己的手中，并时而把这一现象、时而把那一现象纳入实验的进程，在人为的组合中确定了现象间的真实联系。换言之，观察是搜集自然现象所提供的东西，而实验则是从自然现象中提取它所愿望的东西。”① 观察是等待，自然事物提供什么现象，我们才能观察什么现象；实验则是索取，某种现象不出现，科学家就通过实验制造出一定的条件，使其出现。所以，实验是一种更高级、更具有主观能动性的观察，是观察的发展。

科学实验按不同的标准可以做不同的分类。比如按实验的目的，可分为探索性实验、验证性实验和判断性实验；按实验中研究对象的质与量的关系，可分为定性实验、定量实验、定性定量实验等。一般的实验分类是依照实验的对象和手段来划分的，可以分为直接实验和模拟实验。模拟实验是先依据对象（原型）设计出一种模型，然后让实验手段作用于模型，通过模型实验来了解原型的性质及其运动规律。这种模型可以是物理模型、数学模型、功能模型（不考虑对象的构成成分与结构，而以功能相似为原则建立模型）。由此，模拟实验可分为物理模拟实验、数学模拟实验、功能模拟实验。

实验方法的作用同样也是两个方面，获得感性经验和验证科学理论。与观察相比，实验在这两个方面的功能更强，效果更好。实验能使我们了解到许多观察所无法获得的经验材料。比如人们对于基本粒子的研究，最早的时候采取的是观察的方法，通过观察来自宇宙空间的高能粒子流进行的。1931年，美国物理学家安德森通过云雾室观察宇宙射线簇射中高能电子的径迹。当他为了测量这些电子的速度而把云雾室放在强磁场中时，照片显示有一半电子向一个方向偏转，另一半电子向相反方向偏转，并因此发现了正电子，获得1936 年诺贝尔物理学奖。但是，由于大气层的屏蔽，许多种粒子被阻挡在外层空间，无法在地面上观察，进一步的研究就需要依靠实验的方法，即用高能加速器把带电粒子如电子、质子等加速到极高速度，然后有意识地通过人为的干预——碰撞，产生大量新粒子和新现象，据此更有效地揭示微观世界的奥秘。事实上，自从美国物理学家劳伦斯发明回旋加速器以来，人类目前已经把基本粒子家族的数目增加到 300 种以上，劳伦斯也由于发明并改进回旋加速器而获得 1939 年诺贝尔物理学奖。在验证科学理论方面，实验的功能更强大。一般来说，对理论的验证需要反复地多方面地进行，因为一种实验往往只反映事物本质的某一个方面，要对理论进行完善的验证，就需要从不同角度反复进行。这是观察难以达到的。

科学实验与科学观察是相互依存的。观察是实验的前提，实验是观察的发展。在现代科学认识中，实验往往与观察密不可分，表现出观察和实验相结合的整体化的趋势。这一点，在对微观客体的研究中特别明显。

5. 保证科学事实的客观性

由于科学事实是整个科学认识活动的基础，因此，保证科学事实的客观性具有特别重要的意义，关系到整个科学认识活动的成败。科学事实的客观性，主要在于获取科学事实手段的科学性，同时也要求对所获取的科学事实进行客观的验证。

（1）获取科学事实手段的客观性。科学观察和实验是获取科学事实的两种最基本的方

① 巴甫洛夫．巴甫洛夫选集 [M]．北京：科学出版社，1955：115．

法。进行科学观察与科学实验时，必须要遵循观察（自然观察与实验观察）客观性、全面性的原则。

坚持观察的客观性，就是要采取实事求是的态度，对事物进行周密的系统的观察和分析。此外，还要坚持观察的全面性原则，把握住观察对象的一切方面、一切联系和一切相关之物。

同观察的客观性和全面性相对立的是观察的主观性、片面性。主观、片面的观察常被称作“误观察”和“未观察”。所谓“误观察”，就是在观察中，观察者不知不觉地把其固有经验和认识掺入到观察中去，把个人主观的东西当作客观存在的东西。所谓“未观察”，就是在观察中，只注意对象的某一方面或一部分，只看到与自己固有看法相吻合的东西，而对与自己固有看法相背离的东西视而不见，因而产生观察的片面性。

有这样一个例子，在德国哥廷根的一次心理学会议上，突然从门外冲进一人，后面有另一个紧追着，手里还拿着枪，两个人在会场里混战一场，最后响了一枪，又一起冲了出去。从进来到出去总共 20 秒钟。大会主席立即发下调查表，请所有与会者填写他们目击的经过。这件事是预先安排、经过排演并全部录了像的，当然与会者并不知道这是一次测验。在交上来的 40 篇观察报告中，只有一篇的错误少于 20%，有 14 篇错误在 20% ~ 40% 之间，有 15 篇错误超过 40%，特别值得一提的是在半数以上的报告中，10% 或更多的细节纯属臆造。这个例子生动地说明，误观察和未观察，在观察中是很普遍的。

（2）科学事实的客观性要用客观的手段来验证。实践是检验真理的唯一标准。在科学研究中，也需要用客观的手段来验证已获取的科学事实。只有通过实践的反复验证，才能最有力的保证并证明科学事实的客观性。

欧洲核子研究中心 2011 年 9 月 23 日宣布，他们发现中微子可能以快于光速的速度飞行，一旦这一发现被验证为真，将颠覆支撑现代物理学的爱因斯坦相对论。欧洲核子研究中心的科研人员让中微子进行近光速运动，中微子束源自位于日内瓦的欧洲核子研究中心，接收方则是意大利罗马附近的意大利国立核物理研究所，中微子束在两地之间的地下管道中穿梭。粒子束的发射方和接收方之间有着 730 公里的距离，研究者通过其最后运行的时间和距离来判断中微子的速度，结果表明其到达时间比预计的早了 60 纳秒（1 纳秒等于十亿分之一秒）。对此，研究者认为，这可能意味着这些中微子是以比光速快 60 纳秒的速度运行。该研究项目发言人艾瑞迪塔托说，“我们在好几个月中反复研究核对，并仔细考虑了实验中其他各种因素的影响。”艾瑞迪塔托说，科研人员反复观测到这个现象达 1.6 万次。目前物理学界也出现了一些对该实验结果的不同意见，一是怀疑粒子束飞行距离的准确性，二是粒子束本身长度的准确性。此次实验的研究者之一奥迪瑞说：“尽管我们测量的系统不确定性很低，统计数据准确性也很高，但我们还是希望能与其他实验做对比。”根据爱因斯坦狭义相对论，光速是宇宙速度的极限，没有任何物质可以超越光速。如果此次研究结果被验证为真，意味着奠定了现代物理学的基础将遭到严重挑战。物理学家们认为，一旦这些粒子确实被证实跑过了光速，表明宇宙中的确还存在其他未知维度，中微子抄了其他维度的“近路”，才“跑”得比光快。这将彻底改变人类对整个宇宙存在的看法，甚至改变人类存在的模式。中微子是轻子的一种，是组成自然界的最基本的粒子之一，中微子质量非常轻，小于电子的百万分之一。中微子具有最强的穿透力。穿越地球直径那么厚的物质，在 100 亿个中微子中只有一个会与物质发生反应，因此，中微子也被称为宇宙间的“隐身人”。中微子在发射后不断衰变，质量变得非常小，它是唯一在理论上可以以光速运行的粒子。

（3）要正确认识观察实验与仪器之间的关系。科学观察和实验通常都离不开仪器，因为不仅人的感官感觉阈有一定的界限，同时人的感觉还易受主观因素的影响。而科学仪器不仅弥补了我们生理感官的不足，也使我们获得的感性材料更加客观化、准确化。在科学发展史上，一些重大的科学突破仅仅是由于仪器的改进。在丁肇中发现 J 粒子前，1970 年美国布洛海文实验室就发现过与它有关的奇怪现象，但由于仪器精度不高，无法辨认出是不是由新的粒子所造成。而丁肇中用了两年多时间特制了一架高分辨率的双臂质谱仪，依靠这台仪器，他才得以在 1974 年发现了 J 粒子，打开了一个新的基本粒子家庭的大门。

但由此也出现了一个问题，即观察实验对仪器精度的依赖。虽然仪器的精度随着生产和科学的发展在不断提高，但不可能绝对精确，并且精度再高的仪器也会出现误差，从而导致观测结果的失准。例如上述对于中微子运行速度的测量实验，后被发现其结果有误：该实验可能存在两处问题：GPS 同步没有纠正好，以及连接 GPS 和原子钟的光缆没接好，出现了松动。2012 年 3 月 16 日深夜，欧核中心研究项目负责人塞尔吉奥 · 贝尔托卢奇通过公报向媒体证实，他们已有证据显示出，相关实验结果的确受到了测量误差干扰。而一项被称为“伊卡洛斯”的实验将中微子压缩到仅仅 4 纳秒长的脉冲当中并将其作为测量尺度，使得自身的计时精度远远精确于此前欧核中心所使用的 10 微秒脉冲。在测量中微子的速度后，该组研究人员证实中微子并没有超光速。

更具有挑战性的是在认识论方面。在科学测量中，测量工具必定影响到被测客体及所得到的结果。虽然在日常经验的世界里，人们在测量各种现象的性质时，不致对被测现象产生显著影响，或者这种影响可以被精确考虑，但在原子尺度的世界里，人们无法忽略由于测量仪器所产生的干扰，不能保证测量结果所描述的恰好是测量装置不存在时的状况。观测者及其仪器与被测现象之间存在着绝对不可避免的相互作用，这就是现代科学测量所遇到的认识论方面的难题与挑战。

（4）要以正确的理论为指导，观察总是渗透着理论。需要特别注意的是，观察的客观性，并不意味着观察与人的主观思想毫无关系。任何科学家在进行观察之前，他的头脑并不是白板一块，而总是已经具有一定的理论知识和价值取向，总是自觉或不自觉地用站在某个立场用某种观点来进行观察的。这就是理论对观察的渗透，“是理论决定我们能够观察到的东西”。正因为观察总是渗透着理论，才需要特别强调保持观察的客观性。但是理论的参与并非就否定了观察的客观性，甚至恰恰相反，在正确的理论指导下，观察才能比较深刻、更加客观，正如爱因斯坦所说：“只有理论，即只有关于自然规律的知识，才能使我们从感觉印象推论出基本现象。”①

早在 1920 年，卢瑟福在研究原子核的基础上曾经提出了可能存在一种质量与质子相

① 爱因斯坦．爱因斯坦文集（第 1 卷）[M]．许良英编译．北京：商务印书馆，1976：211．

近的中性粒子的假说。1932年，居里夫妇在用α粒子轰击铍的实验中，发现一种很强的辐射，事实上已经获得了中子，但他们未曾认真对对待过卢瑟福的中子假说，错误地把它解释为γ射线。而英国物理学家查德威克在卢瑟福领导下长期从事寻找中子的工作，立即把中子假说与新辐射联系起来。他设计了新的实验证明这种新辐射是由粒子组成的，这种粒子的质量与质子大致相同，但不带电荷，因而证实了卢瑟福的假说，发现了中子，荣获1935年诺贝尔物理学奖。居里曾为此叹道："我真笨呀！"

三、形成科学定律

1. 科学定律及其形成

科学定律是反映自然界事物、现象之间的必然性关系（本质关系）的普适性命题。其逻辑形式一般为全称命题。

从科学事实到科学定律，是一个从感性认识到理性认识、从个别到一般的飞跃。这个飞跃的实现不是自发的而是自觉的。比如开普勒的行星三大定律的得出，依据的是他的老师第谷几十年观察所积累的科学事实，但面对同样的事实，第谷本人却无法概括出行星运动的定律来。这其中需要有一个抽象概括的过程。

要进行抽象概括使科学事实上升到科学定律，有两条途径：一条是借助于逻辑归纳，对科学事实进行去粗取精、去伪存真、由此及彼、由表及里的制作。这一途径具有相当的普遍性（可学性）。比如行星运动的三大定律、电磁感应定律、化学元素周期律等都是主要借助于归纳法。另一条途径是借助于想象、直觉、灵感等非逻辑思维方式而得出的理论定律，比如爱因斯坦提出相对论等，不太具有普适性。这两种途径正好体现了科学认识的两大本质特征：反映和创造。

2. 科学定律的特征

科学定律一般具有以下基本特征。

（1）普遍性。科学定律作为一种理论性成果在一定范围内揭示了客体间的内在联系，不再局限于对具体的对象的认识，已经由感性认识上升到理性认识，从个别上升到一般。

（2）简洁性。科学定律的简洁性可以从两方面理解，一是从形式上看，定律一般都以数学语言或符号语言来表述，具有高度的简明性；二是从内容上看，定律都只是对客体某方面本质的揭示，而非系统的理论。

四、提出科学假说

1. 科学假说及其类型

假说是根据已有的科学理论和科学事实，对所研究的问题做出的一种假定性说明。

假说是科学认识的一种重要形式，是科学发现的重要方法之一，也是科学理论建立的最重要的思维形式。

科学发现有两种最基本的方法：归纳和假说。在19世纪之前，科学家只重视归纳在科学发现中的作用，培根和牛顿都力图让人们相信从多个单独的事例中形成一个全称陈述的归纳法，甚至有科学家认为可以发明出一种归纳机器（只要把观察或实验得到的数据信息往机器里输入，便可通过机器的归纳而得出科学发现来了）。从十九世纪中叶起，人们发现，科学的内容不仅仅是、也不主要是从单个事例中归纳出全称陈述，科学更深刻的内容是表现为解释性的理论，这种理论具有深层结构，其中某些概念在自然界中并没有对应的观察物，因而不能由归纳来完成。在这种解释中，也许有时灵感很重要，但建立在理性基础上的想象、猜测更普遍适用。这种猜测性的科学发现方法就是假说。

所以，假说有这样几个基本要素构成：事实基础；背景知识（包括推理规则）；对对象本质的猜测；推演出的预言和预见。

依据所研究的问题的不同，假说可以分为两类。

（1）经验定律型假说。经验定律型假说是为说明和解释已知的科学事实而提出的假设。当某种科学事实已被人们大量地经验得到时，研究者便试图对这些事实共同特征或现象间的相互关系做出猜测性的说明。著名的“哥德巴赫猜想”这一假说的提出就是这样。在1742年，德国数学家哥德巴赫根据77=53+17+7、461=449+7+5、461=257+199+5等例子，发现这些奇数每次相加的三个数都是素数。于是，他提出了一个假说：所有大于7的奇数可以分解为三个素数之和。他把这个假说写信告诉欧拉，欧拉肯定了他的思想，并补充提出大于4的偶数可以分解为两个素数之和。这两个假说后来合并称为哥德巴赫猜想。

经验定律型假说虽然已从个别上升是普遍，概括出某种普遍性质或普遍联系，但仅限于揭示表面联系，不能理解这种联系的普遍性，“知其然而不知其所以然”。

（2）原理型定律假说。原理定律型假说是为解释已知的科学定律而作出的假说。当经验定律形成后，人们便需要对其做出进一步的解释，即人们要从知道“是什么”上升到知道“为什么”，要由对事物表面现象和联系的认识深入到对事物内部的本质和必然联系。由此来看，由第一种假说必然会进入第二种假说，使经验定律置于更为可靠的理论基础上。

2. 假说的特征

通常假说具有三个特征。

（1）假说的科学性。科学假说总是以一定的科学事实为依据，以已有的科学理论为背景，依据科学的逻辑规则而提出来的，那么，科学假说必定具有科学性。这使科学假说不同于神话和幻想，神话缺乏科学性，幻想则不具有逻辑性。

例如，大陆漂移假说的提出，首先是因为下述地理发现非洲西部的海岸线和南美东部的海岸线彼此吻合。同时，它们在地层、构造、古气候、古生物方面存在一致性。德国地球物理学家魏格纳依据已知的力学原理和上述地理发现，在1910年提出了大陆不是固定的而是可以漂移的初步假定。1915年，魏格纳在《大陆和海洋的起源》一书中，依据地球物理学所揭示的地球内部结构、物理性质等规律，以及古气候学、古生物学、大地测量学等学科的材料，对大陆漂移的初步假定进行了广泛的科学论证。魏格纳设想，在三亿年前地球上只有一块大陆即泛大陆，在它周围是一片广阔的海洋。大约在两亿年前，由于天体的引力和地球自转所产生的离心力，原始大陆分裂成若干块，像浮冰一样在水面上逐渐漂移、分开，形成今日的七大洲和四大洋。地球上的山脉也是大陆漂移的产物。纵贯南北美洲的落基山脉和安第斯山脉，就是美洲大陆向西漂移过程中，受到太平洋玄武岩底层的阻挡由大陆的前缘褶皱形成的。根据大地测量的结果，在最近二三十年间美洲与欧洲之间的距离有所增加，证明美洲大陆至今还在漂移之中。这一切表明，大陆漂移说是有一定科学性的。

(2) 假说的假定性。之所以要提出假说，往往是因为科学资料不足、检验条件不完备，于是便发挥思维的想象力，以猜测来代替事实，建立理论。因此，科学假说不管具有多少科学性，本身只是一种对事物本质和规律的猜测，带有假定性的成分。这种猜测在未来可能被证实并经修正完善后成为科学理论，也可能被证伪而遭淘汰。

(3) 假说的易变性。对同一自然现象，由于人们占有的材料不同，看问题的角度不同，知识结构不同，使用的方法不同，思维的想象力不同，可以提出不同的假说。并会随着新材料的发现而变化，随着人们对该假说的争论与质疑而修改。因而假说是易变的，或者说一个假说被推翻是一件很正常的事情。但一种科学理论被推翻则是一件很不平常的事了。

科学假说在科学理论的建立过程中起着举足轻重的作用。恩格斯说："只要自然科学在思维着，它的发展形式就是假说。"[①] 科学发展的历史可以说是一个由假说转化为理论，理论又接受新假说的挑战，新的假说又转化为新的理论的过程。在假说与理论之间，没有不可逾越的鸿沟。

3. 科学假说建立的方法论原则

假说是一种具有高度创造性的思维形式，在科学发展中是不可缺少的。虽然假说成立的最终条件在于它能否接受实践的全面检验，但在科学认识过程中，如果能以某些标准预先评判假说，剔除那些不适当的假说，将精力集中于分析、验证那些真正有价值、有前途的假说，对于科学发展来说是很有意义的。虽然在假说的形成过程中没有什么规则可言，但提出假说时，研究者必须要遵守以下方法论原则。

(1) 科学假说应当符合科学世界观。这个要求，对于选择科学假说，淘汰不科学的假说起着准则的作用。它并不保证被选择的假说的真理性，但却无条件地从科学中排除毫无根据的迷信和虚妄的观念。例如，"宇宙第一推动力"假说和"生命永恒性"假说，这是与辩证唯物主义原理根本矛盾的，因而是不可能成立的。当然，这并不意味着，根据辩证唯物主义的规律，就能科学地解决某一假说的取舍，但辩证唯物主义确实能帮助我们分析，什么是不同科学假说间的竞争，什么是科学与唯心主义的斗争。

(2) 科学假说不应当与科学中普遍的、久经考验的规律和理论相矛盾。例如，现代科学拒绝研究任何永动机的方案，除非你首先能证明能量守恒定律不是普遍成立的。当然，这个前提也不应当被绝对化，因为已被人们确认的理论也有可能是错的或有其适用的范围。当我们看到所提出的假说同某门科学已证明的原理相矛盾时，首先应当怀疑假说，对它进行严格的考察。但是，如果新的观测和实验事实不断加强假说，那就应当检查与假说矛盾的理论的可靠程度究竟怎样。在物理学史上，新假说指出旧理论局限性的例子是不胜枚举

① 恩格斯. 自然辩证法 [M]. 北京：人民出版社，1984：218.

的。1911年卢瑟福提出的原子类似太阳系结构的假说，与麦克斯韦和洛仑兹建立的古典电磁理论就有矛盾，结果不是假说消失而是导致了电动力学原理的重大变化。

（3）科学假说不应当同已知的经过检验的事实相矛盾，并且必须尽力做到，假说不仅能解释个别事实，而且能解释一系列事实的总和。一般而言，如果已知事实中哪怕有一个已经确认的事实跟假说不相符合，假说就应当修改甚至被抛弃。例如，康德—拉普拉斯的星云假说在宇宙观上是有革命意义的，他们认为太阳系是从原始星云演化而来的，第一次把太阳系的产生看作一个发生发展的过程。但是，他们的假说无法解释太阳和行星之间被观察到的动量矩的分布问题，这个一开始就遇到的障碍以及后来陆续发展的事实，迫使太阳系起源的假说不断被修改。当然，这一要求也同样不能绝对化。假说与已知事实矛盾，并非总是来源于假说方面的错误。科学史上有过这样的例子，为了确立假说，需要重新审查事实。通常被确认的事实，也可能是错误的。当门捷列夫提出元素周期律并阐明了当时已知的大多数知识时，情况正是如此。当时明摆着若干已知元素的原子量不符合周期律，门捷列夫并没有因此觉得有必要修改周期律，他认为事实与规律之间的偏离应当由化学家确定原子量时的误差来说明。结果，对一系列元素原子量更加准确的重新测量，得出了与周期律一致的结果。

（4）科学假说应当是可检验的。如果一个假说不但无法在技术上接受观测和实验或一般实践的检验，而且在原则上也不可能被检验，那就不能称之为科学假说。例如，关于月球物质构成的假说，原则上总是可以检验的，人们开始是用许多间接方法，而当登月飞行之后，就最终在技术上实现了直接检验。但关于速度为40万千米/秒的火箭行为的推测，原则上是不可能被检验的，因为根据物理学最基本的原理，物体运动超光速是不可能的。因此，至少在目前，没有人会认真对待这种推测，把它当作科学假说。

（5）科学假说应当符合简单性原则。假说尽可能地简单，并能由少数几个原理或基本假说来解释一定领域内所有的已知事实。简单性原则之所以能作为假说成立的前提，是因为它反映了世界统一性的方法论要求。

14世纪时，有一位来自英国奥卡姆的学者威廉，曾经主张把简单性作为形成概念和建立理论的标准。他认为，应当淘汰多余的概念，在说明某类现象的两种理论中应当选择更简单的。为此，奥卡姆立下一条准则："实际存在的东西决不可不必要地添枝加叶。"后人常称简单性原则为"奥卡姆的剃刀"。在现代科学认识中，简单性原则就是要求在假说体系中所包含的彼此独立的假设或公理最少。爱因斯坦认为，科学的伟大目标，就是"要从尽可能少的假说或者公理出发，通过逻辑的演绎，概括尽可能多的经验事实"。①

五、创立科学理论

1. 科学理论及其特征

（1）科学理论的定义。科学理论是关于客观事物本质及其规律性的相对正确的认识，

① 爱因斯坦．爱因斯坦文集（第1卷）[M]．许良英编译．北京：商务印书馆，1976：262．

是经过逻辑论证和实践检验并由一系列概念、判断和推理构成的知识体系。

科学理论是科学认识的完成和成熟阶段，是科学认识活动的高级成果。它比科学事实更深刻、比科学定律更系统、比科学假说更确定。

(2) 科学理论的结构。科学理论由 3 个基本知识单元组成：基本概念、基本原理、科学推断。

基本概念是反映自然事物的本质属性的思维形式，是构成科学理论的基石。任何学科都有自己专有的一些科学概念。例如，几何学中的点、线、面等；力学中的力、质点、速度、加速度、质量、功、能等；化学中的元素、原子、分子、化合、分解、价、健等。

基本原理是科学对所研究对象的基本关系的反映，是科学理论赖以建立的基础。它在语言、结构上表现为判断的形式，一般用全称判断来表达。牛顿力学中的三个基本定律，爱因斯坦狭义相对论中的相对性原理和光速不变原理等都是如此。

科学推断是科学理论中的由基本原理演绎推导出现的结论。它执行着理论解释和预见的功能。例如，狭义相对论中引申出现的钟慢、尺缩效应，质能关系式等。

2. 科学理论的特征

(1) 相对真理性。科学理论正确地反映了客观事物的本质及其规律性，因而具有客观真理性。这是科学理论的基本特征。也是它和假说的根本区别。科学理论的客观真理性要求任何一个科学理论需具备三个基本条件：建立这一理论所凭借的事实材料必须是经过实践复核且证明是真实的；根据这些事实材料所提出的假定性规定已经得到实践确认，并经得起实践的进一步检验；根据这种理论所做出的科学预见已在实践中得到证明。但实践是历史的活动，受到历史条件的制约，因而科学理论也是一定历史条件下的产物，并在一定的实践条件下经受检验，它只能从一定的侧面、在一定的深度和程度上反映客观世界的规律性。所以，任何科学理论既有客观性、绝对性的一面，又有条件性、相对性的一面。

(2) 全面系统性。科学理论不是各种孤立的概念、原理的简单堆砌，也不是互不相关的各种论点，论据的机械组合，而是根据自然界的有机联系，由它的知识单元（概念、原理、定律等）按系统性原则组成的有内在联系的知识体系，因面具有全面性和系统性。

(3) 逻辑完备性。作为一个理论体系，它必须具有严格的自洽性。这是由完备的逻辑来建构的。科学理论必须概念明确、判断恰当、推理正确、论证严密，理论中的范畴和规律是一个个依次推导出来的，有着前后一贯的内在联系。科学理论一般具有演绎的逻辑结构。

(4) 普遍性。科学理论通过揭示某一领域的共同本质而普遍适用于这个领域。这种普适性表现在两个方面，一是能对这个领域的复杂多样的现象做出解释，能被已知的事实所检验；二是能预言出现在这个领域内的新现象，即具有科学预见性。作为一种科学理论，必须要能够经得住未来新事实的验证。这既是科学理论的基本特征，也是科学理论的价值所在。

3. 假说向科学理论转化的条件

任何科学理论的创立，都要经历一个从假说向理论的转化过程。假说向理论的转化是一个复杂的过程，既要接受实践的检验，也要接受逻辑评价（理性检验）。

（1）假说接受实践检验。假说在实践检验中满足解释性条件和预备性条件，就可以认为假说已经转化为理论。

① 解释性条件。即能成功解释已知事实，且没有遇到反证。这是假说向科学理论转化的首要标志。把假说运用于实践，如果有愈来愈多的事实和这个假说相符合，并且没有任何已知事实与之矛盾，那么，就证明这个假说是客观规律的正确反映。

例如，牛顿的万有引力定律在刚提出时，只是一个假说。200 年来，它运用于实践，无往而不胜，成功解释了一个又一个的事实，并且没有遇到不可克服的矛盾（反例），所以它就从假说逐渐转化为理论。

② 预见性条件。即由假说做出的科学预见被实际所证实。这是假说向科学理论转化的根本标志，具备这个条件，更能说明假说的真理性。如果由假说做出的科学预见得到实际的证实，那么，就标志着假说已经转化为理论。

例如，在 20 世纪 40 年代初，关于有机体遗传的物质基础，有两种对立的假说。一种认为，蛋白质具有高度的特异性，因而主张蛋白质是遗传的物质基础；另一种认为，由于每个物种中核酸的含量和组成都十分稳定，因此主张核酸是遗传的物质基础。1944 年，加拿大生物学家艾弗里等设计了一组实验，从光滑型肺炎球菌里分离出纯的蛋白质和纯的脱氧核糖核酸，分别把它们加给粗糙型肺炎球菌，结果，只有后者能使粗糙型转变为光滑型。这是个判决性实验，它确定了遗传的物质基础是核酸而不是蛋白质。

（2）假说接受理性检验。假说在接受实践不断检验的同时，要转化为科学理论，还须接受理性的检验（逻辑评价）。

逻辑评价是指科学共同体对科学理论的逻辑结构所做出的评价。一般从三个方面去看。

① 相容性评价。这是指新的科学理论同公认的科学理论在逻辑上是相容的。相容有两个含义，一是两者相一致（殊途同归），二是二者不矛盾。如果可以从新理论 T2 能推导出公认的理论 T1，即表明两者具有一致性；如果从新理论 T2 演绎也来的结论与公认的理论 T1 之间没有矛盾，也认为两者是相容的。相反，如果由新理论 T2 推导出与公认的理论 T1 相反的结论或者从新理论 T2 演绎出的结论与公认的理论相矛盾，则表明两者之间是不相容的。但是，如果新理论与公认的科学理论之间不具有相容性，一般来说新理论发生错误的可能性比较大，因为公认的理论是经过长期的实践检验和逻辑评价的，其真理性程度很高。但也不能独断地认为新理论一定是错的，也有可能是旧理论本身有错或者不适用新理论领域。这种结果发生的可能性并不是没有，反而很大。因为科学理论的前身是假说，而假说之所以被提出就是因为用原有的理论无法很好地解释自然现象。提出假说这一事件的存在，本身就说明了对原有理论一种怀疑态度。

② 自洽性评价。这是指分析新理论内部各部分之间是否相一致。一个最基本的检验就是看是否可以从新理论中推导相互矛盾的结论或者悖论，即依据新理论 T，居然同时导出 A 和非 A 两个命题。在科学史上，因理论本身不能自洽、包含有悖论而被否定的事例有很多。众所周知的是伽利略从亚里士多德的自由落体定律推导出了捆绑的物体 A+B 的下落速率既大于物体 A 的速率又小于 A 的速率的悖论，揭示了亚氏理论的不自洽性。

科学理论中存在着不自洽的情况是很多的，原因也是很复杂的。既有可能是理论本身的错误，也有可能是理论还不够完善，或者是推导出悖论时没有考虑足够的影响因子。但可以肯定的是，如果从一个理论中能够得出悖论来，是需要引起足够注意的。对悖论的破解很有可能带来科学上的重大革命。

一直以来都有人追问到底是什么使爱因斯坦想到了相对论。哲学家们说是由于哲学辩证法的指导，物理学家说是受迈克尔逊实验的启发，而爱因斯坦自己则提到过一个速度的悖论。爱因斯坦在其 1964 年写的《自述》中提到："经过十年沉思以后，我从一个悖论中得到了这样一个原理（指同时的相对性原理）。这个悖论我在 16 岁时就无意中想到了，如果我以速度 C 追随一条光线运动，那么我就应当看到，这样一条光线就好像一个在空间里振荡着而停滞不前的电磁场。可是，无论是依据经验，还是按照麦克斯韦方程，看来都不会有这样的事情。"[①] 对这一悖论思考，使爱因斯坦注意到光速不变这样一个最为基本的事实和原理。用光速不变这把标准的尺子，爱因斯坦去衡量时间和空间，才发现时间和空间原来都没有固定的标准，是相对的而不是绝对的。

③ 简单性评价。科学理论的简单性，是指要把一切概念和一切相互关系，都归结为尽可能少的一些逻辑上独立的基本概念和公理。所以这种简单性，不是指理论在内容上的简单，而是理论逻辑的简单。之所以把简单性作为一个评价标准，一方面是因为越是简单的理论，其内涵越简单，其包含的外延越大，越具有普适性。另一个更为重要的原因是越简单的理论可能越符合自然界的本性。按照爱因斯坦的说法就是："逻辑上简单的东西，当然不一定就是物理上真实的东西。但是，物理上真实的东西一定是逻辑上简单的东西[②]。"从古希腊开始，人们就相信自然界是完美的和谐的简洁的。当哥白尼把行星运动的坐标参照系由地球转移到恒星上去，虽然是一个物理的推论，但他恳求数学家接受他的见解，理由就是他的体系比托勒密所说的均轮和本轮，即天体围绕地球运行时所遵守的均轮和本轮简单得多。为什么会这样，柏拉图将其归为先天的理念，神学家将其归为上帝的旨意，进化论认为是自然选择的结果，系统科学则从系统的结构越简单就越稳定来说明。不管能否证明简单性是自然的本性，我们不能否认简单性是一种基本的事实，正像爱因斯坦所说："自然规律的简单性也是一种客观事实。"

4. 科学理论的表达

一个科学理论的完成一定是在被系统地表达出来以后。在科学理论的创建过程中，往往使用一些混沌语言，许多思维是非线性的思维。这种包含着不确定的混沌语言的科学思想，是无法具备主体际性的。所以，科学理论需要使用科学语言来表达，并按照线性思维构造。

（1）科学语言。科学理论是由科学语言来表达的。或者说，科学理论是用科学语言来说话的。在构造理论体系的过程中，需要运用科学术语、科学命题、数学演算和逻辑演算。逻辑演算传统上一直使用的是自然语言，但从 20 世纪初数理逻辑学科产生后，部分逻辑演

① 爱因斯坦．爱因斯坦文集（第 1 卷）[M]．许良英编译．北京：商务印书馆，1976：24.

② 爱因斯坦．爱因斯坦文集（第 1 卷）[M]．许良英编译．北京：商务印书馆，1976：380.

算可以用数理逻辑所构造的人工语言来表达，更便于被计算机所识别和执行。

（2）思维方法。在科学理论的创建过程中，思维方法是非常重要的。如果说假说是几个关键纽结的话，那么要依这几个纽结编出整个理论之网，就需要考虑编这张网的方法，这就涉及思维方法问题。在此过程中，需要综合地运用逻辑思维与非逻辑思维方法。非逻辑思维更多地被运用在解决问题的过程中，但要表达科学体系，要依靠的是逻辑思维。逻辑思维是线性思维的主要表现。其中最常用的构造和表达科学理论的方法是公理化方法。

“人海关系”案例集萃之四

1. 从“大陆漂移说”“海底扩张说”到“板块构造说”

（1）大陆漂移说

大陆漂移说是德国气象学家魏格纳提出的解释地壳运动和海陆分布、演变的假说。大陆彼此之间以及大陆相对于大洋盆地间的大规模水平运动称大陆漂移。魏格纳认为，在地质时期地球上的大陆是一块整体，只是中生代以后才逐渐分离开来。地壳分为两层：较轻的硅铝层漂浮在较重的硅镁层之上；其漂移的主要动力是地球自转离心力和潮汐力的作用使大陆不断向西向赤道漂移。

其实，早在 1620 年，英国人弗兰西斯 · 培根就提出了西半球曾经与欧洲和非洲连接的可能性。1668 年法国 R.P.F. 普拉赛认为在大洪水以前美洲与地球的其他部分不是分开的。到 19 世纪末，奥地利地质学家修斯注意到南半球各大陆上的岩层非常一致，因而将它们拟合成一个单一大陆，称之为冈瓦纳古陆。1912 年阿尔弗雷德 · 魏格纳正式提出了大陆漂移学说，并在 1915 年发表的《海陆的起源》一书中作了论证。

魏格纳认为，大陆漂移的两个可能的原因是：月亮产生的潮汐力或极地漂移力，即由于地球自转而产生的一种离心作用。这一说法招致强烈的质疑。地球物理学家哈 · 杰弗里斯等人很早就指出大陆漂移似乎需要巨大的、几乎无法想象的动力，它远远超过魏格纳本人提出的潮汐力和极地漂移力。争论的焦点似乎可以用形象的语言加以描绘：“脆弱的陆地之舟，航行在坚硬的海床上。”这显然是不可能的。魏格纳自己也明白，大陆运动的起因这一难题的真正答案仍有待继续寻找。他在他的著作中写道：“大陆漂移理论中的牛顿还没有出现，承认漂移力这一难题的完整答案，可能需要很长时间才能找到。”

对魏格纳假说的反对，不仅因为其动力机制上的缺陷，也因为理论界存在着的顽固的“保守主义”。大陆漂移说认为，在陆地之间存在一种相对的横向运动，这在世人眼中是荒谬的“异端”。当时，几乎所有地质学家和地理学家都认定大陆是静止的，地表是固定不动的。接受大陆漂移说意味着要重修全部的教科书，不仅是地质学的，而且还包括古地理学、古气象学和地球物理学的教科书。还有一些人认定魏格纳只是一个气象学家，是一个门外汉，一个在古生物或地质学领域中没有做过任何实际工作的人，根本不考虑地质学的全部历史。

魏格纳的主要贡献是首次提出了大陆运动的思想，它在地球科学革命中的地位正如哥白尼的主要贡献——指出可以按照地球运动而非静止的观念构造一个新的宇宙体系——在天文学革命中的地位一样。魏格纳 100 年前提出的大陆漂移学被认为是与达尔文的生物进化论、爱因斯坦的相对论以及宇宙大爆炸理论和量子论并列的百年以来最伟大的科学进展之一。但这个驱动大陆漂移的动力源是什么？一直困扰着全世界的地质学家。由于大陆漂移说的革命性质，必须有比平常更为有力的证据才能使得这一理论获得科学家共同的支持。要使任何根本性的或彻底的变革为科学界所接受，要么必须有无懈可击或无可辩驳的证据，要么必须有超过一切现有理论的明显的优越性。显然，在 21 世纪 20 ～ 30 年代，魏格纳的理论尚不具备上述两个条件。事实上，直到 50 年代以后才找到了这种“无懈可击”的证据。

（2）海底扩张说

海底扩张说，是普林斯顿大学的哈里 · 赫斯于 1960 年首次提出来的。

赫斯 1906 年生于纽约，早年毕业于著名的耶鲁大学，毕业后从事地质勘测工作。1932 年获得普林斯顿大学哲学博士学位，二战前是普林斯顿大学的教师。1934 年，他应征入伍加入海军。1944 年，他成为“开普 · 约翰逊”号的舰长，这艘船主要用于太平洋上军人的运输。这艘船装有回音测深仪，通过向水下发送声波，来测量出海面到海底的距离，其军事目的是防止船只进入浅水区。但赫斯命令只要船只在行进，测深器就得打开，这样就可以形成连续的海底剖面图。他甚至因此取得了海底最深点——马里亚纳海沟的测深数据。当赫斯把这些航线上的数据加以分析整理时，一种奇特的海底构造引起了赫斯的注意：在大洋底部，有从海底拔起像火山锥一样的山体，它与一般山体明显不同的是没有山尖，这种海山顶部像是被一把快刀削过似的，非常之平坦。连续发现这种无头山，让赫斯感到大惑不解。战争结束之后，赫斯又回到他原来执教的普林斯顿大学工作。他把自己发现的无头海山命名为“盖约特”，以纪念自己尊敬的师长、瑞士地质学家 A. 盖约特。

后来的调查证实，海底平顶山曾是古代火山岛，与大洋火山有相同的形态、构造和物质成分。那么，既然是海底火山，为什么又没有头了呢？赫斯的解释是：新的火山岛，最初露出海面时，受到风浪的冲击。如果岛屿上的火山活动停息了，变成一座死火山，在风浪的袭击下被侵蚀，失去再生的能力，天长日久，火山岛终于遭到“砍头”之祸，成为略低于海面具有平坦顶面的平顶山了。

但赫斯的研究并没有到此为止。他发现，同样特征的海底平顶山，离洋中脊近的较为年轻，山顶离海面较近；离洋中脊远的，地质年代较久远，山顶离海面较远（深）。最初，人们对这种现象无法解释。到了 1960 年，赫斯大胆提出海底运动假说。他认为，洋底的一切运动过程，就像一块正在卷动的大地毯，从大裂谷的两边卷动（大裂谷是地毯上卷的地方，而深海沟则是下落到地球内部的地方）。地毯从一条大裂谷卷到一条深海沟的时间可能是 1.2 ～ 1.8 亿年。形象地说，托起海水的洋底像一条在地幔中不断循环的传送带。因为在地球的地幔中广泛存在着大规模的对流运动，上升流涌向地表，形成洋中脊。下降流在大洋的边缘造成巨大的海沟。洋壳在洋中脊处生成之后，向其两侧产生对称漂离，然后在海沟处消亡。在这里，陆地作为一个特殊的角色，被动地由海底传送带拖运着，因其密度较小，而不会潜入地幔。所以，陆地将永远停留在地球表面，构成了“不沉的地球史存储器”。1962 年，赫斯发表了他的著名的论文——《大洋盆地的历史》，首先提出了“海底扩张学说”。

“海底扩张学说”恰好可以解释当年魏格纳无法解释的大陆漂移理论。我们知道，地球是由地核、地幔、地壳组成的。地幔的厚度达 2900 千米，是由硅镁物质组成，占地球质量 68.1%。因为地幔温度很高，压力大，像沸腾的钢水，不断翻滚，产生对流，形成强大的动能。大陆则被动地在地幔对流体上移动。形象地说，当岩浆向上涌时，海底产生隆起是理所当然的，岩浆不停地向上涌升，自然会冲出海底，随后岩浆温度降低，压力减少，冷凝固结，铺在老的洋底上，变成新的洋壳。当然，这种地幔的涌升是不会就此停止的。在继之而来的地幔涌升力的驱动下，洋壳被撕裂，裂缝中又涌出新的岩浆，冷凝、固结、再为涌升流动所推动。这样反复不停地运动，新洋壳不断产生，把老洋壳向两侧推移出去，这就是海底扩张。在洋底扩张过程中，其边缘遇到大陆地壳时，扩张受阻碍，于是，洋壳向大陆地壳下面俯冲，重新钻入地幔之中，最终被地幔吸收。这样，大洋洋壳边缘出现很深的海沟，在强大的挤压力作用下，海沟向大陆一侧发生顶翘，形成岛弧，使岛弧和海沟形影相随。

海底扩张说的验证主要有以下两个方面：第一是 1963 年 F.J. 瓦因和 D.H. 马修斯用地磁场极性的周期性倒转的地磁反向周期特征，对印度洋卡尔斯伯格中脊和北大西洋中脊的洋底磁异常特征作了分析。洋中脊区的磁异常呈条带状，正负相间，平行于中脊的延伸方向，并以中脊为轴呈两侧对称，其顺序与地磁反向年表一致。这就证明了洋底是从洋中脊向外扩展而成，洋底磁异常条带因顺序相同而具全球可对比性。第二是 1965 年 J.T. 威尔逊提出的转换断层的概念，这就使岩石圈水平位移成为可能，也因此阐明了洋中脊的扩张新生洋壳和海沟带的洋壳俯冲消减的消长平衡关系，即扩张与消减速率相等。

海底扩张说的确立，使一度被人们冷落的大陆漂移说重新兴起，主张地壳存在大规模水平运动的活动论取得胜利，也为后来板块构造说的建立奠定了基础。但扩张说在扩张机理方面还存在有待解决的难题。

（3）板块构造说

板块构造学说是建立在大陆漂移说和海底扩张说的基础上的，完善了前两种学说的观点，是目前解释地球运动、地质构造等最为盛行的学说。它是 1968 年法国地质学家勒皮雄与麦肯齐、摩根等人提出的一种新的大陆漂移说。它的主要观点是。

① 地球岩石圈（地壳和上地幔上部软流层以上）不是整体一块，而是被一些构造带（海岭、海沟等）分割成六大板块（亚欧板块、非洲板块、美洲板块、太平洋板块、印度洋板块和南极洲板块），大板块又可分割成许多小板块（目前对板块划分的数目问题有不同说法，但海岭、海沟等作为板块界线并无疑义，不必刻意追求有多少个板块）。

② 板块在地幔上部软流层上漂移，处于不断运动变化之中。可以认为是固态物质在类似液态的物质之上漂移，较之大陆漂移说的硅铝层在硅镁层上漂移有说服力。

③ 板块内部稳定，边缘活跃。这个观点从地球上火山地震的分布得到了充分证据，所以用来解释地球上火山地震的分布。它认为，板块边缘是地球内能释放的主要集中地带，所以地球上的火山地震一般分布在板块的边缘地带。全球最主要的板块边缘带有两大地带，即环太平洋地带和地中海—喜马拉雅地带，故世界的火山地震多分布在这里。其中地震多分布在板块挤压地带，即消亡边界；在板块相对拉张的地带，即生长边界则火山分布相对

较多。如环太平洋地带主要为板块挤压碰撞地带，集中了全世界 80% 的浅源地震和几乎全部的中源和深源地震；大西洋中脊（海岭）则火山分布较多。至于地热资源，因为二者都是位于板块边缘，地球部热能易于顺着板块断裂或薄弱部位上升涌出，因而两种地区都较丰富。

④ 板块相对移动，形成地表基本面貌。板块相对挤压，形成高大的褶皱山系、深海沟、海岸山脉等，成为地形的骨架；相对拉张，形成裂谷、海洋。

可以说现代大地构造学说的发展历程是三部曲：大陆漂移说－海底扩张说－板块构造说。三个学说都是基于大陆漂移学说提出的“大陆块漂浮在较重的黏性大洋软流圈上”这一基本出发点，形象的比喻就好像很多轮船（大陆板块）漂浮在大洋上（大洋软流圈）。它们的关键不同点是大陆漂移说认为轮船能够自己行走，海水是不动的；而海底扩张说和板块构造说认为轮船是自己不会行走的，是依靠海水流动（动力源是地幔对流）带动轮船行走。

2. 海沟的构造

打开世界地图，一个奇怪的现象会映入人们的眼帘，在太平洋西侧，有一系列的群岛自北而南呈弧状排列着。它们是阿留申群岛、千岛群岛、日本群岛、台湾岛、菲律宾群岛、小笠原群岛、马里亚纳群岛等，人们送它们个雅号，叫作“岛弧”。岛弧像一串串珍珠，整齐地点缀在太平洋与它的边缘海之间，像一队队的哨兵，日夜守卫、警戒在亚洲大陆的周边。

无独有偶。与岛弧的这种有趣的排列相呼应的是，在岛弧的大洋一侧，几乎都有海沟伴生。诸如阿留申海沟、千岛海沟、日本海沟、琉球海沟、菲律宾海沟、马里亚纳海沟等，几乎一一对应，也形成一列弧形海沟。岛弧与海沟像是孪生姊妹，形影相随，不即不离；一岛一沟，显得奇特可贵。其他的大洋也有群岛与海沟伴生的现象，如大西洋的波多黎各群岛与波多黎各海沟等，在地质构造上也大同小异，不过没有太平洋西部这样集中，也不这么突出与典型罢了。如此有趣的安排，不是上帝的旨意，而是大自然的内在力量的体现。

海沟，正如字面意思那样，是海底的沟，海沟是海洋中最深的地方。但它却不在海洋的中心，而偏安于大洋的边缘。世界大洋约有 30 条海沟，其中主要的有 17 条。属于太平洋的就有 14 条，且多集中在西侧。

海沟呈细长形，它的剖面形状，像是一个英文字母“V”字，但两边不对称，靠大洋的一侧比较平缓，靠大陆的一侧比较陡峭。靠大洋的一边是玄武岩质的大洋壳，这里的地磁场成正负相间分布，清楚地记录着地磁场在地质史上的变化；在靠大陆的一边，则是大陆地壳，玄武岩被厚厚的花岗岩覆盖，没有地磁场条带异常表现。这说明沟底是大陆与大洋两种地壳的结合部。

一般的大洋海底最深处约为 6000 米，海沟的最深处则达 1.1 万米，是一般海底深度的 2 倍左右，这表明海沟确实有它特殊的地方。板块构造说认为，海沟是海洋侧的板块在沉入地球内部的地方。在大陆与大洋两种地壳碰撞时，大洋地壳的密度大、位置低，又背负着既厚又重的海水，实在抬不起头来，只好顺势俯冲下去，潜入大陆地壳的下方，同时也狠命地将陆地拱起，使陆壳抬升弯曲成岛。这就是海沟为什么多半与岛弧伴生的原因。岛弧一边得到大洋底壳的推力，就会不断升高，靠陆一侧的沟坡也必然变得陡峭，自然成了现在的面貌了。

海底一般都堆积着厚厚的沉积物，海沟沿陆地分布，所以积满了从大陆上带来的泥沙。但奇怪的是，一般的海底沉积物都在 1000 米左右，海沟处的沉积物却只有 100 米左右。更令人吃惊的是有的地方竟然完全没有沉积物。对于这种现象，目前有两种假说。

一种认为，海沟就像一个可怕的地狱，将一切沉积物都吸入了地下。也就是说，在海洋侧的板块沉入地下时将沉积物也一起带了进去。海洋侧的板块在下陷时不仅会将沉积物带走，还会磨损陆地侧的地壳并将其一起带入。这种海沟被称“侵蚀型海沟”。日本海沟是世界上最有名的侵蚀型海沟。另一种假说认为，海沟底部的沉积物在海洋侧板块移动时，由于挤压作用而成为地壳的一部分。在这时，不仅海沟底部的沉积物被挤压到陆地板块上，海洋侧的地壳也有一部分压到了大陆地壳上。这种海沟被称为“附着型海沟”。南海海沟便是世界上有名的附着型海沟。

海沟是多变、不稳定的地形，不停地反复附着和侵蚀陆地地壳的过程。当然这些变化都伴随着大规模的地壳变化运动。所以海沟不仅深邃无比，而且也是地球生命力的一个体现。

3. 海底的黑暗生物链

罗伯特·巴拉德是世界上最有名的海洋科学家之一。小时候，他就受《海底两万里》的影响，梦想成为像书中尼莫船长一样的水下探险家。1970 年，他从美国海军部服役结束后，留在伍兹霍尔海洋学中心，担任海洋工程方面的研究助理。1974 年他获得海洋地质学与地球物理学的博士学位。他参与了许许多多重大的海洋探险活动，包括在北大西洋寻找和勘测 20 世纪最有句的失事船只——RMS“泰坦尼克”号，发现“泰坦尼克”号是他一生中最为人所知的成就。但他对海洋学的贡献绝非仅此而已。20 世纪末海洋学的各项重大发现，几乎都有罗伯特的身影在其中。

罗伯也特最早对生活在海底热水口的奇怪生物进行研究的海洋科学家。1977 年，作为法－美中大洋海底研究工程项目活动之一，研究者在厄瓜多尔附近加拉帕戈斯群岛外的加拉帕戈斯峡谷进行勘查，目的是找到中洋脊上火山活动的第一手材料。另外，有研究者称这个区域中有温度极高的深海水，所以这次考察也计划找出其源头。罗伯特是这次探险活动的首席技术专家。

为了寻找他们所认为的产生离奇高温的热泉，1977 年 2 月，阿尔文号进行了潜水，当下潜到水下 2440 米的峡谷时，潜艇上的人员都感到周围的水温突然上升。而几乎就在同时，他们发现自己已经身处在奇异生物的包围之中，到处是紫色的海葵、像粉色蒲公英一样的球体、短尾小龙虾、白色的螃蟹以及巨大的蛤蜊和贻贝。像这样的深海绿洲之前从未被报道过。所以，尽管并没有生物学家随行，但潜艇上的科学家明白，当他们看到这些奇异生物时，一个伟大的生物学发现就已经完成。

科学家们轮流进行了一次又一次的潜水，并在有热水流出的海底裂缝周围发现了多个动物种群。这些裂隙中流出来的海水是如此之热，看起来就像炎炎夏日柏油路上的空气一样闪闪发光。除了螃蟹、贻贝这些在第一个热液口已经发现的生物体外，科学家们还在其他的热液口观测到一种巨大的蠕虫，这种蠕虫有白色的管状嘴，嘴中伸出几条柔软的、血红色的触角，这些触角高达 2.4 米。起初没有人知道如此多的生物是怎样获得足够的食物来维生的。生物学家只知道，所有的深海生物都直接或间接地依赖卷入深海的植物或浅层浮游动物的残骸。但要让这些“雪状物”维持热液口生物群的生命，似乎不太可能。

不过，科学家们很快就找到了解开这个生存之谜的线索——他们把在阿尔文号潜水中所捕获的生物体带回了海上，这些动物发出了很大的臭味，像鸡蛋腐烂的味道。经过检测发现，其中存在着氢化硫气体。而热液口流出的海水也有同样的臭味，证明这些海水中同样含有大量的氢化硫和其他氢化物。

对大多数生物体来说，氧化物是有毒的。但有几种细菌却可以将这些氧化物分解掉，这些细菌通常是在沼泽中发现的。1979 年，为了研究热液口生物，科学家们专门进行了一次潜水，并对这次潜水以及之前阿尔文号潜水所收集的热液口物种进行了检测和分析，结果表明，在热液口附近存在着大量的“食硫”微生物。科学家们因此断定，这些微生物为热液口的所有生命群落提供了食物。一些热液口动物以微生物为食，同时它们也成为另一些热液口动物的食物，而某些热液口动物，比如管虫，则是把微生物置于自己体内，并从中吸收养分。

在这个具有跨时代意义的发现后数十年，研究者在世界各地的深海热液口和冷液口（冷泉区）都发现了类似的奇异生物群落。在 2000 年 6 月出版的《美国科学家》中，有一篇文章将热液口生态系统的发现称作“近 200 年间海洋生物学最伟大的发现”。这些生物也是目前所知唯一不依赖太阳能的地球生物，对它们的研究，使海洋学家对地球生物的本质有了新的认识，也使他们开始重新思考外星球上生物存在的可能性。

因为深海海底是一个没有光的黑暗世界，所以这里生存的生物群落被人们称为“黑暗生物链”。

4. 生命起源于海底吗?

生命科学发展至今，虽然硕果累累，但关于生命起源的问题却一直是个“未解之谜”。

达尔文曾经猜想“生命最早很可能在一个热的小池子里面”起源的。依据这一猜想，20 世纪初有科学家提出生命起源于约 45 亿年前存在有机分子的“原始汤”的设想，这一理论虽然影响很大，但怀疑者认为其漏洞明显，存在着生物能量与热力学方面的缺陷。

20 世纪 70 年代，科学家在海底黑烟囱周围的热液区，发现有生命存在，从而为人类揭示生命起源的奥秘提供了新的视野。

所谓海底黑烟囱，是指在海底火山口附近，海水从地壳裂隙处渗入地下，遭遇炽热的火山熔岩后成为热液，热液又将周围岩层中的金、银、铜、锌、铅等金属溶入其中，再从地下喷出，当其与周围海水混合时因冷却而沉淀变为“黑烟”。天长日久这些沉淀物堆积起来，形成直立的柱状圆丘，即“黑烟囱”。世界上已知的最大的黑烟囱有 15 层楼那么高，被命名为“哥斯拉”（日本电影中著名的怪物，最终因自己的体重而崩溃，许多大型黑烟囱的最终命运也是如此）。黑烟囱周围的区域，温度高达 350℃ ~ 400℃，形成所谓的“海底热液区”。一直以来，人们认为像这样高温、高压、无光、无氧，只有无机物的地方，完全不可能有生命存在。但在海底热液区，科学家发现不仅有生命存在，而且还形成了完整的生物链。

科学家们对热液口生物群都非常感兴趣。后来的研究发现，生活在热液口附近的动物都间接地依赖一种细菌，这种细菌能将热水中溶解的硫化物转化为营养物质。研究者报道说，在刚刚喷发的海底火山附近，有大团大团的这种微生物从上面飘过，就像纷纷扬扬的雪花一样。

1994 年，来自华盛顿大学的约翰 · 巴洛斯等科学家证明，这种热液口生物根本不是细菌，或者更确切地说，它属于更为古老的生物纲，即所谓的古菌。早在 1977 年，生物学家卡尔 · 伍斯就对古菌进行了第一次描述。古菌是地球上最古老和最原始的生物种群。从起源上来看，古菌和普通细菌的差异要比植物和动物之间的差异更大。已知的许多古菌种类生活环境都极其恶劣，比如，极热（温度高达 235 ℉，即 113℃，比水在海平面的沸腾温度还要高）、没有氧气、富含氢化硫和其他硫化物，这种环境对其他生物是致命的，但这些古菌却可以茁壮成长。

很多科学家相信“黑烟囱”附近生物链的生存环境，与太古代时期类似，由此推测生命最初就是生活在这种超高温的、厌氧的环境中，早期的生命很可能就是嗜热微生物像深海古菌这样的生物。研究者认为，在地球形成早期，海底裂口和火山附近很可能有生命存在，因为一般认为，那些地方的火山活动比今天要频繁得多。同时，地球表面也不断受到闪电、彗星、流星雨的袭击，这些自然现象使年轻的地球伤痕累累，身处深海中的微生物则可以免受这些伤害。

5. *海底地图*

绘制地图是一份相对容易的工作，但如果是绘制海底地图呢？倘若能让所有的海水消失，绘制海底地图当然也是件容易的事，可惜人类做不到。

20 世纪 50、60 年代，在纽约哈得孙河附近的一幢公寓里，科学家绘制了第一幅世界海底地图，这个地图显示了在没有海水的情况下，海底所呈现的样子。它们是由布鲁斯 · 希森和玛丽 · 萨普负责的绘图小组完成的。这幅地图是那个时代最完整、最易懂的世界海洋地图。在地图绘制过程中，他们发现了地壳的新特征，从而完全改变了科学家对于地壳形成和消亡方式的理解。

到 20 世纪 50 年代初，希森及其他科学家已经收集了大西洋海底的大量数据。这些数据的获得途径主要有两种：回声定位（向海底发送声波并对回声的数据进行纪录）或地震绘图（从海面上向海底投射炸药，纪录爆炸的回声）。将这些数据转化为地图的人是玛丽 · 萨普。

传统的地底地图，一般是等高线地图，即标示不同地貌的高度。然而，在 20 世纪 50 年代的冷战中，美国政府声称，苏联潜艇可能会利用海底的等高线地图，所以他们将此类地图作为机密，禁止任何人制作和出版。

由于制作标准地图受阻，希森决定制作地形学地图。这种地图显示了如果将海水退去，从上方俯瞰海底时的情形。他以北大西洋西部为例，绘制了一幅简单的草图，然后让萨普继续完善这个理念。

当萨普把大西洋的地形地地图终于拼出来的时候，她注意到有些异常：大西洋中脊的北部看起来似乎是两列平行的山脉，二者中间隔着狭长的山谷，就像“大峡谷一样深，但却宽广得多”。这个峡谷让萨普想到了东非发现的大裂谷。当她在 1953 年把完成了的地图交给希森时，她向希森提议说：“大西洋中脊可能有一个峡谷。”不过，希森否定她的提议，说：“不可能。它看起来太像大陆漂移了。”希森后来向他人回忆道：“我轻蔑地把它看成了妇人之见，直到一年后才相信了它的存在。”

大陆漂移理论是德国地质学家、气象学家阿尔弗雷德 · 韦格纳在 1921 年提出的理论。韦格纳声称，地球的板块最初是一块巨大的大陆，他命名为“联合古陆”。2000 万年前，联合古陆已经开始分裂。而新的大洋，如大西洋，就在各个分离的板块之间形成。昔日超大陆的残余，即今天的大陆，仍然在地壳上缓慢地移动，就像液体岩石组成的海上漂移的冰山一样，而这些液体岩石正是组成地幔的成分。韦格纳预言，地壳大陆相互分离的地方，最容易出现深的裂缝或者峡谷。20 世纪 50 年代时，大多数地质学家都反对韦格纳的理论。他们反对的主要原因是韦格纳无法解释两点：第一是什么力量使大陆如他所描述的那样移动；第二是如果大陆挤压海底，怎样才能防止它们被破坏。

尽管希森否定了萨普的提议，但萨普却确信大西洋中部峡谷的存在。一年以后，萨普获得了一份支持她信念的证据。

当时，一个大通信公司的研究机构——贝尔实验室邀请希森追踪观测横跨大西洋的电话和电报光缆的中断，并将之与海地地震震中的数据进行比较分析。这个公司正计划架设新的海底电缆，因此它希望知道地震对电缆破坏的可能性有多大。希森将此任务中的地震绘制部分交给了一个研究生——霍华德 · 福斯特来完成，并嘱咐他在标注地震时所用的距离比例要与萨普的一致。福斯特的绘图工作台就在萨普的隔壁。有一天，萨普注意到，福斯特的地震图和自己的海底峡谷图惊人地相似。而且，由另一位同学所绘制的光缆中断图和前面的两幅图非常吻合。这些地图的重叠使希森最终相信，萨普是正确的，海底峡谷是确切存在的。

1955 年，通过对印度洋、红海、阿拉伯海、亚丁湾和东太平洋的考察，希森等人发现，所有海洋的海底山脉都纵向分布着由地震所造成的峡谷，而且，印度洋地震带与向东非延伸的峡谷相连接。萨普认为，这一切只能说明一个问题：“连续的山脉群及其中部峡谷应该是地球表面的一大特征。”希森认为，山脉中的峡谷是一种地球裂缝，即当火山运动把热的熔岩从深层地幔中挤压上来的时候，就形成了新地壳，这些地壳中的裂缝就是峡谷。他将这些峡谷称为“永远无法愈合的伤痕”。

这些“永远无法愈合的伤痕”证明，长期被否决的韦格纳的理论至少有一部分是正确的，这使其他的地质学家目瞪口呆。尽管地质学家们依然反对韦格纳理论的大部分，但此后却接受了这样一个理念，即一整个古大陆块。

6. 尼普顿计划

尼普顿是罗马神话中的海神。美国在 2015 年启动了探索海底的“尼普顿计划”，准备在靠近美国和加拿大太平洋沿岸的胡安德富卡海底板块处修建 5000 平方公里的海底研究基地，派遣一批水下机器人常驻基地，在海底进行科考。尼普顿计划的目标是要在构造板块上建立一个以光电网络为基础的海底观测站。利用因特网该计划项目将与许多用于海底、海底上空和海底地下实时四维实验的远距离交互式自然实验室连接。光纤网和电源网与整个水体锚系装置连接，尼普顿项目可以进行空间尺度为 500 公里 ×1000 公里海洋内部和海底地下各种过程的观测。尼普顿网络将为仪器提供充足电源，为与定点仪器和从岸上操纵的水下自动载体的交互作用提供实时数据高速传输带宽和双向指令控制能力。远距离交互式实验场将与陆基研究实验室和教室连接。

尼普顿计划将利用能迅速投放（数小时之内）的海底机器人，开展数年期连续的可控实验。机器人将用来监测、观测和记录地震或喷发事件，确立活跃洋中脊地质、物理、化学和生物过程之间各种关系的特殊性质和变化。在其他事件中，机器人将进行喷发期活火山最深部分排出的高温微生物的最佳采样。

洋壳内安装仪器的钻井可以作为研究地质构造、流体、热流和生物活动相关性实验室。尼普顿计划的连续动力、极大带宽和实时控制手段将能开展其他手段不易开展的交互实验，如逐个钻孔的泵吸和长期观测等。

尼普顿计划将研究板块辐合带流体和甲烷等气体因构造活动诱发的释放。甲烷由于其猜想的与增温历史事件的关系，在化学合成底栖生态系统中的作用及其天然所水合物中的资源蕴藏量，已引起社会极大关注。

崎岖的海岸地形、沿海区强降雨和狭窄的大陆架在强暴雨期间产生巨大泥沙通量，输入到邻近深海海底。尼普顿计划将能进行测量、采样和实验，获得目前知之不详的强暴雨交叉边缘通量特征认识。

尼普顿计划将建立长期数据序列，改善目前全球海表层和底层水过程的物理、化学和生物学模型。这些模型包括冬季暴风雪期间深渊表层水混合和通过物理和生物学耦合过程，从大气向海洋输送的能量和物质。

尼普顿计划的声学传感器将在渔业和鲸及其大型海洋哺乳动物洄游路线和觅食习性等详尽研究方面，进行开拓性工作。

尼普顿网络根据广泛的时空采样、测量和现场实验，将发展对地球表面约 60% 的很少研究过的深海群落生态学的功能性认识。

尼普顿计划由华盛顿大学尼普顿办公室进行管理。2000 ～ 2003 年进行详细规划和系统设计，2004 ～ 2007 年进行设备采购和安装，2006 ～ 2036 年投入使用。尼普顿计划完全建成并投入使用时，它实际上像是一艘通过时间而不是通过空间航行的巨轮。

海洋科学已来到新时代的门槛。人类正进入整个海洋环境，建立交互式网络，进行全球陆地与海洋系统重要现象自适应现场观测和实验。陆地、海洋和大气相互作用的复杂性要求采用新的研究模式，利用计算机科学、机器人、远程通信和电源与传感器工业的最新进展。这些重要的新传感器和机器人技术将逐步取代作为主要观测平台的船只，开展持续时序的海洋观测和实验。

7. 汤姆生与“挑战者”号

1871 年，法国作家儒勒 · 凡尔纳出版了他的科幻小说《海底两万里》，描绘了一个人类从未见过的深海世界。就在这部作品出版一年以后，苏格兰海洋学家查尔斯 · 怀韦尔 · 汤姆生，带领 6 位科学家和大约 260 名船员，乘坐一艘名为“HMS 挑战者”的小型英国海军战舰，开始了世界范围内第一次系统的远洋探险。

汤姆生出身于一个医生家庭，大学时先是进入医学系学习。由于身体健康问题最后他学习动物学、植物学、地质学等课程，并着迷于海洋生物学，尤其是深海中可能存在的生物。而在他那个时代，大多数科学家认为，在深海这么恶劣的生存条件下，没有生物可以存活，即深海中没有生物存在。曾经有一位英国科学家爱德华 · 福布斯，在 1842 年进行了一次爱琴海探险，他发现，打捞越深，打捞上来的样本中动物的数量越少。据此，福布斯断言，540 米以下的海洋是一个“不毛之地”，没有生命存在。

但是汤姆生却不那么认为，因为他曾见过挪威研究者至少从 540 米以下的深海中打捞上来的动物遗骸。在英国皇家协会副主席、伦敦大学生物学家威廉 · 卡彭特的帮助下，汤姆生成功说服英国海军部赞助他进行两次短期研究航行，以此检验福布斯的理论。在 1968 ～ 1969 年的几次航行中，汤姆生创纪录地从 4427 米深的海洋中打捞上来活的生物体。他在 1873 年所著的研究报告——《海洋的深度》一书中，具体描述了这两次探险，并将深海视作“自然主义者的希望之地，是唯一的保留区，且拥有能够让人跃跃欲试的非凡趣味和无尽的新鲜事物”。两次成功的航行探险，使皇家协会在 1869 年接受汤姆生成为会员，并使他在一年后成为他的母校——爱丁堡大学博物学方面的首席教授。

汤姆生的探险毕竟只在一个海洋的区域内进行，想了解海底还需要更多的信息。因此，同样在卡彭特的支持下，汤姆生再次向海军部提交了航海申请，想要通过全球航行获取海底的物理学、化学、地质学等更多方面的信息，了解在那里可能存在的生物状况。根据汤姆生的设想，这次航行会历时几年，需要大量的设备和资金。最后，他的计划得到了财政部和海军部的支持。

“挑战者”号经过改装，成为一艘专门用来对海洋进行科学调查和考察活动的海洋工程船舶，全长 68 米，排水量 2306 吨，靠风帆和蒸汽机推进。1872 年 12 月 21 日，由乔治 · 奈尔斯指挥、汤姆森亲自负责科学监督的“挑战者”号从英国的朴茨茅斯启程，经过 1606 天不间断的考察，713 天的海上航行，于 1876 年 5 月 24 日回到了汉普郡的斯彼特海德海峡。

在三年半的航行中，“挑战者”号调查了南北美、南非、澳大利亚、新西兰、中国香港、日本以及数百个大西洋和太平洋岛屿，定期向英国汇报探险和探索的最新情况。船只曾误入南极洲的冰山群。有 10 个人在探险中牺牲，包括德国博物学家鲁道夫死于传染病。有 61 个船员中途放弃。大部分人经历了从兴奋到厌倦的过程，包括科学家在内。一名亲历者后来说道：起先，当拖网打捞上船的时候，船上的人员无论年纪大小，只要当时能脱得开身，就都会围观去看看打捞上来的东西。渐渐地，随着新鲜事物的减少，人群也变得越来越小，直到最后只剩下科研人员，有时候也会有一两个值班的官员，默默地在打捞架上等待捞网的到来。同时，在世界各地的深海中不断发现同亲的单调乏味的动物，这甚至会让科研成员的热情多少有些下降。在有些情况下，当危机发生时，船员们甚至都无法全部到位，尤其是在吃饭过程中。对博物学家来说，深海打捞甚至可能是一件让人厌倦的事情。

在挑战者号长达127,584千米的旅行中，总共进行了492次深海探通、133次海底挖掘、151次开阔水面拖网以及263次连续的水温测定。除了数不清的观测笔记外，“挑战者”号共收集了563个箱子，其中包括2270个大玻璃瓶，1794个小玻璃瓶，1860个玻璃管以及176罐保留在蒸馏酒中的海洋标本，此外他们还有180罐风干的标本和22桶保存在盐水中的标本。这些调查获得的全部资料和样品，经76位科学家长达23年的整理分析和悉心研究，最后写出了50卷计2.95万页的调查报告。管理这次出版发行的海洋学家——约翰·默里把这次报告描述为“自15、16世纪的著名发现后，对我们星球的了解上最伟大的进步”。作为人类历史上首次综合性的海洋科学考察，这次考察活动第一次使用颠倒温度计测量了海洋深层水温及其季节变化；采集了大量海洋动植物标本和海水、海底底质样品，发现了715个新属及4717个海洋生物新种，验证了海水主要成分比值的恒定性原则，编制了第一幅世界大洋沉积物分布图；此外还测得了调查区域的地磁和水深情况。他们的成果极大地丰富了人们对海洋的认识，从而为海洋物理学、海洋化学、海洋生物学和海洋地质学的建立和发展奠定了基础。

8. 黄海浒苔绿潮起源与发生原因研究

2007年6月，在我国南黄海局部海域首次观察到大型绿藻形成的绿潮现象，但绿潮规模不大，影响区域较小，沿海地区共处理绿藻约6000吨。2008年，黄海海域再次爆发大面积绿潮，大量漂浮绿藻聚集在青岛沿岸一线，为消除绿潮威胁，青岛市政府组织了大量人力、物力进行绿潮的打捞和清除，清理绿藻上百万吨。此后，每年夏季绿潮都会在黄海出现，至今已连续9年，每年夏季，青岛市政府都要投入大量人力、物力，对进入青岛近海的绿藻进行收集、打捞和处理，但仍有大量绿藻在近岸堆积，对黄海沿岸地区景观、环境和养殖业构成了持续威胁。

黄海连年暴发漂浮浒苔绿潮，敲响了黄海近海生态环境恶化的警钟，说明沿岸人类的经济活动已让黄海生态环境脆弱不堪，浒苔剧增反映了黄海近海海域氨氮水平达到浒苔大量出现的条件，因为浒苔是海水富营养化的典型表现生物。

绿藻（学名浒苔）爆发之后，我国组织相关学者，开展了大量研究工作。2008年，针对大规律绿潮灾害问题，科技部立即启动了国家科技支撑计划应急项目“浒苔大规模暴发应急处置关键技术研究与应用”，针对绿潮成因、监控、处置和资源化利用等方面开展了研究。2010年，科技部立项资助973项目“我国近海藻华灾害演变机制与生态安全”，研究我国近海几类典型有害藻华现象的演变机制和危害效应，绿潮成因与早期发展过程是其中一项重要内容。在这一时期，山东省科技厅和青岛市科技局也组织相关团队，围绕绿潮问题进行了大量的调查和研究工作。

卫星数据显示，浒苔首先从江苏南部沿海区域漂起。研究团队出动了高分卫星，在太空遥感监测，发现情况后，则出动小渔船，到现场调查，验证了遥感分析结果。经过连续多年现场调查、模拟实验和检验，科研人员在绿潮来源、成因、危害、监控及处置利用等方面都取得了许多重要进展。

综合研究结果表明，黄海浒苔绿潮的暴发是一个集辐射沙洲特殊的自然地理环境、季节性的人类水产养殖活动以及浒苔生物因素于一体的事件，发生的本质原因是该区域的海水富营养化。南通如东海区紫菜筏架固着绿藻被人为清除并遗弃于浅滩为起因，浒苔的强漂浮能力和快速增长率是其形成绿潮的内因，黄海南部丰富营养盐、适宜温度和季风为浒苔生长和漂浮运移提供了适宜的环境条件。

这一认识锁定了黄海大规模绿潮的主要来源在苏北浅滩，苏北浅滩区的漂浮绿藻具有相对稳定的漂移通道。而到达黄海海域后，绿藻生物量快速增加，浒苔每天可生长 10% ~ 37%，按照这一生长速率，30 ~ 40 天后绿藻生物量可达数百至上千倍。这表明苏北浅滩是绿潮防控的第一道防线，在苏北浅滩区进行早期的集中打捞，将浒苔“消灭”后，就可以避免浒苔随洋流和风向等北上，可以显著减少后期青岛近海绿藻打捞投入的费用，具有事半功倍的效果。

这一研究结果也提示我们，在开发和利用滩涂的过程中，监控和处理动物水产系统产生的废水和重污染河道的河水，是有效地减少营养盐入海量是解决绿潮灾害的根本方法，需要有节制、健康合理的对海岸资源进行开发和利用。

这项研究是我国近海生态灾害中第一次查明起源与发生原因的生态灾害，对黄海绿潮预测预报和防治等具有重要意义，因而被评为“2015 年度中国海洋十大科技进展”之一。

第五讲　人对自然界的改造——技术

技术作为人对自然界的改造活动，以其鲜明的实践特征与科学相区别。技术的历史源远流长，自打制出第一件石器起，人类利用和改造自然的技术史就揭开了序幕。技术的历史几乎是与人类社会的产生同步开始的，可以说人类生产发展的历史也是一个技术的发展的历史。但在很长的时期里，技术并不被社会所重视。技术（technology）一词出自希腊文 techne（工艺、技能）与 1ogos（词、讲话）的组合，但在古希腊，技与术是分开的。希腊文中的 Techne 只是技艺，基本属于生产活动、体力活动的范围，是比较低级的，与脑力活动分离，并为那些哲学家、思想家等所轻视。这也是为什么在古希腊，思想是如此的生动活泼，而生产技术却处于低水平状态的原因。把“技”与“术”合在一起，成为“技术”，是近代才有的。但当它 17 世纪在英国首次出现时，意思是对造型艺术和应用技艺（Techne）进行论述（1ogos），与现在使用这个词的含义是不同的。我们今天意义上的“技术”概念，是在 17 世纪以后的资本主义社会中逐渐形成的。进入资本主义社会后，技术不但越来越具有社会性，而且越来越需要理性指导，这就使得主要作为思维活动方式的科学（中国称为“术”）与主要作为身体活动方式的技艺开始结合起来。不过，即便是引起西欧工业革命的蒸汽机技术的发明，一开始也是出于工匠和工程师的常识或实际经验，并没有从力学和热学等科学中得到多少实惠。19 世纪 50 年代德国染料合成工业的兴起，开辟了科学—技术—工业联姻的先河。1879 年 10 月 21 日，爱迪生在他创立的技术研究实验室中成功地进行了电照明实验，以科学为基础的现代技术至此产生。《不列颠百科全书》把这一日定为现代技术的诞生日。二战以后，科学和技术的关系变得愈来愈密切：科学需要技术支撑，技术需要科学垫底，形成所谓的“大科学”和“高技术”。

物质、能量和信息是人类文明的三大支柱。这三者的技术发展，推动了人类文明前进的步伐。从技术发展的历史来看，技术进步最早涉足的领域是物质材料领域。从石器时代到铜器时代、铁器时代，随着物质材料加工技术的不断提高，生产工具也不断进步，成就了古代灿烂的文明，古代中国也因高水平的冶铁技术而长期居于世界技术领先地位。近代技术发展的主导领域是在能源动力方面，西欧资本主义生产关系的出现极大地刺激了资本对科学技术的需求，欧洲掀起了蒸汽机技术和电力技术两次能源技术革命的狂澜，并带动了机器制造、金属冶炼、化学工业、交通运输等技术的全面发展，使机械化大工业得以确立，世界经济中心由东亚转移到西欧。20 世纪初，以物理学革命为代表的现代科学革命，带来了技术发展的革命性变化。在科学发展的推动下，20 世纪 40 年代和 70 年代出现了两次技术革命的高潮，以电子计算机技术为代表的信息技术成为主导和核心技术。人们把前一次高潮称为第三次技术革命，包括电子计算机技术、原子能技术和航空航天技术等技术群，把后一个高潮称为新技术革命，其中最令人瞩目的是被称为“三剑客”的信息技术、生物技术、纳米技术，这一高潮现在仍在延续着。

第一节　技术及其构成

一、什么是技术

1. 技术的涵义

一般认为，最早对近代意义上的“技术”概念进行明确解释的人是法国唯物主义哲学家狄德罗，他在其主编的《百科全书》中写道：所谓技术就是为了完成某种特定目标而协调动作的方法、手段和规则的完整体系。把技术看作是“完整体系”，这就已经初步突出了近代以来技术社会化和规模化发展的特征，与古代的技艺区别开来了。

现代的技术，由于它不仅仅与工具、机器及其使用方法和过程相联系，而且与科学、发明、自然、社会、人和历史紧密地联系起来，因此简单、直接的定义已无法反映技术的本质，对技术的定义就呈现出“诸子百家”的局面。正如美国的奥格伯恩所说：“技术像一座山峰，从不同的侧面观察，它的形象就不同。从一处看到的一小部分面貌，当换一个位置观看时，这种面貌就变得模糊起来，但另外一种印象仍然是清晰的。大家从不同的角度去观察，都有可能抓住它的部分本质内容，总还可以得到一幅较小的图面。”

虽然对技术可以从不同的角度去定义，但是总的来说，由于无论是在近代还是在现代，生产劳动技术一直是技术的主体，因此也是我们理解技术本质的基础。由于技术越来越扩散到社会生活的其他方面：军事、政治、文化、教育以及生活本身，特别是在处于人类第三次科技革命的今天，技术早已从生产领域中溢出，成为普遍的存在。这样，我们对技术的理解基本上可以从生产和社会两个角度去把握，形成狭义和广义两个层面的定义。

（1）狭义的技术定义。

狭义技术是从人能动地改造自然这一角度，也就是从生产劳动领域定义的技术，或者从工程学领域理解的技术。对技术的狭义理解，主要有四种观点。

① 方法技能说。技术一词的古希腊原意就是指经历熟练过程获得的经验、技能和技艺。方法技能说把技术理解为人的一种能力，是在原意的基础上加以沿用的。但这种观点忽视了技术中科学理论和物质手段的作用。

② 劳动手段说。持这种观点的认为技术就是生产过程中产生的劳动手段（如各种器具、工具、机械、装置等）或劳动手段的体系。这种观点，强调了技术的物质因素，但忽视了科学理论在技术因素中的地位，只看到技术的硬件而没有看到技术包含的软件因素。

③ 知识应用说。这一观点认为，技术是人们在生产性实践中对客观规律的有意识的应用。美国的布雷诺说：“有一种和科学完全不同的事业，那就是科学的应用——技术。”[①] 这

① 邹珊刚主编．技术与技术哲学[M]．北京：知识出版社，1987：235．

种观点看到了科学理论在技术发展中的重要作用，却忽视了技术本身的相对独立性。从技术的角度来说，技术可以来源于科学，也可以来源于另一种技术；从科学的角度来说，科学的应用并不只限于技术，不等同于技术。

④ 人类活动说。这一观点强调技术是人的一种活动，与其他的活动如科学、艺术、宗教和娱乐活动等相并列。这种把技术理解为一种活动，强调技术要付诸行动，是合理的、正确的。但是技术并不能简单地等同于“技术活动”，技术也以静态的技术成果方式存在。

（2）广义的技术定义。

在广义上，人们把一切研究方法、技能的有效活动都称之为技术活动。

例如德国技术哲学家卡普尔在他的《技术与社会》一书中把技术定义为：“在一切人类活动领域中通过理性得到的、具有绝对有效性的各种方法的整体。”法国学者埃吕尔说：“技术是合理、有效活动的总和，是秩序、模式和机制的总和。”①

按照这样的“有效性方法”来理解技术，确实看到了技术的灵魂是有效、高效，但如果把所有有效的人类活动都理解为技术，技术几乎可以把一切人们平时称之为“术”的东西，全部囊括进去。如计算之术、管理之术、医疗之术、人际交往之术、讲话艺术，甚至包括魔术、巫术。显然，定义显得过于宽泛。

广义的定义虽然很难下得恰如其分，但是其目的是要求人们不要把目光仅仅只盯在工程学的研究上，而忽视技术更广泛的问题和现实影响。广义性的定义指出了现代技术无所不包的性质，启发人们从更广泛的社会联系方面来考察和认识技术现象。

2. 技术的本质

尽管技术的多重性因素决定了给它下一个定义是很难的，我们仍需从本质上对技术进行把握。这其中，需要明确以下几点：一是技术的范畴，必须将技术限制在生产劳动范畴内；二是技术的目的，技术的目的是为了更有效、更合理地调节人与自然的关系；三是技术的两个基本方面：技术活动和技术成果。

基于上述理解，可以认为技术的本质是：人类在进行社会生产实践活动中，为了满足自身的需求，根据实践经验或科学原理所创造或发明的各种活动方式、手段和方法的总和。技术是人在生产过程中，为体现自己目的、使自然界人化的手段和方式，从属于劳动过程，是人对自然能动关系的实现方式，是人类社会需要与自然物质运动规律的结合。

3. 技术的特征

（1）技术的自然性和社会性。技术的自然属性表现为任何技术都必须符合自然规律，因为任何技术都是人利用和改造自然的中介环节，因此任何违反自然规律的技术都是不能实现的。技术是否符合自然规律，在很大程度上都是看其是否有严密的科学理论、科学体系作为基础和支撑。每一项重大的、影响深远的技术发明和技术进步，都离不开重大的科学发现和科学理论推动。

技术的社会属性则表现为技术的产生、发展和应用要受主体需要与社会条件的制约。

---

① 陈昌曙．技术哲学引论 [M]．北京：科学出版社，1999：95．

技术的产生是为了满足人们的需要，技术的发展和应用都离不开特定社会的经济、政治、科学、教育、文化乃至民族传统等社会条件。中国之所以在水稻杂交技术上居于世界领先地位，是迫于我国严峻的人口和粮食压力。八十年代在欧美兴起并不断扩大其影响的SST（技术的社会形成）理论曾对技术的社会属性作了这样的概括："我们的体制——我们的习惯、价值、组织、思想的风俗——都是强有力的力量，它们以独特的方式塑造了我们的技术。"这表明，技术虽然具有自然属性和自身发展的内在逻辑，但技术同时更具有社会属性，是社会的产物。

（2）技术的中立性与价值性。在技术有无价值问题上，存在着两种对立观点。

传统观念认为技术与价值无关。这种观点认为，技术只是手段，技术在伦理、政治、文化等方面是"价值中立"的，没有好坏、对错、善恶之分，即技术本身不包含任何价值判断。雅斯贝尔斯的观点就颇具代表性，他认为"技术仅是一种手段。本身并无善恶。一切取决于人从中造出什么，它为什么目的而服务于人，人将其置于什么条件之下。"

技术价值论或技术价值负载论倾向于从技术的社会属性出发去分析和考察技术，因而认为技术是负载着价值的而非中立的。因为创造、发明、利用技术的主体是人，而人是社会性的存在物，他的任何活动都是有目的的，人将其在生产生活中的各种目的注入技术中去，从而赋予技术以价值维度，使技术负载着价值。如中国古代长城的修建是为了防御和抵抗外敌的入侵；乙醇汽油的问世源于能源的日渐短缺和环境保护的需要；有关原子能、空间宇航、电子计算机以及激光等方面的高科技，首先是由于军事的需要而发展起来的……没有一定的社会需求，不可能有科学的发现和技术的发明。

这两种不同的观点是基于对技术基本属性的不同解读。技术中立论者只看到技术的自然属性，而技术价值论者强调的是技术的社会属性。两种属性都是内含于技术之中、不可分离的。因此，从技术的内在价值与现实价值的统一性上审视，技术最终是有价值负荷的。

（3）技术的物质性与精神性。技术不仅包括物质因素，如高能加速器、计算机等，而且包括精神因素，即知识、智力和信息等，从而构成了技术的物质性和精神性的统一整体。事实上，目前技术活动中软件的作用和效益已超过了硬件，以"柔弱胜刚强"的崭新姿态赢得了第一把交椅。

（4）技术的主体性与客体性。技术是主体要素和客体要素的统一。这不仅表现为在技术的建构过程中，既包含了主体的目的、知识、经验等要素，也包含着实在的客体性材料；还表现为在技术的运用过程中，主体对同一技术客体在使用时会因其知识背景和能力等不同而呈现出不同的结果。

（5）技术的累积性和跃迁性。技术的演进是一个由量变到质变的过程。古代的技术具有极为典型的累积性特点，经验和技巧的累积自然导致生产技术上的进步。近代和现代的技术发展，同样具有一个累积的过程。当技术发展的各种因素包括知识、经验、现实需求等累积到一定程度时，就可能产生新的技术。许多新技术的问世，其作用仅限于个别领域，不会引起技术的整体跃迁。但一些基础性根本性的技术突破，却会给人类带来全面的技术革命，使技术的发展进程出现跃迁。比如蒸汽机技术的发明带来了人类第一次科技革命，发电机和电动机技术的发明和使用导致了第二次科技革命，而原子能、高分子合成材料和空间技术的发明和广泛的应用则引发了全球第三次科技大革命。

4. 科学与技术的辩证关系

（1）科学与技术的相互联系。人类在使用这两个概念时，对两者关系的认识在不同时期是不相同的。从人类文明史以及人类进化史的角度来看，科学和技术在绝大多数时间里都是独立发展的——二者接近或结合的时间短得可怜，乃至几乎可以忽略不计。最初，人们更为关注的是科学，因为科学所表现的是人类理性发展水平，而技术仅是经验的累积。近代以后，技术包含了越来越多的科学因素，于是人们便将科学与技术联系起来，合称为科学技术。现代科学技术的发展越来越呈现出你中有我、我中有你、你离不开我、我离不开你的渗透关系。随着现代科学革命和技术革命的兴起，科学与技术越来越趋向一体化，许多新兴技术尤其是高技术的产生和发展，就直接来自现代科学的成就。科学是技术的升华，技术是科学的延伸。科学与技术的内在统一和协调发展已成了当今“大科学”的重要特征。

（2）科学与技术的区别。科学与技术有着本质的区别，即便科技已经一体化了，两者在根本上还是不同的。

① 两者的本质特征不同。这是科学与技术的最根本区别。

科学的本质特征是客观性。不管科学事业的建制多么复杂，科学认识活动多么曲折，科学的本质任务是按照世界的本来面目认识世界，客观性是科学最基本的特征。即使科学活动具有主体性，其终极目标服从于人类的需要，也不改变科学的客观性特征。

技术的本质特征却是主观性。技术在本质上是属人的，是为了满足人的需要的，因而具有主观性。即便是技术的构建和实现都需要服从客观规律，也不能改变技术是人主观意志指导下的实用性活动的特征。因为规律是多方面的、有层次区别的并且处于普遍关系之中的，而技术迄今为止都只是从这种普遍关系中选取或割取某一种规律来实现为技术，或用一种自然规律来抵抗整体的自然规律，比如用火箭来抵抗地心引力，用规模化种植来改变甚至打乱原有的生物多样性的自然生产力等，以达到人的目的。

② 两者的研究对象不同。科学所关注的主要是天然自然物，而技术所研究的对象是人工自然物。

③ 两者的活动性质和方向不同。科学活动是认识活动，其活动的路线是从实践到理论，从具体到抽象；技术活动是制造活动，其活动的路线是从理论到实践，从抽象到具体。

④ 两者的基本矛盾和思维方式不同。科学的基本矛盾是已知与未知、真理与谬误的矛盾，而技术的基本矛盾是利与弊、投入与产出、低效与高效的矛盾。由此决定了两者的思维方式也不同。科学思维是分辨是非、弄清真伪，技术思维是权衡利弊、趋利避害。

⑤ 两者的成果形式不同。科学的成果形式是新知识，技术的成果的形式是新产品。人们对其保护的方式也不同：对科学成果的保护形式是维护科学知识原创者的名誉（理论优先权），他人对新知识通常是可以无偿共享；对技术的保护形式则是维护技术原创者的经济利益（技术专利权），其扩散的形式是有偿使用或转让。

⑥ 两者的生产力属性不同。科学属于间接生产力，技术属于直接生产力。直接改造自

然的，不是科学而是技术。这种生产力的不同属性，使两者与市场的关系也不相同。科学的发展在一定程度上受到市场因素的影响，但并不按照市场规律进行的；技术发展的动力主要是市场的需要，技术活动是按照市场规律进行的，技术与市场的关系是直接的。

由于以上的种种区别，使得科学家与技术专家的素质也不相同。一般来说，科学研究者应具有好奇心、想象力、抽象能力和逻辑能力，而技术研究者的主要素质应是设计能力、组织能力、管理能力、经营能力以及经济头脑与市场意识。爱因斯坦和爱迪生都很伟大，但他们是两种不同的人。

二、技术的构成

1. 技术构成的基本要素

什么是技术的要素？在学术界和实践中，关于技术要素还有许多不同的看法，列举出来的要素多达十五六种，如材料、能源、信息、机器、工具、产品、控制、目的、工艺、科学、能力等。甚至有人把凡是影响到技术发展的种种因素，如政治、经济、文化、宗教等宏观因素，都纳入技术要素中来。这些看法恐怕欠妥。

技术要素可以理解为在任何技术中都具有的构成性因素。就此而论，像宗教这种宏观性因素，虽然在一定程度上会影响到技术的运用和发展，但它显然不是技术的构成性因素。材料、能源、信息等微观因素，也不能全都进入到技术要素系统中来。如材料，在生产过程中，既可以是劳动改造的对象，也可以通过加工成工具设备而转化为技术要素。同样，能源也不是独立的技术构成要素，能源通常与机器设备的使用联系在一起。所谓能源技术，并非指能源本身是一种技术，而是指以能源为研发对象的技术，对能源的开发、利用进行变革的技术。

独立的技术构成要素有三大类：经验形态的技术要素、实体形态的技术要素、知识形态的技术要素。

（1）经验形态的技术要素。这主要是指经验、技能等主观性的技术要素，是最基本的技术表现形态，是人们在长期的生产实践中体验到的。经验、技能在不同的历史时期其表现形式也不尽相同。比如，在古代，是以手工操作为基础的经验技能；在近代，是以机器操作为基础的经验技能；在现代，是以技术知识为基础的经验技能。

（2）实体形态的技术要素。这是指以生产工具为主要标志的客观性技术要素。美国技术哲学家米切姆认为实体技术也可以按照技术发展的不同历史时期分为：手工工具技术、机器装置技术、自控装置技术三种表现形式。

（3）知识形态的技术要素。这是指以技术知识为象征的主体化技术要素。技术知识有两种，一种是经验技术知识，一种是理论技术知识。前者是关于生产过程和操作方法规范化的描述或记载，后者是关于生产过程和操作方法的机制或规律性阐述。

三大类的划分也并非完全合理。因为经验形态的技术与知识形态的技术是可以合并的，两者都是知识，前者属于感性的知识，后者属于理性的知识。所以，也有人把技术的构成要素分为两类：硬件方面（即实体形态的技术要素）和软件方面（即知识形态的技术要素）。

2. 技术的分类

从广义的技术的角度去看，我们首先可以把技术分为自然技术、社会技术、人类自身的技术。传统上一直只有前两类，把人类自身的技术比如医疗技术，归为自然技术。换句话说，给人治疗与给动物治疗是同样的，都是依据其自然生理特点和规律。然而，我们今天越来越能感觉到人与动物的区别。人类的疾病通常不只具有生理上的属性，还具有心理、社会属性。给人治病，不仅要考虑其生理上的情况，也要考虑其人格尊严与社会需要。所以，把人类自身的技术另立一类更为合理。

从狭义的技术的角度去看，技术仅限于劳动生产的范畴，只局限于调整人与自然的关系。这种意义上的技术主要是指自然技术。对自然技术的分类，同样会因标准不同而不同。

（1）依照技术与科学之间的关系进行分类。根据自然科学包括基础科学、技术科学和应用科学三个层次，相应地可以把技术可以分为实验技术、专业技术和工程技术三个层次。

实验技术是根据一定科学理论和科研目的，通过实验设计，在人为条件下利用科学仪器和设备，控制或模拟自然现象的技能和方法集合。实验技术主要是为科学服务的，是基础科学赖以产生和发展的必要条件，也是检验科学理论的重要手段。

专业技术是把技术科学不同专业的理论应用于不同对象的研究和开发所产生的不同类型的专业技术，是各专门领域通用技术的统称。比如把激光科学应用于激光的研究和开发，产生了激光技术；把纳米科学应用于纳米材料的研究和开发，形成了纳米技术。专业技术因技术科学门类众多而呈现多样性，如计算机技术、能源技术、材料技术、原子能技术、空间技术、海洋技术等。

工程技术是指与应用科学相对应的关于各种产业部门技术的总称。其功能在于把技术原理和一定物质手段相结合，将天然自然改造为人工自然。工程技术包括植物栽培技术、动物饲养技术、捕获技术、人类保健技术以及采掘技术、材料技术、机械技术、建筑技术、交通技术、通信技术、动力技术等。

（2）依照物质的基本运动形式进行分类。恩格斯在 19 世纪根据当时科学发展的成果，把自然界物质的基本运动形式分为机械运动、物理运动、化学运动和生物运动。相应地，就用四种自然技术：机械技术、物理技术、化学技术和生物技术。

机械技术主要是创造人工机械运动过程，用于改变自然界机构运动状态和自然界形状。

物理技术主要是建立人工物理过程，用于改变自然物质的物理性质。

化学技术主要是建立人工化学过程，用于改变自然物的物质成分与结构。

生物技术主要是人工介入生物运动过程，改变生命活动的过程和性质。

三、技术的体系

1. 技术的体系的概念

从系统论的角度理解，技术体系应是一个由相互关联的多种技术构成的系统。

各种技术要素以何种关系联结成为一个体系与两个因素有关：一个是构成技术体系的各种技术要素在自然属性方面的联系，一个是社会条件对技术要素的选择。某些技术要素从自然属性方面来看，应该加入某一技术体系中去，但如果当时的社会条件、经济能力不足以支持，那么它可能会暂时不加入这一技术体系中去。

所以，我们可以这样定义技术体系：技术体系是各项技术要素依据自然规律和社会条件，以一定的方式相互联结而组成的系统。

2. 技术体系的内在联系

任何一种技术体系的构成，都有两个量度。一是技术要素之间在自然属性方面的联系，二是技术要素与社会条件的联系。

技术要素在自然属性方面必定存在着有机的联系，构成一个辩证统一的技术系统。比如，水力发电技术体系，从自然规律方面来看，是一个将水的势能转变为电能的技术运行过程，必然包括水坝建筑、水轮装置、发电设备三方面的技术要素。节水灌溉技术体系需要涉及灌溉用水从水源到田间，再到被作物吸收、形成产量等环节，因而包括了水资源优化调配技术、输配水技术、田间灌水技术和生物节水技术等技术要素。

但是，技术要素之间并非只存在自然联系，技术体系的构建必定要受社会因素的制约，因为技术运行的最终目的是产生良好的经济效益。如果一种技术虽然有效，但经济成本过高，便可能会被放弃；或者虽然有很高的经济价值，但如果不能适合具体国情，或与某一国家、民族、地区的风俗习惯、宗教信仰等相冲突，都可能被弃置不用。

例如，在农业节水的田间灌水技术中，虽然微灌技术（微喷和滴灌）的节水效果非常显著，在灌水的同时还可兼施肥，但因其成本较高且易于堵塞，所以在经济较落后的地方及水源不佳的地方，微灌技术就不被考虑。

此外，还必须考虑技术的实际应用者的能力与素质。一整套具有先进水平的技术，如果使用者的文化科学水平很低，那么技术再完美，配备再合理，也无法使其发挥应有的作用，造成技术、设备的闲置与浪费。所以，我们在引进先进技术的同时，就必须同步做好相关人员的技术培训。

3. 技术体系的演化变迁

虽然技术体系作为一个系统，其存在具有稳定性，但这种稳定性是相对的而不是绝对的。一方面，从技术体系的自然属性方面看，随着科学的进步，不断会有新技术产生并取代原有技术而导致相关技术要素的改变，尤其是当出现新的原理性变化时；另一方面，社会条件的改变和社会发展的需要，也会对技术要素做出新的选择，并提出技术变革的强烈要求。所以技术体系的变迁是客观存在的。

日本技术学家星野芳郎通过对人类技术史的考察，提出近代技术史上出现的三次技术体系更迭：第一技术体系：形成与 18 世纪末到 19 世纪末，蒸汽动力技术是主导技术，从而使人类进入蒸汽动力时代；第二技术体系：建立于 19 世纪下半叶到 20 世纪上半叶，主导技术是电力和内燃机技术；第三技术体系：开始于 20 世纪 40 年代，微电子技术处于核心的主导技术地位。

第三技术体系即为当代技术体系。当代技术虽然体现在诸多领域，如信息技术、生物技术、新材料技术、新能源技术、海洋技术、航天技术等，但各类技术的主题都是综合性的自动控制，比如原子能的控制必须依靠电子计算机等相关的自动控制技术才能完成，航天技术中对于飞行器的控制显然也只能依靠自动控制技术，而不可能仅凭人脑计算与机械操控。而要实现自动控制，必然要求信息化，所以信息技术是当代技术的核心和先导。

信息技术是指利用电子计算机和现代通信手段实现获取信息、传递信息、存储信息、处理信息、显示信息、分配信息等的相关技术。可见，信息技术是一个技术群，主要包括四部分：计算机技术、微电子技术、传感技术、通信技术。正因如此，当代技术体系被称为“微电子技术”。

第二节　技术创新及其动力

作为人对自然改造的活动，技术的进步不断推动着社会经济的增长，促进社会的发展和文明的进步的。技术对经济与社会发展的影响越来越大。从世界经济发展史来看，几次经济快速发展阶段，均与新技术的引入密切相关。技术创新成为经济发展最强劲的动力。

一、技术创新及其特征

1. 创新概念

创新概念，首先是由美籍奥地利经济学家熊彼特在1912年德文版的《经济发展理论》一书中提出的。在熊彼特看来，所谓创新，就是把一种从来没有过的关于生产要素和生产条件的“新组合”引入生产体系中来，建立一种新的生产函数。这种新组合包括以下内容：引入新产品；采用新技术；开辟新市场；开拓并利用原材料新的供应来源；实现工业的新组织。由此可见，创新并非是一个单纯的技术范畴，而是一个经济范畴，其直接目的是获取潜在的利润，并因此推动经济增长。

熊彼特的创新概念和理论，直到二战以后，才受到经济学家的高度重视，创新研究成了经济学研究中的一个重要领域，创新概念和理论也得到了很大的拓展，逐渐从狭义走向广义。

狭义的创新即将创新等同于技术创新。把创新理解为通过技术变革产生出新产品或服务的行为，因而把企业家和企业看作是创新的唯一主体。

广义的创新，认为创新不仅是技术方面的，还包括制度、组织等多个方面。德鲁克就认为“创新并非必须在技术方面。”

2. 什么是技术创新

技术创新是创新的一种。结合熊彼特的创新理论，可以看到，技术创新有三个基本点。

（1）技术创新是以技术及其相关活动为手段的创新。

（2）技术创新以市场实现程度和获得商业利益作为检验成功与否的标准。

（3）技术创新是一个从新技术的研究开发到首次商业化应用的系统工程，其活动主体不是科技人员，而是企业和企业家。

所以，技术创新是以市场为导向，以提高经济效益为目标，经过技术的获取、工程化，直到商业化应用，最终实现市场利润的一系列活动的总和。

3. 技术创新的基本特征

（1）创新的创造性。没有创造性就不是创新。这种创造性不仅是新技术（产品或工艺）的开发，也包括为了将这种新技术转化为现实生产力而必须进行的观念文化、组织管理、体制制度等方面的创造。

（2）创新的效益性。效益当然包括经济效益、社会效益、生态效益等，是综合性的。但技术创新的直接目标是获得经济效益，因为技术创新的主体是企业，而企业是以盈利为目标的。所以即使伴有其他的社会、生态效益，也必然首先是为了经济效益。比如从事生态环境治理的企业进行了一项垃圾焚烧技术的创新活动，虽然从整体上有益于生态环境的保护，但企业首要目的是利用这种技术的独占性来获得高额利润。不要必然地认为技术创新一定是既有经济效益又有社会和生态效益，经济效益是一定要有的，但社会效益和生态效益则很难确定。

（3）创新的不确定性（风险性）。技术创新在研究开发、试生产和产品走向市场的过程中都具有很高的不确定性。在研究开发过程中，一种新方案往往要经过成百上千次的试验、探索，才能成功，失败是常见的事；在试生产过程中，有些实验室成功的成果往往不能通过小试、中试；历经数次规模逐渐放大的试验，最终宣告失败也是常事；在产品走向市场的过程中，一个新产品从立项到最终成功，市场有可能会发生很大的变化，包括竞争者先于自己而将新产品投入市场，或是人们的消费观念发生变化，这既可能使新产品一旦开发成功就被市场淘汰，也可能会有意想不到的市场成功。

（4）创新的市场性。创新是一种经济活动，其行为与市场是息息相关的。创新的出发点是根据市场竞争的需要，创新是否成功要以市场实现程度作为检验的最终标准，技术创新活动必须围绕着市场目标而进行。创新绝不仅仅是知识的发现，纯粹的技术突破而没有市场的技术不属于创新。

（5）创新的系统性（综合性）。技术创新是科学技术与经济相结合的综合性活动。技术创新的实现，是技术开发与技术应用、技术因素与非技术因素、企业内部因素与企业外部因素等诸多要素的有机整合。技术创新的实现既需要企业内部各个部门的密切配合，也需要依赖与外部环境的密切配合，包括经济、政治、与创新相关的其他产业的技术水平等。

二、技术创新的类型

关于技术创新的类型，从不同的侧面可作不同分类。根据创新的对象不同，可以将创新划分为产品创新和工艺创新；根据创新的重要程度，可分为渐进创新和激进创新；根据不同创新主体之间的关系和创新源，可分为自主创新、模仿创新和合作创新。

1. 产品创新和工艺创新

产品创新指的是技术上有变化的产品（或服务）的商业化。这种产品，可以是全新的，如世界上首次出现的蒸汽机、汽车、飞机、计算机、因特网等，也可以是对已有产品或服务的改进或更新换代。例如，Windows 操作系统从当初的 Windows3.0 经过 Windows95、Windows98、Windows2000、Windows XP 进入到 Vista、Windows7、Windows10 版本。

工艺创新是指产品（或服务）的新的生产技术、工艺流程或生产方法的采用。工艺创新，可以是全新的，也可以是对现有工艺的改进。

2. 渐进创新和激进创新

（1）渐进创新。渐进创新是指一种渐进的、连续不断地进行的小创新，相当于技术革新。渐进创新的不断累积和集成，会导致巨大的经济价值。以美国福特 T 型轿车为例。T 型轿车问世后，进行了无数次的工艺改进，一方面通过焊接、铸造、装配技术的不断改进及替代材料的使用来降低生产成本；另一方面通过改进产品设计来提高汽车的性能和可靠性，使其具有更大的市场吸引力。究竟进行了多少次技术改进，连福特本人都不清楚，但结果是 T 型轿车的生产效率不断提高、生产成本不断降低、市场占有率不断提高，福特公司以更低的价格获得了更多的利润。

（2）激进创新。激进创新是指那些在技术原理和观念上都有重大突破和转变的创新。激进创新往往需要投入大量的资金，经历很长的时间，所以一般都是有组织的研发活动的产物。激进创新由于是在技术原理上的突破，因而会带来产品创新、过程创新、组织创新等连锁反应，甚至引起整个产业结构的变化。

以合成尼龙为例。1928 年，杜邦公司实施一项“开创杜邦技术”的基础研究计划，并从哈佛大学挖来了化学家卡罗瑟斯落实这一计划。卡罗瑟斯在实验室进行高分子化合物的基础性研究。在实验过程中，他发现在反应器中的聚酯能抽出纤维丝来，并预感到这种纤维丝有重大的应用价值。卡罗瑟斯在后来的实验中，获得了几百种聚酰胺，它们能拉制出在强度、韧性、弹性和耐水性等方面都很好的丝线，卡罗瑟斯称其为尼龙。1937 年春，卡罗瑟斯完成了对尼龙的 66 项研究，同年注册了尼龙 66 的专利。在尼龙 66 发明出来以后，杜邦公司总经理从公司各个部门调集了 230 个化学家和工程技术人员，进行原料的工业开发、生产设备的研制、中间实验等大量工作，并展开大规模的广告攻势。1939 年，杜邦公司开始大规模生产尼龙。1940 年，杜邦公司首次向市场投放了 400 万双尼龙袜，4 天内就销售一空，全年共销售了 6400 万双。从计划开始到产品投放市场并获得成功，杜邦公司历时 11 年，投资 2200 万美元。第二次世界大战后尼龙制品发展非常迅速，尼龙的各种产品从丝袜、服饰到地毯、渔网等，以难以计数的方式出现，改变了人们的生活面貌。合成尼龙的出现，也带动了其他合成材料的研制，出现了合成橡胶、聚乙烯等产品，使人类进入了合成材料的时代。

3. 自主创新、模仿创新与合作创新

（1）自主创新。自主创新模式是指创新主体以自身的研究开发为基础，实现科技成果的商品化、产业化和国际化，获取商业利益的创新活动。自主创新具有率先性，通常率先者只能有一家，其他都只能是跟随者。自主创新所需的核心技术来源于企业内部的技术累积和突破，如美国英特尔公司的计算机微处理器、我国北大方正的中文电子出版系统等就是典型的例子，这是它区别于其他创新模式的本质特点。

自主创新作为率先创新，具有一系列优点：一是有利于创新主体在一定时期内掌握和控制某项产品或工艺的核心技术，在一定程度上左右行业的发展，从而赢得竞争优势；二是一些技术领域的自主创新往往能引致一系列的技术创新，带动一批新产品的诞生，推动新兴产业的发展。如美国杜邦公司通过在人造橡胶、化学纤维、塑料三大合成材料领域的自主创新，牢牢控制了世界化工原料市场；三是有利于创新企业更早积累生产技术和管理经验，获得产品成本和质量控制方面的经验；四是自主创新产品初期都处于完全独占性垄断地位，有利于企业较早建立原料供应网络和牢固的销售渠道，获得超额利润。

自主创新模式也有自身的缺点：一是需要巨额的投入。不仅要投巨资于研究与开发，还必须拥有实力雄厚的研发队伍，具备一流的研发水平，如微软公司一年的研发投入就相当于我国一年的科技经费；二是高风险性。自主研发的成功率相当低，在美国基础性研究的成功率仅为5%，在应用研究中有50%能获得技术上的成功，30%能获得商业上的成功，只有12%能给企业带来利润；三是时间长，不确定性大；四是市场开发难度大、资金投入多、时滞性强，市场开发投入收益较易被跟随者无偿占有；五是自主创新成果有可能面临被侵犯的危险，搭便车现象难以避免。因此，自主创新模式主要适用于少数实力超群的大型跨国公司。

（2）模仿创新。模仿创新模式是指创新主体通过学习模仿率先创新者的方法，引进、购买或破译率先创新者的核心技术和技术秘密，并以其为基础进行改进的做法。模仿创新是各国企业普遍采用的创新行为，而日本是模仿创新最成功的典范。日本人花钱把国外的先进技术一股脑地买来，（这种做法他们称为买青苗），通过吸收、消化、综合、创新，变成自己的高招，然后以崭新的产品返销国外，依靠模仿创新取得了巨大成功。例如举世闻名的本田公司的摩托车，是对世界上500多种摩托车综合而成；松下电器公司的电视机著称于世，可它却是引进了400多项技术的综合产品。纵观世界各国，当今市场领袖大多并非原来的率先创新者，而更多的恰恰是模仿创新者。

模仿创新并非简单抄袭，而是站在他人肩膀上，投入一定研发资源，进行进一步的完善和开发，特别是工艺和市场化研究开发。模仿创新往往具有低投入、低风险、市场适应性强的特点，其在产品成本和性能上也具有更强的市场竞争力，成功率更高，耗时更短。

模仿创新模式的主要缺点是被动性。由于在技术开发方面缺乏超前性，当新的自主创新高潮到来时，就会处于非常不利的境地，如日本企业在信息技术革命中就处于从属的地位。另外，模仿创新往往还会受到率先创新者技术壁垒、市场壁垒的制约，有时还面临法律、制度方面的障碍，如专利保护制度就被率先创新者利用作为阻碍模仿创新的手段。

（3）合作创新。合作创新模式是指企业间或企业与科研机构、高等院校之间联合开展创新的做法。合作创新一般集中在新兴技术和高技术领域，以合作进行研究开发为主。由于全球技术创新的加快和技术竞争的日趋激烈，企业技术问题的复杂性、综合性和系统性日益突出，依靠单个企业的力量越来越困难。因此，利用外部力量和创新资源，实现优势互补、成果共享，已成为技术创新日益重要的趋势。合作创新主要有行业合作与区域合作。

合作创新有利于优化创新资源的组合、缩短创新周期、分摊创新成本、分散创新风险。合作创新模式的局限性在于企业不能独占创新成果，获取绝对垄断优势。

三、技术创新的动力

技术创新的动力是什么？针对科学技术、社会需求与创新之间的关系，人们有着不同的认识，并形成了不同的技术创新模型。

1. 科技推动的创新模型

科技推动模型是指技术创新是由于科学技术的推动而导致的，是一个从基础研究，经过应用研究、开发到生产和销售的线性过程。如图 5−1 所示。

图 5−1　科学技术推动创新的线性模型

这一模型强调科学研究和技术发明是推进技术创新的主要动力。科学研究工作者往往不考虑知识生产是否具有经济需求。企业家和企业则从科研工作者那里接手科技知识，开发科技知识的商业潜力，将之转化为新产品或新工艺，推向市场。

X 射线的创新就是科技推动型的一个典型例子。德国化学家伦琴 1895 年在他的实验室里发现了 X 射线，但他执意拒绝为他的发现申请专利，从而使之能够更广泛地为人类大众造福。X 射线的商业价值很快被德国西门子公司、美国通用电气公司等企业所认识，它们研制出新型 X 射线管和 X 射线仪，在医疗中获得广泛应用。

关于科学和工业之间的这种拉引关系，美国一位经济学家施莫克勒进行了深入研究，广泛地考察了美国在过去 150 年中众多产业的发展，得出的结论认为“人们通常认为，科学发现和重大的发明能够为新的发明提供刺激，但是考察石油精炼、造纸、铁路和农业等产业中的若干重大发明的历史，没有任何一个例子能确凿地表明，科学发现或发明起到了人们所想象的作用。相反，有成百上千的例子表明，刺激发明的是认识到了一个高成本的问题需要解决，或者发现了一个潜在的赢利机会需要把握。”[①] 施莫克勒并没有断然否定科学对技术的拉动作用，但他充分论证了“需求拉引”的重要性，首创需求拉引模型。

① M.Bridgstock 等．科学技术与社会导论 [M]．刘立等译．北京：清华大学出版社，2005：236．

2. 需求拉引的创新模型

需求拉引模型是指技术创新是由市场需求拉引而导致的，为了满足市场需求得到赢利机会，企业才去进行研究开发，进行技术创新。其过程如图 5–2 所示。

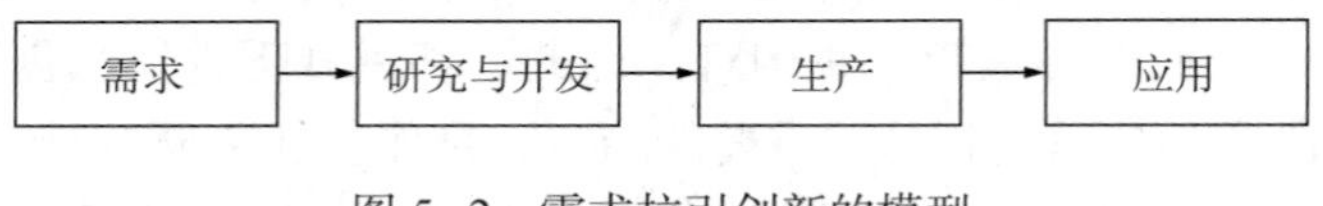

图 5–2 需求拉引创新的模型

需求拉引创新模型强调技术创新源于市场需求，需求是技术创新的主要动力。社会需求包括来自经济、军事、政府、企业等各个方面。施莫克勒的观点也得到了在美国国家科学基金会研究的两位专家迈尔斯和马奎斯的进一步支持。他们考察了美国 5 个产业中的 567 项创新，发现其中 3/4 的创新是由市场需求或生产需求拉引的，只有 1/5 的创新是以技术本身的发展为来源的。

但是，1979 年美国经济史专家罗森伯格对极端的需求拉引创新观提出了尖锐的批评。他认为，在某些情况下，所谓产业需求能够导致结果是不可想象的 ：“在 1800 年，无论对发明活动投入多大的资金，都不能导致现代的、大范围的抗生药物 ；另外，在那时，无论投入多大的资金，都不能制造出能够环绕地球飞行的人造卫星。”① 罗森伯格及其同事得出的结论是科学推动和需求拉引在产业创新中都起作用。

3. 双力驱动的创新模型

罗森伯格认为，创新活动由需求和技术共同决定，需求决定了创新的报酬，技术决定了成功的可能性及成本。这一观点被称为双力驱动创新模型。

历史上的创新案例几乎都支持这一观点。如核能的出现来自核物理研究与军事上对大规模杀伤性武器以及民用能源市场的需求 ；合成染料工业中的产品创新如合成靛蓝，是有机合成化学发展与纺织工业对染料需求的结合。尽管在创新中，两者的作用并非同等重要，有时是需求拉引力胜过科技推动力，有时则为科技推动力大于需求拉引力，但都是不可缺少的。

相反，需求不足或缺乏科技推动，都会导致创新的失败。需求不足而导致创新失败的典型案例如美国的铱星移动通信系统的。铱星移动通信系统是美国于 1987 年提出的第一代卫星移动通信星座系统，其最大的技术特点是通过卫星与卫星之间的接力来实现全球通信，使地球上人迹罕至的不毛之地、通信落后的边远地区、自然灾害现场的通信都能变得畅通无阻。1991 年，摩托罗拉公司正式决定建立由 77 颗低轨道卫星（其中 6 颗为备用）组成的移动通信网络，并以在元素周期表上排第 77 位的金属“铱”命名。1997 年，铱系统投入商业运营，开创了全球个人通信的新时代，被认为是现代通信的一个里程碑。铱卫星移动电话是唯一在地球表面任何地方都能拨打电话的公众移动通信工具。然而，如此高的“科技含量”却好景不长，价格不菲的“铱星”通讯（我国国内每分钟通话费为 14 元）在市场上遭到了冷遇，用户最多时才 5.5 万，而据估算它必须

① M.Bridgstock 等．科学技术与社会导论 [M]．刘立等译．北京：清华大学出版社，2005：237．

发展到50万用户才能赢利。2000年3月18日，铱星背负40多亿美元债务正式破产。但铱星系统技术上的先进性直至目前在卫星通信系统中仍处于领先地位。

而某些产品虽然市场需求强劲，却因缺乏技术支持而无法成功地实现创新。如全球市场都对治疗艾滋病、癌症等疾病的药物存在巨大需求，但由于相关的医学和生命科技研究尚不成熟，所以有效的药物创新尚未问世。

第三节　技术的价值

一、技术价值的两重性

技术在本质上是人类生存与发展的一种方式，它从诞生之初，就体现出保障和促进人类生存和发展的价值。取火技术的发明，使人类能抵御寒冷、驱除黑暗，并因为熟食的食用而改善了营养、提高了智慧；农耕技术的发明，使人类开始有了相对稳定的衣食来源，并进而带动产品交换、不同社会组织的出现，由此，自然人开始演变成社会人；蒸汽机、纺织机等机械的发明与改良，拉开了工业社会的序幕；电动机的发明，电力的使用，又将人类带入电气化时代。而肇始于20世纪后期、至今仍方兴未艾的信息技术，不仅将人类带入信息社会，而且还推进了经济全球化和知识化的进程。

然而，技术给人类所带来的影响并非总是积极的，其消极作用始终存在，技术是一把“双刃剑”。“双刃剑”的说法来自控制论的创始人维纳对于工业革命的评价。维纳在论述通过新技术实现的新工业革命时指出：“新工业革命是一把双刃剑，它可以用来为人类造福，但是，仅当人类生存的时间足够长时，我们才有可能进入这个为人类造福的时期。新工业革命也可以毁灭人类，如果我们不去理智地利用它，它就有可能很快地发展到这个地步的。”[①] 这个比喻指技术既有积极的正面作用，也有消极的负面作用。“双刃剑”之说表明，人类任何一项现实的技术，都具有多种因素和多方面的属性，其对人类的影响有正面的积极作用，也有负面的消极作用。在过去的一个世纪当中，技术的应用愈益广泛，关于技术的负面效应的报道和讨论也愈来愈多，技术的双刃剑效应正在引起人们愈来愈广泛而深切的关注。

二、技术的积极作用

技术的积极作用可以从三个方面去看。

1. 技术促进生产力的发展，带来巨大的经济效益

以蒸汽机的应用为标志的第一次技术革命，极大地促进了生产力的发展。英国从1785

① 维纳．人有人的用处[M]．北京：商务印书馆，1978：132．

年起将蒸汽机用于棉纺业，到1830年时，一个女工操作蒸汽机推动的纺纱机，纺出的棉纱等于过去300名女工用手工纺出的棉纱，生产效率提高了300倍。由于蒸汽机技术在工业生产各个领域的广泛应用，1830年英国的工业产品占了全世界的一半，成为当时世界上唯一的超级大国。关于近代技术对于生产力提高所起的作用，马克思说过这样一段话："资产阶级在它的不到一百年的阶级统治中所创造的生产力，比过去一切世代创造的全部生产力还要大，还要多。"① 随着科学技术的不断发展，生产力也呈现加速发展的趋势。从1953年到1973年，这20年间世界工业总产值相当于从1800年至1950年达到150年的世界工业总产值之和。培根这样赞叹工程技术的作用，以为"在所有的能为人类造福的财富中，我发觉再没有什么能比改善人类生产的新技术、新贡献和新发明更加伟大了。"

2. 技术是推动社会变革的有力杠杆

以蒸汽机为代表的第一次技术革命，不仅带来了生产力的魔术般的增长，也把整个欧洲从封建制度中解放出来，敲响了封建制度的丧钟。对此，恩格斯评价说："分工、水力，特别是蒸汽力的利用，机器的应用，这就是从18世纪中叶起工业用来震撼旧世界基础的三个伟大的杠杆。"② 马克思还尖锐地指出，蒸汽机和自动纺纱机是比当时法国领导人布朗基等人"更危险万分的革命家"。同样，如果没有现代电子技术、信息技术等的支持，世界各国是不可能进入全球化时代的。

3. 技术导致了人类生活方式的巨大变化

人类的生活方式从最初依赖于自然资源到现在依赖于技术，发生了巨大的变化。从历史上看，每一次重大的技术革命——从火的使用到金属工具的使用，从蒸汽机的发明到电力的应用，从电视的发明到电脑的成功，无不从根本上改变了人们生活的物质条件，进而导致生活方式的巨大变革。从前人们"逐水草而居，顺天时而动"，日出而作日落而息，靠山吃山，靠海吃海。而今天，无论是衣、食、住、行、乐，还是劳动、学习、创造、交往、医疗，科学技术都在影响和支配着人类的生活。健康食谱、精美装饰、立体交通、即时通信、摩天大楼、电子游戏、广播电视大学、远程医疗等，无一不是科技进步的结晶，都使现代人的生活方式发生了根本的变化。

4. 技术也改变着人们的思维方式和价值观念

价值观念主要指人们对社会现象和人的行为的是非、善恶、美丑的判断。技术的应用大大改变了人们的价值观。例如在农业社会，由于劳动技术落后，劳动主要靠体力，因而人们追求多子多福，重男轻女。科技进步所带来了生产的机械化、自动化，对体力的依赖性大大降低，男女在就业或工作能力上的差距日益减小。这使得人们的伦理价值观念发生变化，在城市中，夫妻甚至更愿意生育女孩。

现代科技革命，对人的思维方式产生了重要的影响，使其更具系统性、整体性、开放性、精确性和创造性等特征，并使认识活动出现了数学化、模型化的趋势，使人类的理解

① 《马克思恩格斯选集》第1卷，人民出版社1995年版，第256页。

② 《马克思恩格斯选集》第2卷，人民出版社1995年版，第300页。

能力和认识水平提高到了一个崭新的阶段。

三、技术的负面价值

1. 技术产生负面价值的原因

通常，人们应用技术是为了追求有利的效果，但这种应用却常常伴随着有害效果，同人们的主观愿望相违背。我们固然想避免这种有害后果的发生，但它却不可避免。技术负面效应的存在具有必然性，是由技术的自然属性和社会属性所决定的。

（1）技术的自然属性决定了技术负面价值存在的必然性。从技术的自然属性来讲，任何技术都是一种遵从自然规律的能量转换器，只是其转换效率有高低之别。按照热力学第二定律，把从单一热源吸收的热量完全变成有用功而不产生其他影响的机器是不存在的。因而，没有绝对安全的和 100% 的技术，任何技术的效率都不可能达到 100%。再者，在技术的发展过程中，由于技术本身的复杂性和不可预料的因素，往往会导致技术发展方向的偏移，导致结果的不确定性。不难看出，技术与技术负效应具有“同存共生”性。

针对技术的负面效应与技术共生的现象，从 20 世纪上半叶开始，以法兰克福学派为代表的西方学者，从各种不同的角度对技术进行了批判反思，希望弄清技术的本质，寻求解决问题的方法。这对于人们全面客观地认识技术、探索技术发展的合理价值导向等方面起到了一定的积极作用，但由于他们对技术批判代替了对资本主义制度的批判，忽视了技术的社会属性，脱离社会现实而谈技术，片面地将技术的负面效应完全归咎于技术本身，赋予技术以“原罪”的性质，走向了技术悲观主义。

（2）社会政治制度的不合理和经济利益的驱动是产生技术负面效应的社会根源。在资本主义制度下，技术成果往往被资本家垄断，为追求超额利润和达到种种自私的目的，他们经常置社会公德于不顾，使技术的负面影响长期存在。以对二甲苯（Para-Xylene，简称 PX）的生产为例，作为合成聚酯纤维、树脂、涂料、染料和农药等的原料，PX 广泛用于生产塑料、聚酯纤维和薄膜。从技术上讲，PX 项目基本可以做到不排放“三苯”（苯、甲苯、二甲苯）污染物，对环境影响不大。但由于控制与治理污染物的成本极高，所以许多西方国家将 PX 生产项目转移到一些发展中国家，将这种污染转移到国外。

（3）主体认识上的局限性也使技术的负面效应难以消除。任何时代的技术，都是人类认识和实践发展到一定阶段的产物。由于特定的历史时期，人类知识水平有限，决定了人类虽然利用技术进步创造出预期的人工自然，但却不可能事先将这种人工自然产生的全部效应和复杂联系予以穷尽。正如恩格斯所言：“如果我们需要经过几千年的劳动才稍微学会估计我们生产行动的比较远的自然影响，那么，我们想学会预见这些行动的比较远的社会影响就困难得多了。”①正如 20 世纪 30 年代以来，氟利昂被发达国家广泛用于制冷剂、发泡剂、洗净剂，但它却会进入大气吞噬臭氧层，致使臭氧层空洞，损害人类的免疫系统诱发皮肤癌，还会导致气温上升引发温室效应，这一切都是当时科学家所始料不及的。中国人

① 恩格斯：《自然辩证法》，人民出版社 1984 年版，第 306 页。

创造了“四大发明”，但做梦也没想到西方人竟然利用它们来侵略自己。阿拉伯人在8世纪时发明了蒸馏法制造酒精的技术，可是十五世纪后欧洲的殖民者却用这种技术作为灭绝印第安人的手段之一。

（4）人文精神和科学精神的缺失也是导致技术负面效应产生的重要原因。在社会发展过程中，技术的工具理性与价值理性、技术与人文的日益分离，使技术的发展失去了人文精神的引导，背离了人的根本目的，也为技术负面效应的产生创造了客观的历史环境。后现代主义学者指出：技术理性从功能、效率、手段和程序上来说是充分合理的，但是它毕竟是一种以支配自然为前提的有限理性，它并不是考虑人生的意义，逝去了对终极机制的依赖，失去了对生命价值和意义的思考。将技术与人文分离，仅仅关注自身建构的精巧、理论上的突破，而忽视了它的社会应用可行度以及它的应用可能带来的各种不利社会影响，变技术为“技术的技术”而不是“人类的技术”，从而使技术发展本身产生方向偏差和结构失衡，甚至是本末倒置，这既严重妨碍了技术的进步，也加剧了技术的负面效应的产生。

2. 如何看待技术的价值

技术应用的双重性，已是不争的事实。由此，形成了人们对技术价值的不同看法。在20世纪以前，人们对技术的评价几乎是一边倒的，把它看成是人类最有力的一种工具。二十世纪中叶以后，这种一边倒的看法不再，但出现了另一种倾向，认为技术是毁灭人类的魔鬼和暴君，是万恶之源。环保主义者皮卡德说：“我们现在所‘津津乐道’的技术，除了广泛地造成自杀的污染以外就没有什么其他东西了。它是一种灾害，不仅影响到我们所呼吸的空气和我们所饮用的水，而且也影响我们所耕种的土地和我们了解很少的外层空间。但是这一切，最悲惨的还是现在隐伏在人们身体中的化学物品对人类所造成的污染。技术在慢慢地毁灭人类，人类在慢慢地吞食自然，自然选择已经成过去，最后留下的只有技术。”[①]

如何看待技术的价值是一个实践判定的问题。技术所带来的伟大进步应归功于人类，同样技术所引发的负面作用甚至是灾难，也要归责于人类，而不应迁怒于技术本身，不能像19世纪初英国的工人那样，把自己所遭遇的苦难归罪于机器的使用，寄希望于砸毁机器来改变自己的悲惨命运。对技术的价值要有一个全面的合理的评价。

（1）技术的应用在任何时候都既有正面价值又有负面价值，这是不依人的意志为转移的，是两个不可分割的矛盾方面。我们在利用技术为我们的目的服务时，原则上不能排除不利的影响的发生。比如采煤、燃煤技术的发展，煤的燃烧量越来越多。一方面，它提供给工业生产和居民生活以能源动力，另一方面，一烧煤，就要产生二氧化碳。煤中含硫，还会产生二氧化硫。这就不断改变地球大气的成分，造成危及人类生存的温室效应和酸雨。对于硫，我们可以用洗选脱硫法来除去煤中的无机硫，但不能除去有机硫。于是我们就要对烟气进行脱硫。但是采用干法，技术要求高而效率低；采用湿法，烟气温度降低，不利于烟囱排气。总之，我们不可能完全排除负面效果，即使要减轻负面效果也并非易事。技术越发达，对自然的干涉越深；技术越先进，其操作也越简便，使用的人也会越多，技术

① 戈兰：《科学与反科学》，中国国际广播出版社1988年版，第28页。

的负面影响就可能越严重。

(2)技术的研究和应用既要遵守技术的自然逻辑，也要遵守技术的社会逻辑，并且当这两方面发生冲突时，技术的社会逻辑应当高于技术的自然逻辑。就好比说，从自然逻辑来看，是药三分毒，药总有副作用。但如果药的副作用给人类带来极大的危险时，这种药就必须被停止生产和使用。对技术的使用固然需要讲究效益，但效益的衡量标准不应该是某些人或某些集团的利益，而应该是大多数人的根本利益。比如农药DDT，对农药商来说能生产就有盈利，对于一些农民来说，杀虫的效果很好。但对于人类来说，DDT在农作物中的残留会严重损害人们的健康，DDT在田间的应用也毒死了其他多种生物，这样的技术就必须被禁用。核技术既可以用于制造核武器，也可以用于建造核电站、制造医用核磁共振器等民用项目，即既可以成为一种强大的破坏力量，也可能成为强大的建设力量。核武器虽然对于预防战争有一定的威慑力，但它对人类的潜在危险无法估量，所以销毁核武器，走和平发展道路，已成为世界各国共同的主题与心声。今天我们津津乐道的基因技术首次使人类有机会改变自身的自然本性、提高生命质量、重塑生存世界。但另一方面，基因技术的应用有可能产生基因歧视、个人基因隐私被侵犯、某些大国利用基因研究损害发展中国家的基因利益等负面影响，尤其是基因造人等基因技术的滥用可能给人类整体带来不可逆的灾难性的后果。所以，许多国家的政要和科学家都公开表示必须禁止克隆人等反自然规律的试验。

(3)技术的应用应有必要的约束。有些技术的应用是合情合理的，但为了减少其负面影响，应该对它的应用对象、方式、规模、程度加以必要限定，以防止技术被滥用。某些技术应用时一旦失控，还会带来灾难性的后果。在这方面，最典型的事件是苏联的切尔诺贝利核电站的事故。1986年乌克兰的切尔诺贝利核电站4号反应堆爆炸，释放出大约2.6亿居里的辐射量，相当于广岛原子弹爆炸能量的200多倍。毒气污染几乎遍及整个欧洲，污染对人体、植物、土壤、水体等造成的危害人类至今无法准确估计，危及后代。乌克兰新生儿的死亡率居高不下，每1000个新生儿有21个死亡，比欧洲平均水平高出3倍。有些地区的新生儿死亡率接近30%。而日本福岛核事故，甚至引发欧洲民众要求关闭核电站、放弃发展核电计划的运动。如果我们把技术比作火，那么我们就需要用一个火炉把它约束起来，不能让它随便蔓延而不断酿成火灾。

有些人说技术应用事故是可以避免的。这个说法太绝对，许多事故是可以避免的，但完全避免技术应用事故的发生是不可能的。因为，技术应用时的不确定因素太多，无论技术怎样完善，都不可能十全十美。人类不是神。有这样一条法则——墨非法则，揭示了发生错误的可能性。墨非是美国的一个空军工程师，专门研究人体在飞行器迅速加速或者减速时的忍耐力。这需要用真人来做试验，浑身上下绑上16个敏感探测元件。结果有一次他的一位助手把16个元件的触头全部接反。这样的错误真是令人难以置信，但事实就是事实。墨非感叹地说："如果事情有可能出错，那一定会出错。"这句话后来不胫而走，人称"墨非法则"。这条法则虽然不是什么科学定律，但它警示人们千万不可对错误、事故抱有侥幸心理。今天，人类应用的技术越来越多，越来越复杂，事故发生的概率也就越来越高。

1931年，爱因斯坦在美国加利福尼亚理工大学对学生们作了一个演讲，其中说道：

"如果你们想使你们一生的工作有益于人类，那么你们只懂得应用科学本身是不够的。关心人的本身，应当始终成为一切技术奋斗的主要目标；关心怎样组织人的劳动和产品分配这样一些尚未解决的重大问题，用以保证我们科学思想的成果会造福于人类，而不致成为祸害。在你们埋头于图表和方程时，千万不要忘记这一点！"[①]

五、对技术价值的评估

尽管技术的负面作用不可能完全消除，但是如果能够在技术研发过程中，充分地对技术的应用价值做出评估，必将有利于减少技术的负面效果，使技术更好地服务人类，更好地满足人类的发展需求。

1. 技术评估及其意义

所谓技术评估是按照一定的价值标准，采用科学的方法，预先从各个方面系统地对相关技术的利弊得失进行综合评价的活动。

技术评估以社会总体利益最佳化为目标，不仅重视技术实践带来的直接利益，同时还注意潜在的、高次级的、不可逆的消极后果，着眼于人与技术、社会与技术的关系中的那些长期的、重大的、全局性的问题。所以，技术评估主要是评估某项技术在运行过程中，对社会各个方面可能产生的影响。

2. 技术评估的目的

（1）为技术开发提供理论依据。层出不穷的新技术为我们创造相同使用价值的人工自然提供了多种选择可能。但到底选择什么，需要我们将各种技术放在社会、经济、生产、环境等大系统中去进行全面的、系统的考察评估，选择出对社会总体利益最佳的技术加以开发和推广。

（2）提高技术开发的计划性和主动性。技术开发是知识经济时代企业生存与发展的动力，但是技术开发又是高投入、高风险的活动。通过技术评估，可在相当程度上对技术开发的价值和前景做出结论，从而避免技术开发中的盲目性，降低风险，减少失败。

（3）实现技术先进性和经济合理性之间的统一。从根本上来说，技术的先进性与经济合理性之间是具有统一性的。但在实践中，企业或其他利益主体往往因偏重于局部和眼前利益，使两者出现根本上的背离，可能会选择眼前有大利而今后却需要回吐利益、或放弃眼前无利、小利今后却是长利、大利的技术。比如开发低成本高污染的技术可能在以后会后悔莫及，而一些环保节能新技术的开发目前来看似乎获利并不大但今后却大有可为。这就需要克服短视，从长期的、总体的、重大的利益出发，对技术的先进性和经济高效益性做综合的考虑。

3. 技术评估的特点

（1）技术评估的长期性。技术评估的对象多为与国计民生息息相关的重大项目，不仅

① 爱因斯坦．爱因斯坦文集（第 1 卷）[M]．许良英编译．北京：商务印书馆，1976：72．

要考虑其近期的、中期的影响，更要关心其远期、长期的影响和作用。技术评估关心长期问题甚于关心眼前问题。

（2）技术评估的综合性。技术评估不仅仅着眼于技术的有用性和经济效益，更是从政治、经济、生态、伦理、法律、文化、宗教等多角度来评价技术。因此，评估人员除技术专家外，也包括社会学家、法律学家乃至社会公众。所运用的评估知识不仅涉及相关自然科学知识，也涉及其他自然科学、技术科学、社会科学、人文科学等多学科相关知识。所以，技术评估无论就评估内容、评估知识、评估人员来说都具有综合性。

（3）技术评估的社会性。技术评估主要是以社会宏观系统为对象、以社会总体利益最佳化为目标，因而技术的社会价值判断在技术评估中居于突出的地位。技术评估的聚焦点不是技术本身而是技术的社会后果。

（4）技术评估的批判性。尽管技术评估也包括对技术的先进性、积极作用的判断，但在本质上，技术评估的取向不是对技术及其作用作描述性的分析说明，更不是为它的应用作辩护，而是本着对全人类包括子孙后代负责的精神，充分揭露新技术实施可能出现的负面效应，防患于未然。从某种意义上说，对技术作用的评估采取的是“有罪推定法”，即首先设定它是有害的，评估的过程就是将这种有害影响一一寻找出来。如果能证明这种有害影响可以被消除或者被其他措施弥补，或者能证明这种有害影响不是非容忍性的，且利大于弊，技术的采用才有合理性。

（5）技术评估的动态持续性。一方面，任何技术评估方案都不可能是完善的，评估必须根据评估方案结合实际情况作相应的调整；另一方面，由于技术评估是基于未来的，因而必然具有某种不确定性，需要针对新情况新问题做出调整和补充，尤其是评估的价值标准发生变更后。使得技术评估活动既不是一帆风顺的，也不是一劳永逸的。已有越来越多的技术被人们纳入再评估的视野中来。

再评估即对原本已存在或正在使用的评估体系的评估，一般是指对评价技术的质量及其结论进行评价的各种活动。其目的是向原来的评估者提出他们在工作中存在的问题和片面的观点，以完善原有的评估体系。近年来，由于对安全与环保的重视，许多技术都被列入再评估的视野中。如转基因食品、低风险杀虫剂等。

4. 技术评估的程序

技术评估的程序，依据不同的类型和要求是有所不同的。比如，经济合作与发展组织对于技术的决策性评估提出以下程序要求。

（1）明确评估目的。就是要确定评估报告最终使用者的需求，限定评估范围。过宽则泛泛而论，偏离要求；过窄则难免片面性。

（2）掌握技术概要。要深入了解技术性质、产品结构、工作原理、生产方法、服务方式、开发方法等技术内容，也要掌握新技术开发目的与现有作用相同的技术的对比。

（3）了解问题和环境。要求弄清问题产生的原因以及与技术的相互关系、可能产生的后果与社会影响，并要特别关注不同社会价值观带来的认识上的差异。

（4）分析潜在的影响。这是技术评估的核心环节。是指从寻找显现的正面影响和潜在的负面影响两个方面入手，对影响的性质、程度、条件先作单个分析，进而作相关分析，从整体上掌握该技术造成的影响。

（5）查明非容忍性影响。非容忍性影响是指技术可能带来的巨大危害或具有致命缺陷。比如某项新技术的应用会引起社会恐慌、造成人体伤残或死亡等后果，即可认为其具有非容忍性影响。查明非容忍性影响就是在分析潜在影响的基础上，做出是否具有致命的非容忍性影响的判断。

（6）制订改良方案。这是指针对致命的非容忍性影响展开的，通过修正开发方向、补救开发措施、限制使用范围等方法予以改良，以期能避免非容忍性影响。但如果无法制订出有效的改良方案，最终只能停止开发或使用该技术。

（7）综合评价。通过以上步骤获得关于技术应用后的总体的、全面的结论。要求通过系统分析的方法权衡利弊，使技术的正效果得以最大限度的发挥，而其负效果最大可能减少。

技术评估强调在引入、发展新技术时，要预先查明可能给人类、自然界和社会经济体系带来的不良影响，并采取相应措施使其极小化，全面权衡利弊，使科学技术的发展和应用符合人类利益。

“人海关系”案例集萃之五

1. 电脉冲惊虾仪

拖虾渔业，又名桁杆拖虾（网）渔业，是以虾类为主要渔获物的一种捕捞作业方式。20 世纪七十年代后期，随着东海区海洋捕捞强度的激增，传统经济鱼类资源相继衰退，捕食虾类的鱼类减少，使虾类的生存空间扩大，虾类资源明显增加。桁杆拖虾作业的发展减轻了海洋捕捞对经济鱼类捕捞的压力，取得了显著的经济与社会效益。

在拖虾作业发展过程中，以电脉冲惊虾仪为辅助电子设备的捕捞方法，曾对提高单船的产量和产值起到了很重要的作用。舟山市是电脉冲惊虾仪的发源地。1991 年它在舟山市科技工作者手中诞生，因其对提高拖虾产量有明显效果，被全省沿海渔民所广泛应用，成为拖虾渔船的常用渔具。由于生产惊虾仪效益好，外地一些企业纷纷仿效，依同样原理制造的产品相继“出世”，名称五花八门。

最初使用的电脉冲惊虾仪是用安全的脉冲电场刺激虾从海底或泥沙中跳起并进入拖虾网口的一种辅助电子捕捞设备，采用 0 ～ 50 伏直流可调电源通过海水电缆输送到水下网口前的电脉冲变换器上，变换成 0 ～ 60 伏脉冲电，脉宽为 0.5 毫秒，频率为 5 赫兹的直流低压电脉冲。这种设备不仅成本低有利于新技术普及推广而且可广泛用于深、浅海域捕虾作业，既能成倍提高捕捞产量，又能捕大留小有效地保护海洋虾类资源的生态平衡。但是，最先进的技术如果被歪曲利用，也将造成严重的后果。由于使用电脉冲拖虾作业能有效提高产量，一些厂家为迎合某些渔民的不正当要求，任意改变脉冲参数，加大电脉冲功率，提高了脉冲电压，加大了脉冲频率，使电脉冲惊虾仪逐渐成为电捕渔具。强大的电流下，即便是生命力旺盛的章鱼、海鳗也被电击死。经估算，被电击死亡的鱼虾仅不到 50% 被拖入网囊，其余大量鱼虾沉积海底，腐烂变质。电脉冲惊虾仪从 1992 年发明并开始推广应用，深受欢迎；因逐渐演变成电鱼渔具，成了广大守法生产渔民深恶痛绝的作业方式。

电脉冲惊虾仪的负面效应，早在上世纪九十年代就被有关专家所认识。搞了30多年渔业报道的原舟山日报记者臧祖林，就是其中的一位。“电脉冲惊虾仪在渔船上应用后，我对有关厂家声称的该渔具‘捕大留小’作用一直持怀疑态度。当时，我到渔区采访，了解到电脉冲对小鱼小虾有严重杀伤，厉害到生命力极强的望潮都会被麻死，对其他海洋生物的影响可想而知”。2001年，省海洋与渔业局发文禁止拖虾渔船使用电脉冲惊虾仪。但因种种原因没有禁住：一是由于用与不用惊虾仪捕捞效益不一样，拖虾渔民在生产中对电脉冲依赖性较强，导致查禁阻力大；二是沿海各地对电脉冲惊虾仪认识不一，查处的力度不一，渔民违规成本低，最后出现公开化生产、普遍性违规、法不责众的现象；三是制造电脉冲的大多为地下工厂，查处难度大，单靠渔政执法部门孤军作战，很难管住陆上的源头，导致“野火烧不尽”。据省海洋与渔业执法总队统计，截至2004年4月底，全省有近3000艘拖虾渔船在使用电脉冲惊虾仪，舟山市四县（区）和宁波的象山、台州市的温岭是使用该渔具的主要渔区。

2004月10日，农业部和国家工商总局联合发文，决定在东海区开展为期6个多月的取缔制造、销售、使用电脉冲捕捞渔具专项整治行动。该文件将电脉冲渔具列为电鱼渔具之一（电鱼渔具为《渔业法》所禁止），规定自2004年7月1日开始，对继续用电脉冲渔具从事捕捞作业的渔船，一经查获，按现有法律法规予以严厉处罚。2006年4月，《浙江省渔业管理条例》颁布，正式把电脉冲惊虾仪与地笼网、多层囊网拖网等一起列为禁用渔具。由于东海渔场虾类资源的严重衰退，已使一些渔民认识到取缔电脉冲渔具的重要性和紧迫性，渔民主动上缴电脉冲渔具的为数也不少。

这一曾被视为渔业科技发明成果、在渔区大规模推广应用的电脉冲惊虾仪，终于“寿终正寝”。

2. 电鱼与伏打电池

一次，一个远洋捕捞船队的一个检修人员潜到水底，突然触到了什么东西，他立即感到四肢麻木、浑身战栗起来。他们不知出了什么怪事，询问当地渔民后才知道，原来是一种栖居在海底的鱼在作怪。这种鱼叫电鳐，能够放电，让人四肢麻木、浑身战栗。

能够放电的鱼，人们把它们统称为“电鱼”。目前，世界上已经发现有500多种电鱼。电鱼放电是为了自卫或捕食。各种电鱼放电的本领各不相同。放电能力最强的是电鳐、电鲶和电鳗。中等大小的电鳐能产生70伏左右的电压，而非洲电鳐能产生的电压高达220伏；非洲电鲶能产生350伏的电压；电鳗能产生500伏的电压，有一种南美洲电鳗竟能产生高达880伏的电压，称得上电击冠军，据说它能击毙像马那样大的动物。

一条活鱼，怎么能够放电呢？从身体里往外放电，不是把自己也给电着了吗？原来，电鳗是活的“发电机”。它尾部两侧的肌肉，是由有规则地排列着的6000～10000枚肌肉薄片组成，薄片之间有结缔组织相隔，并有许多神经直通中枢神经系统。每枚肌肉薄片像一个小电池，只能产生150毫伏的电压，但近万个“小电池”串联起来，就可以产生很高的电压。电鳗尾部发出的电流，流向头部的感受器，因此在它身体周围形成一个弱电场。

电鳗中枢神经系统中有专门的细胞来监视电感受器的活动，并能根据监视分析的结果指挥电鳗的行为，决定采取捕食行为或避让行为或其他行为。有人做过这么一个实验：在水池中放置两根垂直的导线，放入电鳗，并将水池放在黑暗的环境里，结果发现电鳗总在导线中间穿梭，一点儿也不会碰导线；当导线通电后，电鳗一下子就往后跑了。这说明电鳗是靠“电感”来判断周围环境的。电鳗放完体内蓄存的电能后，要经过一段时间的积聚，才能继续放电。由此，巴西人捕获电鳗时，总是先把家畜赶到河里，引诱电鳗放电，或者用拖网拖，让电鳗在网上放电，之后再轻而易举地捕杀失去反击能力的电鳗。

电鱼这种非凡的本领，引起了人们极大的兴趣。19 世纪初，意大利物理学家伏特，以电鱼发电器官为模型，设计出世界上最早的伏打电池。因为这种电池是根据电鱼的天然发电器设计的，所以把它叫作“人造电器官”。对电鱼的研究，还给人们这样的启示：如果能成功地模仿电鱼的发电器官，那么，船舶和潜水艇等的动力问题便能得到很好的解决。

科学家们发现，除了电鱼能发出强烈的电流以外，世界上一切动物体都能产生微弱的电流。这种由生物体产生的电就叫作生物电。如果没有生物电，世界上的一切动物也就不会存在。生物电就是在生命活动过程中在生物体内产生的各种电位或电流，包括细胞膜电位、动作电位、心电、脑电等。电鱼能在瞬间放出高压电，所以既有防御猎食者侵犯的作用；也可用这种电击捕获小动物。另有一些电鱼，如非洲的裸背鳗鱼类，能不断地释放微弱的电脉冲，起探测作用或导向作用。生物电更普遍的意义在于信息的转换、传导、传递与编码。生物体要维持生命活动，必须适应周围环境的变化。由于环境变化的因素与形式复杂多变，如变化的光照、声音、热、机械作用等，因此生物有机体必须将各种不同的刺激动因快速转变成为同一种表现形式的信息，即神经冲动，并经过传导、传递和分析综合，及时做出应有的反应。

3. 海水提铀技术

核电总体来看是高效、清洁、稳定可靠的能源，对于在低碳时代解决全球电力短缺至关重要。核电站的运营时间达到 60 年或者更长时间，需要投入巨大资金建造。在建造核电站前，能源公司必须确保他们能够在未来几十年内获得价格合理的铀。陆地铀资源是否充足具有不确定性，这种不确定性一直影响着核能产业的决策。

海水中铀的蕴藏量约 45 亿吨，是陆地上已探明的铀矿储量的 2000 倍，如果能够从海水中提取大量铀，就能够确保核能发电的未来。此外，从海水提铀在环保方面也具有优势，传统的铀矿开采产生具有污染的废水，对矿工的健康构成威胁，同时也对环境产生不利影响。但海水中的铀浓度极低，因此海水提铀成本比陆地贫铀矿提炼成本还要高 6 倍。

对于海水提铀的研究，最重要的是吸附剂的研制、吸附装置与工程的实施两个方面。研制出制备价廉的、具有高选择性的且稳定耐用的铀提取材料是实现海水提铀工业化的关键。目前，从海水中提铀的主要方法有吸附法、浮选法、溶剂萃取分离法、生物处理法、离子交换法、化学沉淀法、超导磁分离法等。其中吸附法是目前研究最多的方法，许多国家都致力于在海水提铀材料上寻求突破。

日本是一个贫铀国，铀埋藏量仅有 8000 吨，因此日本把目光瞄向海洋。从 20 世纪 60

年代起，日本就有大批的专家在研究海水提铀的方法，早期研究侧重于对不同方法的评估上。1971 年，日本试验成功了一种新型的无机吸附剂，1 克可以吸附 1 毫克铀，因而用它从海水中提取铀远比从一般矿石中提取铀的成本要低得多。为此，日本已于 1986 年在香川县建成了年产 10 千克铀的海水提取厂。近年来，日本在海水提铀的材料研究上主要集中在偕胺肟功能基吸附材料上，此外也有壳聚糖和藻类等生物质应用于海水提铀方面的研究报道。日本科学家开发出了偕胺肟基吸附材料，具有较好的机械强度和可塑性，方便在海洋中固定，便于工业化。总体来说，日本在海水提铀半工业化方面走在了世界的前列，采用了多种方式将研发出的吸附材料进行海水提铀的工程化，许多研究思路值得借鉴，但其各种提铀实验成本相对较高，提铀材料有待于进一步改进。

美国“海水提铀”研究起始于上世纪六十年代，曾因一些原因而时断时续。1999 年，根据总统科学与技术顾问委员会（PCAST）的提议再次启动，该研究还与日本建立了“核能联合行动计划燃料循环技术工作组”。研究项目参加单位实行国家实验室、大学和非赢利研究所“三结合”，从而实现设计、研发、实验室试验、生产、海洋试验、评估“一条龙”。2012 年 8 月，美国化学学会公布了一项新的研发成果——HiCap 吸附剂，相对于日本技术该附剂能够加倍地从海水中提取铀。因而，相对日本的 560 美元 / 磅铀的生产成本，下降了一半左右，约为 300 美元 / 磅铀（661 美元 / 公斤铀）。2013 年，华人化学家、美国北卡罗来纳大学教授林文斌领导的研究人员设计了一种新材料“金属有机骨架配位物”（MOF），实验室试验证实，这种新型材料在实验室内没有其他离子竞争的条件下，每克吸附剂收集的铀高达 200 多毫克，吸附铀的能力至少是传统纤维吸附剂的 4 倍，其生产成本可降为 150 美元 / 磅铀（330 美元 / 公斤铀）。这已与近 25 年来世界铀市场上最高的现货价格（137 美元 / 磅铀）出现“交集”，具有“里程碑”意义。

可以预期今后几年，随着美国和世界科学界对这一新成果的验证和确认以及“海水提铀”研发的进一步发展，还会有更加令人振奋的科研成果转化为生产力，使“海水提铀”成为核燃料供应的“无尽”源泉。

4. 海洋温差发电

有过潜水经验的人都知道，越往海底深处温度越低，往往海面比较温和，海水下面甚至会寒冷刺骨。当然，这还只是人类可以直接体验的范围，如果再深至海底 500 米甚至 1000 米，温度将会相差更大。那么，这个温差能不能被用来发电，甚至建成一座海洋热能转换厂呢？

美国洛克希德 · 马丁公司首先看中了海洋这座巨大的能量库，在这一领域进行了长期的研发。洛克希德 · 马丁公司是美国一家航空航天公司，核心业务是航空、电子、信息技术、航天系统和导弹，是美国目前最大的军火商，世界级的军火“巨头”。在美国政府的资助下，洛克希德 · 马丁公司 20 世纪 70 年代便开始涉足海水温差发电（OTEC）技术的研究。美国海军认为，OTEC 项目前景可观，能减少热带地区军事基地对石油发电的依赖，包括海军在夏威夷和关岛的海军工厂，以及相关保障工厂等。1979 年，洛克希德公司自筹资金在夏威夷群岛建成了 50 千瓦的小型 OTEC 演示验证试验台，收集了 3 个月的运行技术数据，成功验证了工程可行性，这是当时世界上唯一的实际运行的海上漂浮 OTEC 系统。2009 年该公司又在夏威夷瓦胡岛为美国海军建立了试验型发电厂，设计年均发电量为 5 兆瓦，可满足美国海军与夏威夷电力公司对可再生能源发电的使用需求，建成后可扩容至 10 兆瓦，其产生的电力通过海底电缆传输至美国珍珠港海军基地。目前该项目正在继续建造 100 兆瓦级的商业化大型电站。该公司在海洋温差发电系统方面共拥有 6 项专利。

据介绍，海水温差发电系统是一种绿色无污染的新型发电手段：温暖的表层水抽进热交换器当中，利用低沸点的物质——液氨作为工作流体。温水泵把表层温海水抽上送往蒸发器，液氨吸收了温水的能量，沸腾并变为氨气，氨气经过汽轮机的叶片通道，膨胀做功，推动汽轮机旋转。然后，氨气进入冷凝器，深层的冷海水再重新将其冷凝为液态氨，而经历热交换后温度较高的海水再次被抽回海洋，如此，在闭合回路中反复进行蒸发、膨胀、冷凝。由于海水的温度补偿能力非常强，因此使用此方法可以周而复始的循环，维持发电机的持续工作。

早在 1881 年 9 月，法国生物物理学家德 · 阿松瓦尔就提出利用海洋温差发电的设想。直到 1930 年，他的学生克洛德才在古巴的近海，建造了一座海水温差发电站，首次利用海洋温度差能量发电成功。20 世纪 80 年代，联合国已经确认海洋热能转换是所有海洋能转换系统中最重要的一种。温差能的优势就在于它可以提供稳定的电力，如果不考虑维修，这种电站可无限期地工作。同时，海洋温差能在发电富余的情况下制氢并送回陆地。

在实际操作中，要产生相当规模的电能，就必须让表层海水和深层海水流动循环起来，因此相关管道材料的设计、生产难度首当其冲。

第一个挑战在于管道要在深海承受巨大的大气压力、不断摇摆的洋流压力以及频繁变化的水温。一个 10 兆瓦的此类电站，预计需要一根直径 13 米的大管道。而要用于 100 兆瓦或更高容量的电站，预计其直径要达到 33 米宽，在水下延伸 1000 米，这几乎相当于纽约地铁隧道宽，两个半帝国大厦高。

另一个挑战就是管道必须在现场生产。一根 3200 米长、33 米宽的管道，如果在工厂制成，再用铁路或驳船运输拖入海洋，沉入水中，不但有运输方面的挑战，也很难抬升到合适的角度，沉降到适当的深度。因此，需要先在海上建造平台——要能够抵御风暴、洋流等，然后现场制造管道。

在实际工程中，同样会遇到很多工艺上的挑战。工程师们采用了一种真空辅助树脂传递成型的技术，波音公司曾用同样的基础工艺来制造 787 梦想飞机。他们将纤维和树脂倒入模具，让其像混凝土那样凝固，而且可以保持垂直，就地留下完全形成的管道，这一技术可满足管道所需要的灵活性和稳定性的要求。至于管道要建造多长，则取决于冷水的深度，冷水可能潜伏在约 1000 米的深度，也有可能会浅一些。另外，如此规模的设施，还必须考虑环保和生态影响。虽然深海当中不会有大量的海洋生物生存，但也需要注意防止生物被卷入管道中，为此，美国环境保护署正与洛克希德 · 马丁公司确定最大进水量。

虽然存在很大的挑战和不确定性，但是，海水温差发电有很大潜力。它的能量来源于太阳能，取之不尽，用之不绝，被业界看好。更有学者将其看作是全世界从石油向未来无污染的氢燃料过渡的重要组成部分。美国、日本等海洋资源丰富的国家，目前正在积极研究应用海洋温差发电系统。

5. 可燃冰的未来

可燃冰学名天然气水合物（Natural Gas Hydrate，简称 Gas Hydrate），是分布于深海沉积物或陆域的永久冻土中，由天然气与水在高压低温条件下形成的类冰状的结晶物质。因其外观像冰一样而且遇火即可燃烧，所以又被称作“可燃冰”“固体瓦斯”或者“气冰”。

天然气水合物中甲烷含量占 80% ~ 99.9%，燃烧后几乎不产生任何残渣，污染比煤、石油、天然气都要小得多，1 立方米可燃冰可转化为 164 立方米的天然气和 0.8 立方米的水。开采时只需将固体的“天然气水合物”升温减压就可释放出大量的甲烷气体。科学家们把可燃冰称作“属于未来的能源”。

天然气水合物储量极其丰富，全球已探测到的储量是现有天然气、石油储量的两倍，足够人类使用 1000 年，因而被各国视为未来石油天然气的替代能源。然而，天然气水合物在给人类带来新的能源前景的同时，对人类生存环境也提出了严峻的挑战。

天然可燃冰呈固态，不会像石油开采那样自喷流出。如果把它从海底一块块搬出，在从海底到海面的运送过程中，甲烷就会挥发出来，而甲烷的温室效应为 CO_2 的 20 倍。全球海底天然气水合物中的甲烷总量约为地球大气中甲烷总量的 3000 倍。所以，天然气水合物开采过程中如果不能很好地对甲烷气体进行控制，让海底天然气水合物中的甲烷气逃逸到大气中去，将产生无法想象的后果，必然加剧全球温室效应。

除温室效应之外，海洋环境中的天然气水合物开采还会带来更多问题。

（1）进入海水中的甲烷会影响海洋生态。甲烷进入海水中后会发生较快的微生物氧化作用，影响海水的化学性质。甲烷气体如果大量排入海水中，其氧化作用会消耗海水中大量的氧气，使海洋形成缺氧环境，从而对海洋微生物的生长发育带来危害。

（2）进入海水中的甲烷量如果特别大，则还可能造成海水汽化和海啸，甚至会产生海水动荡和气流负压卷吸作用，严重危害海面作业甚至海域航空作业。

（3）固结在海底沉积物中的水合物，一旦条件变化使甲烷气从水合物中释出，还会改变沉积物的物理性质，极大地降低海底沉积物的工程力学特性，使海底软化，出现大规模的海底滑坡，毁坏海底工程设施，如海底输电或通讯电缆和海洋石油钻井平台等。

为了获取这种清洁能源，世界许多国家都在研究天然可燃冰的开采方法，主要有热激化法、减压法和置换法三种。

（1）热激发开采法。热激发开采法是直接对天然气水合物层进行加热，使天然气水合物层的温度超过其平衡温度，从而促使天然气水合物分解为水与天然气的开采方法。这种方法经历了直接向天然气水合物层中注入热流体加热、火驱法加热、井下电磁加热以及微波加热等发展历程。热激发开采法可实现循环注热，且作用方式较快。加热方式的不断改进，促进了热激发开采法的发展。但这种方法至今尚未很好地解决热利用效率较低的问题，而且只能进行局部加热，因此该方法尚有待进一步完善。

（2）减压开采法。减压开采法是一种通过降低压力促使天然气水合物分解的开采方法。减压途径主要有两种：采用低密度泥浆钻井达到减压目的；当天然气水合物层下方存在游离气或其他流体时，通过泵出天然气水合物层下方的游离气或其他流体来降低天然气水合物层的压力。减压开采法不需要连续激发，成本较低，适合大面积开采，尤其适用于存在下伏游离气层的天然气水合物藏的开采，是天然气水合物传统开采方法中最有前景的一种技术。但它对天然气水合物藏的性质有特殊的要求，只有当天然气水合物藏位于温压平衡边界附近时，减压开采法才具有经济可行性。

（3）化学试剂注入开采法。化学试剂注入开采法通过向天然气水合物层中注入某些化学试剂，如盐水、甲醇、乙醇、乙二醇、丙三醇等，破坏天然气水合物藏的相平衡条件，促使天然气水合物分解。这种方法虽然可降低初期能量输入，但缺陷却很明显，它所需的化学试剂费用昂贵，对天然气水合物层的作用缓慢，而且还会带来一些环境问题，所以，对这种方法投入的研究相对较少。

另外，也出现了一些新型开采方法。

（1）CO_2 置换开采法。这种方法首先由日本研究者提出，方法依据的仍然是天然气水合物稳定带的压力条件。在一定的温度条件下，天然气水合物保持稳定需要的压力比 CO_2 水合物更高。因此在某一特定的压力范围内，天然气水合物会分解，而 CO_2 水合物则易于形成并保持稳定。如果此时向天然气水合物藏内注入 CO_2 气体，CO_2 气体就可能与天然气水合物分解出的水生成 CO_2 水合物。这种作用释放出的热量可使天然气水合物的分解反应得以持续地进行下去。

（2）固体开采法。固体开采法最初是直接采集海底固态天然气水合物，将天然气水合物拖至浅水区进行控制性分解。这种方法进而演化为混合开采法或称矿泥浆开采法。该方法的具体步骤是首先促使天然气水合物在原地分解为气液混合相，采集混有气、液、固体水合物的混合泥浆，然后将这种混合泥浆导入海面作业船或生产平台进行处理，促使天然气水合物彻底分解，从而获取天然气。

总体来说，可燃冰开采的最大难点是保证井底稳定，使甲烷气不泄漏、不引发温室效应，至今世界上还没有完美的开采方案。

6. 鲨鱼的启示

鲨鱼早在恐龙出现前三亿年前就已经存在地球上，至今已超过五亿年，它们在近一亿年来几乎没有改变。所有的鲨鱼都有一身的软骨。鲨鱼的骨架是由软骨构成，而不是由骨头构成。软骨比骨头更轻、更具有弹性。鲨鱼嗅觉非常敏感，它在海水中对气味尤其对血腥味特别敏感，伤病的鱼类不规则的游弋所发出的低频率振动或者少量出血，都可以把它从远处招来，甚至能超过陆地狗的嗅觉。

与其他大型海洋动物不同，鲨鱼身体不会积聚黏液、水藻和藤壶，让自己的身体长久保持清洁。这一现象给工程师托尼 · 布伦南（Tony Brennan）带来了无穷灵感，在 2003 年最早了解到鲨鱼的特性以后，他多年来一直在尝试为美国海军舰艇设计更能有效预防藤壶的涂层。在对鲨鱼皮展开进一步研究以后，他发现鲨鱼整个身体覆盖着一层层凹凸不平的小鳞甲，就像是一层由小牙织成的毯子。黏液、水藻在鲨鱼身上失去了立足之地，而这样一来，大肠杆菌和金黄色葡萄球菌这样的细菌也就没有了栖身之所。

一家叫 Sharklet 的公司对布伦南的研究很感兴趣，开始探索如何用鲨鱼皮开发一种排斥细菌的涂层材料。今天，该公司基于鲨鱼皮开发出一种塑料涂层，目前正在医院患者接触频率最高的一些地方进行实验，比如开关、监控器和把手。迄今为止，这种技术看上去确实可以赶走细菌。

另外，科学家在显微镜下检查深海鲨鱼的皮肤时意外地发现鲨鱼的鳞屑是扇形的，而且有小槽。然而，在传统观念中，表面越光滑产生的阻力就越小。于是科学家们把数百个模型鳞片按不同的角度配置，形成了一个人造的测试表面。测试结果表明：摩擦损失比光滑表面还要小 10%。

这项新发现马上找到了技术应用。这种仿生皮肤被用来包裹空中客机的外表面，使每架飞机的年燃料消耗减少了 350 吨。如果每年来往于世界各地的飞机都装上这种皮肤，节省的燃料价值可达数十亿美元之巨，造成温室效应的二氧化碳和氮氧化合物也将会大大减少。

7. 中国首台深海载人潜水器——“蛟龙号”

载人潜水器是深海探测必不可少的装备，除载人潜水器之外没有其他装备可以把科学家直接带到超常深海海底开展现场探查和研究。中国科学家长久以来就梦想乘坐我国自行研制的载人潜水器在海洋地质、海洋地球物理、海洋生物和海洋化学等领域开展深海研究。

2002 年中国科技部将深海载人潜水器研制列为国家高技术研究发展计划（863 计划）重大专项，启动“蛟龙号”载人深潜器的自行设计、自主集成研制工作。2009 年至 2012 年，“蛟龙号”接连取得 1000 米级、3000 米级、5000 米级和 7000 米级海试成功。2012 年 7 月，“蛟龙号”在马里亚纳海沟试验海区创造了下潜 7062 米的中国载人深潜纪录，同时也创造了世界同类作业型潜水器的最大下潜深度纪录。这意味着中国具备了载人到达全球 99.8% 以上海洋深处进行作业的能力。

“蛟龙号”的主要使命是将科学家、工程师及各种仪器设备带到起伏多变的深海海底，通过潜水器定高巡航、水中悬停定位、坐底等工作模式，开展海洋地质、地球物理、生物和化学等方面的科学研究。

“蛟龙号”可执行多项科考任务，其中包括：沉积物、浮游生物定点取样；富钴结壳区域小型钻芯取样；测量海水温度、获取活动热液喷口中心或指定位置的水样；跟踪地形和离底定高巡航，绘制高精度测深侧扫地形地貌图；特定目标（如沉船等）的照相和摄像；深海装置的定点布放与回收、海洋结构物（如管道和电缆等）的维护与检查。

“蛟龙号”设计考虑的主要原则包括：成本有效性原则。一次下潜尽可能获得多的数据和样品，尽可能带更多的科学家到达海底开展工作；环境友好性原则。水中巡航尽可能安静，抛载物对海底危害尽可能小；便于装配与维护原则；人体工程学原则。采取综合措施，创造尽可能舒适的舱内环境，以避免潜航员和科学家长时间作业和观察产生疲劳；海况。可以满足 4 级海况布放，5 级海况回收。

“蛟龙号”拥有三大技术突破。

（1）近底自动航行和悬停定位。“近底自动航行”是基于“蛟龙号”所具备的自动航行功能（驾驶员设定好方向后，“蛟龙号”可以自动航行，而不用担心跑偏）、自动定高航行（可以让潜水器与海底保持一定高度，轻而易举地在复杂环境中航行，避免出现碰撞）、自动定深功能（可以让蛟龙号保持与海面固定距离）。

悬停定位是指一旦在海底发现目标，“蛟龙号”不需要像大部分国外深潜器那样坐底作业，而是由驾驶员行驶到相应位置后“定住”，与目标保持固定的距离，能够做到精确地悬停。在已公开的消息中，尚未有国外深潜器具备类似功能。

自动航行和悬停定位功能可有效减少试航员的驾驶强度，便于试航员集中精力完成目标搜索和作业，为稳定、高精度完成作业任务提供可靠保障。

（2）高速水声通信。陆地通信主要靠电磁波，速度可以达到光速。但这一利器到了水中却没了用武之地，电磁波在海水中只能深入几米。“蛟龙号”潜入深海数千米，为保持与母船保持联系，科学家们研发了具有世界先进水平的高速水声通信技术，采用声纳通信，使潜水器在水下的语音、图像、文字等各种信息能实时传输到母船上，母船的指令也可以实时地传给潜水器。

这一技术需要解决多项难题，比如水声传播速度只有1500米/秒左右，如果是7000米深度的话，喊一句话往来需要近10秒，声音延迟很久；声学传输的带宽也极其有限，传输速率很低；此外，声音在不均匀物体中的传播效果不理想，而海水密度大小不同，温度高低不同，海底回波条件也不同，加上母船和深潜器上的噪音，如何在复杂环境中有效提取信号难上加难。

（3）充油银锌蓄电池容量。“蛟龙号”搭载的是我国自主研发的、储存电能超过110千瓦时的大容量充油银锌蓄电池，该电池的蓄电能力为美国同类潜水器蓄电池的2倍，成功解决了“蛟龙号”正常水下工作时间长，但又不能携带太重蓄电池的困难。

蛟龙号载人潜水器研制与海试于2013年4月27日在江苏无锡通过科技部组织的专家验收。验收专家组认为：蛟龙号载人潜水器不仅具有国际上同类型潜水器的最大下潜深度，而且其最大设计深度安全可靠，并拥有投入应用所需要的实际作业能力，在声学通讯、自动控制以及大深度作业等性能方面拥有明显的领先优势。蛟龙号载人潜水器研制和海试成功，标志着中国系统地掌握了大深度载人潜水器设计、建造和试验技术，实现了从跟踪模仿向自主集成、自主创新的转变，跻身世界载人深潜先进国家行列。

蛟龙号通过验收后，即正式由科技部863计划海洋技术领域移交其用户中国大洋矿产资源勘探开发协会，以期在深海矿产资源勘探和深海科学研究中发挥开拓者的作用。从2013年起，“蛟龙号”载人潜水器将进入试验性应用阶段。2014年12月18日，“蛟龙号”首次赴印度洋下潜。这是“蛟龙号”在印度洋首次执行科学应用下潜。2015年1月5日，“蛟龙号”载人潜水器在西南印度洋“龙旂”热液区完成两次下潜科考任务。这两次下潜的最大深度为2835米，取得了海底热液区构造带岩石、高温热液流体，还取得了带有贻贝、茗荷等生物的完整低温“烟囱体”等丰富样品，对研究海底热液区的形成与演化具有重要的科学价值。

8. 自治式无人潜水器

自治式无人潜水器（AUV）具有悠久的历史，可上溯到 19 世纪的军用鱼雷和河流瓶。但是，由于小型化和低功率电子装置、可靠性软件、大容量数据储存和数据通信的突飞猛进，我们现在已能生产海洋科研使用的 AUV 庞大系列。微电子、软件和通信再也不是 AUV 设计的限制性因素。性能的限制现在仅取决于材料的性质，如重量与排水量之比、潜水器上节约而安全的能源有限使用量。今后十多年，预计在以上方面能有根本的改进。光纤和陶瓷复合材料的突出进展可能产生供深海使用的新一代轻型高强度材料。新一代电池，尤其是为汽车和便携式计算机研制的燃料电池将以可承受的成本使能量密度提高一个数量级。

这一类技术形成各类潜水器基本框架，每一类都有其优缺点。没有适用于所有应用的万能潜水器。关键潜水器类型如下。

（1）自治式水面半潜器。此类潜水器的研发工作与全水下无人潜水器相比少得多。水面载体的最大优点是：可利用无线电或卫星中继的简单大容量带宽通信；通过内燃机发电提供动力，可极大地载体潜在续航力。此船型半潜式载体是自主进行近表层物理化学要素测绘的理想平台，还可作为海床成像的声呐平台使用。如果增加自主式绞车，它的剖面测量能力会有所扩大，这时它类似于一艘定点站位调查船。

（2）锚系剖面仪。锚系剖面仪是仅限于沿锚缆绳上下滑行的自治式无人潜水器。它上下滑行的速度在 0.5 米 / 秒以下，可搭载微功耗的化学探测装置和海流传感器。它的能量利用率很高，能沿缆绳爬行的总距离超过 100 万米。剖面仪上的处理器可以作为自适应的或可调的采样工具使用。通过感应、声学或许光学数据遥测，剖面仪可与海表浮标进行通信，进行近实时数据传输。

（3）潜行器。中性浮力声学跟踪自由漂流浮子可上溯到 50 年前。滑行器概念采用了新型可变浮力剖面漂流浮子的设计思路，安装上可上升到表层的翼板，具有流线型外形和航迹控制功能。这些增加的功能使滑行器能够一边滑行一边下潜，或者一边滑行一边沿着斜率为 2 ∶ 1 的角度或 1 ∶ 5 的平缓斜坡上浮，典型的前向运动速度为 0.25 米 / 秒。滑行器可以作为虚拟的锚系装置使用，也可用来进行长期断面调查。随着锚系剖面仪的发展，滑行器将受益于新一代微功能传感器和新能源。

（4）自备推进动力的 AUV。目前自备推进动力的 AUV 的体积远比锚系剖面仪、浮标或滑行器大得多，因此，其建造和作业费也高得多。然而，因为它们能安装大功率电源装置具有较大的有效载荷空间，所以它们是跨学科过程研究实验的宝贵平台。这些潜水器可安装大功率传感器，如声呐、流动细胞计数器以及新型传统采水器。此潜水器续航力在 250 公里以上，现已为高分辨率海洋地学、渔业研究、海洋湍流和混合的测量，为小尺度沿海过程的认识做出突出贡献。

根据 AUV 在固定站位之间的深海锚系装置上的往复运动，将来重要断面监测将不必使用船只。自备推进动力的 AUV 很可能用在其他手段无法进入的环境中，如在南极海冰底下、南极和格陵兰浮动冰架底下采集数据。

毫无疑问，今后十年海洋科学界将研制和使用不同类型的自治式潜水器。许多潜水器将共用小组件和设计原理，工程师将采用从用户和产业部门输入的自适应模块和部件，设计经济高效的技术方案。工程师和科学家有必要在需求和技术性能之间保持对话。由于潜水器的用途日益广泛，国家和国际论坛都需要对潜水器作业立法方面的问题予以认真考虑。

第六讲　人与自然关系的演变

自从人类出现以来，人与自然的关系就一直存在着。人与自然关系，是一种对象性关系，即人与自然的相互作用关系。在人与自然的相互作用过程中，人类通过多种方式影响自然，自然也在不同方面受到人的影响，同时又反过来影响人类活动。人与自然的相互作用和影响，形成了统一的系统，即人与自然系统。

人虽然是自然的产物，但人却不是一种纯粹的自然物，人不仅具有自然属性，而且具有社会属性。人的自然属性是人作为“自然的存在物”所具有的属性，这种属性主要是人为了能在自然界中生存，从动物那里继承下来的生物特性，包括繁殖、获取食物等自然本性（动物本能）。这种属性没有摆脱物质运动的生物形式，是被动地适应自然。人的社会属性是人作为“有意识的存在物”所具有的属性。在这个意义上，人不仅具有生理特点，还具有心理特性，即可以通过思想、智慧和自主行为，有意识地改造自然，并以各种社会形式予以表现，来满足自己不断增长的需求。自然界的原有状态，只能使人类像动物一样地生活，而人类是不会满足于这种状态的。列宁说：“世界不会满足人，人决心以自己的行动来改变世界。”[①] 既然大自然不能提供人类所需要的一切，人类便制造人工物来取代自然物，更好地满足人的需要。人能够能动地改变自然界，是人与其他动物的本质区别。动物只能利用自然界，唯有人能改变自然界。但人类对自然的利用和改造，必然改变自然界原有的平衡，造成人与自然在一定程度上的对立。特别是 20 世纪以来，人类改造自然的能力在时空和速率上都得到强化和延伸，人与自然之间原有经过长期演化所形成的相对稳定关系发生了剧烈的变动，代之而来的是人与自然关系的严重失调和众多尖锐的矛盾，集中反映在人口增长、资源短缺、生态破坏、环境污染、能源危机等问题上。人类需要重新审视自身的行为，探索人类社会与自然系统的协同进化规律，以实现人与自然关系的和谐及可持续发展。

第一节　人与自然的对象性关系

马克思主义认为，人是“对象性存在物”，具有“强烈追求自己的对象的本质力量”。[②] 人与自然的关系是一种“对象性关系”，即在作为主体的人和作为客体的自然界之间存在着相互作用、相互依存、相互制约的关系。

---

① 列宁．列宁全集（第 38 卷）[M]．北京：人民出版社，1959：229．

② 马克思，恩格斯．马克思恩格斯全集（第 42 卷）[M]．北京：人民出版社，1972：169．

一、人与自然的相互作用

1. 人离不开自然

人首先是一种自然物，自然及其演化对人和人类社会的发展有着相当重要的影响。

(1) 自然界在漫长的演变过程中，创造了人，也改造了人。生命的起源、生物的进化、人类的出现，都是自然发展、演化的结果。从这个意义上说，自然环境适宜与否，是人类祖先得以生存的决定性因素。正是自然界在数千万年前的变迁，给古猿向人的进化提供了有利的自然条件。考古资料也表明，人类起源地与自然环境有着重要的联系。例如北京猿人所生活的环境相当于现在的热带、亚热带森林环境，天然食物比较丰富的，也有利于避开可能威胁其生存的各种自然灾害。并且，由于各地自然条件的差异性，人在对不同环境的适应过程中逐渐形成了不同区域内的人在肤色、面貌、形态等方面的显著特征，形成了红、白、黄、黑的不同人种。当然，在一定的自然条件下，人类能生存发展到今天，并创造了许多超越自然的奇迹，表明自然对人类社会发展并不是起决定作用的因素。但人类决不应该因此而忽视自然的作用，人的自然属性决定了其发展将受到自然规律的永恒制约，并且对自然有相当的依赖性。

(2) 自然环境是人类赖以生存的基本条件。人体是一个高度有序的系统，如果切断了与外界的物质和能量交换，就只能走向死亡。迄今为止，地球是我们发现的唯一适合各种动植物生存的场所，它不仅为人类生存提供了必要的空气、水、食物、温度等，还为人类提供了赖以发展的土地、草原、地下矿藏以及风力、水力、地热、太阳能等能源资源，人类正是通过对这些资源的利用，来为自己创造更有利于生存和发展的条件。

(3) 自然环境影响着人口因素。自然环境制约着人口的分布，并影响着人口的迁移。地球表面提供给人类的空间并非都适合于居住，占地球表面 70%以上的海洋、极地以及干旱的沙漠地带，直至目前都不宜人类定居，而平原、盆地、大河流域等则因自然环境优越而汇聚大量人口。非洲的尼罗河三角洲、西亚的幼发拉底、底格里斯两河流域及中国的黄河中下游地区，之所以成为古代文明的摇篮，显然与当时当地优越的自然环境有着密切的关系。而地球环境的变迁同样也是包括玛雅文明在内的古文明衰落的重要原因之一。中国传统农业社会在两千多年的发展过程中，人口重心从北方逐渐向南方迁移，南方良好的水热条件就对这种变迁起到了吸引作用。

(4) 自然环境影响着人类的生产方式及其水平。自然条件的差异如资源总量与分布、内陆与沿海、平原与山地、热带与寒带等的不同条件，会影响着一个社会的经济类型和生产方式，如生产的空间布局、区域分工等。自然条件的优劣如气候的好坏、土壤的肥沃程度等，也直接影响着劳动生产率，这在人类社会早期显得尤为明显。

2. 自然界也离不开人

这并不是说，人类如果不存在了，自然界也会随之灭亡。自然也离不开人，是指自从人类产生以后，自然界的演化已经不是自然力量单纯起作用的结果，而是打上了人类意志的烙印，尤其是近代以后。人对自然的影响方式是多种多样的：

（1）人类活动改变地球的表面结构。人类通过大规模的水土改良、开垦梯田、围海造田、砍伐树木、修筑水库、建立城镇等活动，有力地改变了自然界的本来面貌。这种影响从1万年前开始的农业革命以来，就一直没有停止过，并且不断加剧。

（2）人类活动影响自然系统的物质流动。人类通过开采矿产、开挖河流、加工产品、排放废弃物等活动，改变了地球上物质的组分和流动方向。自工业革命以来，人类活动带来的物质的移动和改变更是成倍增长。目前，全世界每年的矿床采矿总量约1000亿吨，而人类活动每年迁移的物质总量达1万立方千米，由人类活动引起的物质变化与自然地质作用引起的变化也同样强烈。另外，人类所合成的成千上万种新的化合物，在其进入地球物质循环后，很多难以被自然所降解；向地球排放的废弃物质，也早已超过了地球的承载能力……这些都改变着自然系统的物质平衡和循环。

（3）人类活动影响自然系统的能量流动和平衡。人类通过向大气中排放二氧化碳、甲烷等可以吸收长波辐射的气体，会造成“温室效应”，使全球气候变暖；通过砍伐森林、修建水库、建设城市等活动，会破坏区域能量的平衡，形成“热岛效应”等。根据南极冰层钻探实验，公元1700年以前，地球大气层中的二氧化碳浓度始终稳定在270PPM（PPM：百万分之一），而1988年的二氧化碳浓度已达到350PPM，现在已达387 PPM，如果不加以控制，还会更快地增加。

（4）人类活动影响自然演化的速率。人类的行动作为触发因素，正在加快或减慢自然过程的速率。如人类活动每年在每平方公里地表可造成土壤侵蚀达1500～8500立方米，而天然原因造成的侵蚀只有12～500立方米，前者是后者的125～170倍。也就是说，由于人类活动的影响，土壤侵蚀的过程加快了100多倍；抗生素使用仅几十年，就已经出现了以抗生素为食的微生物，而通常情况下，进化产生这样的微生物需要上千万年。虽然也存在着如缩短生物生长周期、提高农业生产效率的行为，但这种自然演化速率的改变，产生更多的是负面作用。

二、人对自然的对象性关系是能动性和受动性的统一

人对自然具有能动性，人可以主动地改变自然界，使自然界不仅按自身的趋势演化，也按人类活动的指向演化。人类活动的指向，虽然从动机上来看，是为了人类的生存和发展，但后果却不太可能全部被人类事先预料到。比如，尼罗河上的阿斯旺大坝建成后，人类如愿以偿地得到了预计中的水利、电力，但大坝所引起的纳赛尔湖水资源的渗漏和蒸发、尼罗河下游两岸良田的贫瘠化、尼罗河三角洲及地中海生物资源的破坏等一系列后果，均是人类始料不及的。综合看来，大坝工程对农业产生的效益已是负值，对生态环境和物种的影响更是“此恨绵绵无绝期”。人类本着美好的愿望播下“龙种”，却可能不自觉地收获“跳蚤”。

这种双重性的后果，表明人类的行为不能脱离自然的约束，不能不受自然规律的制约，即人在具有能动性的同时也具有受动性。正如恩格斯所警示的那样：“我们必须时时记住：我们统治自然界，决不像征服者统治异民族一样，决不像站在自然以外的人一样，相反地，我们连同我们的肉、血、头脑都是属于自然界的；我们对自然界的整个统治，是在于我们

比其他一切动物强，能够认识和正确运用自然规律。”[①] 所以，人和自然的对象性关系的良性发展，必须以能动性与受动性的统一为前提。

第二节　人化自然与人工自然物

人与自然的对象性关系充分体现了人与动物的本质区别。恩格斯说：“一句话，动物仅仅利用外部自然界，简单地通过自身的存在在自然界中引起变化；而人则通过他所做出的改变来使自然界为自己的目的服务，来支配自然界。这便是人同其他动物的最终的本质的差别，而造成这一差别的又是劳动。”[②] 由于劳动，人类改变了自然，自然界已不是原来纯粹的自然界，而是具有了社会属性，成为人化的自然界。马克思说：“在人类历史中即在人类社会的形成中生成的自然界，是人的现实的自然界；因此，通过工业——尽管以异化的形式——形成的自然界，是真正的、人本学的自然界。”[③]

一、人化自然

人化自然是一个与自在自然（纯自然）相对应的概念。这一概念由黑格尔第一次提出而为马克思所继承，体现了人对自然界积极的、能动的本质力量。

1. 自在自然

自在自然是指原始发生着的自然界。它独立于人类主体之外，未被纳入人类实践的范围，是“原生态的”“自在的”自然界。

自在自然首先是指先于人类历史存在的自然界。在没有人的时候，当然也就没有“人化”自然。但是，在人类产生之后，在人们的认识所能达到的范围之外，在人们通过劳动改造了的自然环境之外，仍然存在着一个广阔无垠的“自在自然”。它包括人类目前尚未观测到的总星系之外的宇观世界、基本粒子以下的未知的微观世界、宏观世界中尚未被人认识的自然事物，这些都是人类目前的认识能力和实践能力所未能达到的领域。

2. 人化自然

人化自然是人类通过实践活动不断地认识和改造的那部分自然界，是进入人的文化或文明的自然界。

“人化”有两种，一是因在人类实践中“被认识”而人化，一是因在人类实践中“被改造”而人化。所以自然“人化”的基础是人的实践活动。自然界在人的实践中，既成为人认识、反映的对象，也成为人加工、改造的对象。相应地，“人化自然”也有两类：一是尚未被改造但已经被认识和理解的自然，可以称为“第一自然”即“天然自然”；二是已经被人改造过的、打上了人的活动烙印的自然，可以称为“第二自然”即“人工自然”。

---

① 恩格斯．自然辩证法 [M]．北京：人民出版社，1971：159．

② 恩格斯．自然辩证法 [M]．北京：人民出版社，1971：304．

③ 马克思．1844 年经济学哲学手稿 [M]．北京：人民出版社，2000：88．

根据人对自然因素的深入程度，人工自然可以分为三个层次。

（1）人工控制的自然。就是用人控制的手段，把野生动物、植物或天然地貌保护起来，使之维持天然状态，这是人类对天然自然的简单控制。如自然保护区的设立。

（2）人工培育的自然。这是一种较高形态的人工自然，在这种形态上，人已通过劳动过程，使天然自然物发生了某种状态上、结构上的甚至性质上的部分改变。例如，人工培育的动植物、转基因动植物等。

（3）人工制造的自然。即人类创建天然自然中完全没有的事物，包括人工自然物和人工自然界。人工自然物，即人类利用自然材料制造的各种物品（如指南针、陶器、衣服、床等）或物体（如建筑物、矿山、铁路等），也包括人克隆出来的各种动物、组织和器官等；人工自然界，即人类建造和控制的各种人工生态系统（如人造运河、人造森林、人造水库、人造牧场农场等）。人工制造的自然是最高层次的人工自然，也是人工自然的主体。

3. 人化自然与自在自然的辩证关系

（1）人化自然与自在自然在本质上是统一的。两者都具有客观实在性。人们不是在自在自然之外来创造人化自然，而是在自在自然之中建造起人化自然，是在自在自然所提供的材料基础上来体现和确证自己的本质力量的。马克思说："没有自然界，没有感性的外部世界，工人什么也不能创造。"①

两者都必须遵循自然本性与规律。人化自然的任何一种新创造的形态或新产生的属性，无不由自然界本身的规定性转化而来的。自然界的无限丰富的规定性，为人化自然的无限扩展提供了客观的可能性，实践活动只是把这种可能性变为现实性。人们对自然物所做的任何加工，都必须遵循自然物的本性和自然规律。

两者都具有"自在"的属性。自在自然转化为人化自然后，自然的自在性仍然潜藏于人化自然之中。因此，具有某些特殊性质和规律的人化自然，在总体上又必须服从自在自然所具有的本性和规律。人类对自在自然的人化，只能在一定层次上，而不可能在所有层次上，而自然物是有多层次结构的。人类在某一层次上改造了自然，它就在那个层次上转化为人工自然，而其未经改造的层次，依然具有自在自然的属性。

（2）人化自然与自在自然又是有区别的。与自在自然相比，人化自然具有自己的特性：主体性。人化自然是人类赋予自然客体以主体的特性，将人的需求凝聚在自然物之上，将人的意志刻烙在自然物之中；对象性。人化自然是作为人类认识和改造的对象而纳入人类世界中的，体现了作为主体的人的能动性；社会性。人化自然具有社会属性，是带有社会性的自然。比如人工自然物的制造，不仅要遵循自然规律，也要遵循社会规律如经济规律、生活规律、美的规律。

二、人工自然物

人工自然物，是人类利用原有的自然物（包括人体自身）制造出来的自然界原本不存

① 马克思，恩格斯．马克思恩格斯选集（第 1 卷）[M]．北京：人民出版社，1995：42．

在的物体。但是，并非所有人类以自然物为原料制造出来的人造物，都是人工自然物。作为人工自然物，一般具有两个特征：一是人利用技术手段制造出来；二是具有物质价值，能满足人们物质生活的需要。

以此来看，许多物品都不能称为人工自然物。如人类培育的农产品和畜牧产品，虽然是在人的照料、控制下生产出来的，但并非人用技术手段完整制造出来，不能称为人工自然物，最多只能是“半人工自然物”；人类为满足审美需要、利用艺术手段制造出来的人造物，虽然也是以自然物为原料，但被称为艺术品，通常不视为人工自然物。人工自然物具有如下属性：

(1) 人工自然物的可控性。天然自然物是人类无法掌控的，人不能改变地球的四季更迭、昼夜交替，不能控制太阳的辐射，不能阻止生物的新陈代谢。人工自然物是为了满足人的需要而制造出来的，必须能被人类控制，否则便无法实现人的创造目的。事实上，人工自然物的功能只有在使用并被有效地控制下才能充分发挥作用，一旦失控便前功尽弃甚至可能产生严重的负面影响。所以，能否被控制，是在制造人工自然物时需要特别重视的。比如各国制造的航天器，制造者不仅要能接收到其发出的各种信息，控制其运行，甚至航天器如何回收也是一个必须解决的重要问题。而核设施的安全可控更被视为比其功能发挥还要重要的方面。人工自然物不能成为潘多拉的魔盒，一旦打开，便不可收拾。

(2) 人工自然物的非生态性。天然自然物是自然界按其自身的物能关系和规律进行耦合的结果，表现为与自然整体的高度适应，处在各种物质、能量和信息的生态循环、平衡中。人工自然物则不然，它不是自然演化过程的必然结果，不是自然优先选择的对象。人类之所以需要制造人工自然物，就是基于其在自然物质系统中无法自发分离出来。由于人工自然物是人类利用技术手段对自然进行调控的结果，其建构过程既要合规律更要合目的，不可能完全按照天然自然的发展趋势、发展进程，因而总是存在着人的目的性与自然随机耦合性的矛盾、人类意志与自然规律之间的冲突，而无法完全与自然融合，呈现为非生态性。人工自然物通常都不能在与其他自然物的相互作用中加入自然界的生态循环中去。对于自然系统来说，人工自然物是一种异己的存在。这种非生态性为生态危机的发生埋下了伏笔，成为人与自然不和谐的载体。

(3) 人工自然物的效用优越性。人工自然物对于人类来说，有着天然物品所没有的功能和效用，所以才会被制造出来。因此，人工自然物永远是效用优先，并且必然有着优越于天然自然物的效用。比如，起重机的起重能力总是优越于人的臂力，空调机对于特定空间气温的调节能力远胜于自然力，各种钢铁制品有着天然铁矿所没有的功能用途。但是，迄今为止，人为了满足自己的需要而利用技术生产人工自然物时，都只是利用某一方面的自然规律去对抗整个自然界，对这种人工自然物的效用只能从局部的、暂时的方面去把握，而难以把握其长远的影响和后果。所以，许多人工制造物在满足了人的某种效用后，带来了难以估量的、长期的其他负面效应。正如恩格斯所言：“到目前为止的一切生产方式，都仅仅以取得劳动的最近的、最直接的效益为目的。那些只是在晚些时候才显现出来的、通过逐渐的重复和积累才产生效应的较远的结果，则完全被忽视了。”①

（4）人工自然物的自然性。人工自然物的制造，“盖以人力尽地利，补天工”，是建立在“尽地利”基础上，具有无法抗拒的自然性。这种自然性，首先表现为人工自然物的物质原料是天然自然提供的。正如马克思所言，自然界是工人“在其中展开劳动、由其中生产出来和借以生产出自己的产品的材料”，人类绝不可能脱离天然自然而无中生有地凭空制造任何东西。其次，制造人工自然物的根据、过程也来自天然自然，服从自然规律。所以，要制造人工自然物，人类必须先达到对自然过程和规律的正确认识和掌握，尽管这种认识永远没有止境。比如，制造人造卫星，人类必须先认识天体运行的过程和规律；制造粒子加速器必须先认识粒子运动的原理。人工自然物无论是制造的根据、原料、手段、过程都具有自然性。

（5）人工自然物的风险性。为了实现人类的需要，人工自然物通常是由很多部件构成的，这些部件之间存在着特定的相互关系和结构，在此基础上实现其特定的功能。随着人类对人工自然物功能需求的不断拓展，人工自然物越来越具有复杂的结构和运行机制。这些部件、关系和结构中的任何一个方面，如果由于无所不在的随机性扰动而出现问题，其特定的功能和价值便会受到影响、丧失，甚至产生有害于人类的恶劣影响。要确保人工自然物的各个部件、关系及整体结构同时处于良好运行状态的条件是非常苛刻的，事实上很难做到同时不出问题，这就是人工自然物的技术风险性。从这个角度来讲，人工自然物保持其对人类有利的运行状态是个易受干扰的不稳定状态。人工自然物越是规则和复杂，功能越多，其稳定运行的条件也越苛刻，技术风险越大。类似电脑系统崩溃、飞机失事、核电厂泄漏等事故、灾难，很多都是由于防不胜防的技术风险。人类所制造和使用的人工自然物越来越多、越来越复杂，人类也越来越难以控制其运行，所以未来社会的风险系数会越来越大。

由于人类受自身认识水平和实践能力的限制，还没有意识到要自觉地去促进自然整体的进化，而是完全从人类自身的利益出发去征服和改造自然，盲目地建造人工自然。

三、人工自然界

在人类智能初开时，人仅仅依靠采集、渔猎而维持生存，对自然加工改造的能力是很微弱的，当时的人工自然，只是一些粗加工的石器而已。当人类学会了畜牧、农耕时，人工自然就进化为铁器、家畜、农田、村庄等。在这些时期，人工自然物虽然在不断增加，但自然的“天工”多于人为的“开物”，自然系统还是以比较原生态的方式存在。

到近代，当人类学会了制造工具机、动力机时，人工自然又从农牧产品发展为工业产品，从村庄发展为城市。人工制造物充斥着商品市场，也渗透到生活的各个领域。人类所面对的现实自然界，其人为的属性越来越鲜明。而现代科学技术工程，特别是能源技术、电子计算机技术、空间技术、微电子技术、生物技术、材料技术等技术工程的兴起，以前所未有的速度和规模创造出一个相对独立的人造物世界，诸如人造元素、人造原子、人造

① 恩格斯．自然辩证法 [M]．北京：人民出版社，1971：306．

天体、人工合成新材料、人工智能以及人工克隆品等，造就了一个庞大的人工自然，处处以人工自然取代天然自然，以至于形成了一个庞大的人工自然界。

人工自然界即人工生态系统，如人造森林、人造牧场、水产养殖场、农场、城市、乡镇等。人工自然界作为一个生态系统，虽然也是由生物群落与其附近地理环境相互作用构成的一个自然系统，但人工自然界主要是由人工自然物构成。在人工自然系统中，人工自然物不仅是人类制造加工的产物，并且进一步成为主要的制造加工对象，成为整个人类社会生活的基础。

今天的地球表面，纯粹的天然自然已越来越稀缺，到处都是人工自然的世界。正如美国心理学家西蒙在他的《人工科学》一书中所言："我们今天生活着的世界，与其说是自然的世界，还不如说是人造的或人为的世界。在我们周围，几乎每一样东西都有人工技能的痕迹。"① 我们所生活的这个世界已经是一个人工自然界，并且在越来越大的程度上干预自然界未来的路径。著名物理学家海森伯也认为："在以前的各个时代里，人类觉得他所面对的只是大自然本身。万物聚集的自然界是一个按其自身的规律而存在的领域，人类不得不设法去适应它。然而在我们这个时代，我们生活在一个被人类如此彻底改造过的世界里，以致在每一个领域中——不论我们拿起日常生活用具，还是啜食用机器制备过的食品，或是到被人类根本改造过的乡村旅行——我们总会遇到人工创造物，因此从某种意义上说，我们遇到的只是我们自己。"②

人与自然的对象性关系，表明人必定会在改变自然的过程中建造人工自然，人工自然对人类的生存和发展至关重要。但从现实情况来看，人工自然的急剧扩张，已经超过了地球自然自身演化的力量，表现出极端的非自然性和反自然性，给地球生物圈的自我调节功能带来了严重的威胁，也将最终危及人类的生存。因此，人工自然对自然过程的重大影响已经引起了人们的高度重视，人工自然向何处发展和怎样发展，已经成为全人类生死攸关的重大抉择。

第三节　构建人与自然的和谐关系

一、人与自然关系的演化

人类的产生是自然界演化发展、生物界长期进化的结果。人与自然的关系是人类生存与发展的基本关系，也是人类一直思考的主题之一。对自然采取何种态度，受到当时人们认识水平尤其是生产力发展水平的影响。在不同的历史阶段，人与自然的关系也在发生着变化。从古至今，人与自然的关系经历了合、分、合三个不同的阶段。

1. 古代的"天人合一"

在原始社会，人刚从动物界分化出来，智能低下，尚不具备改造自然的知识、技能和

① A. 西蒙. 关于人为事物的科学 [M]. 杨乐译. 北京：解放军出版社，1985：3.
② W. 海森伯. 物理学家的自然观 [M]. 范岱年译. 北京：商务印书馆，1990：10.

装备。面对异常强大的自然力，人类束手无策，想生存下来，只能顺从自然、依赖自然，只能凭借大禹治水、愚公移山这样原始的方式，甚至寄希望于女娲补天、精卫填海。古代人给自然打上的印记十分有限，所产生的影响可以忽略不计。故此，在古代久远的岁月中，一方面是基本上未经触动的原始的、自在的自然，另一方面是基本上只有受动性而没有能动性、对自然不能施加什么影响并听命于自然的人，双方之间自然不会有什么冲突，形成了以自然为中心、以人对自然崇拜为特征的“天人合一”关系。

在农业社会，人与自然依旧保持着一种基本和谐关系。但这种和谐已经不是原始社会的和谐关系，已经出现了一些不和谐的迹象。虽然农耕经济属于以自给自足的自然经济为主的经济形式，对自然开发利用的程度有限，但在部分地区，由于人口的增长以及开垦土地的需要，大量的林木被砍伐，水资源也成为争夺的目标。人与自然之间开始出现不和谐。

面对这种状况，这一时期的思想家们，开始思索人与自然的关系。中国古代对于人与自然关系的认识是较早的，尤其是道家提出了“天人合一”思想，主张人与自然和谐共处。但这一阶段的天人合一，其主流是以人去“合天”“配天”，通过人适应自然来达到两者之间的和谐状态。老子认为，自然是人类的母亲，自然存在的一切都是合理的，人类生存于自然之中就应该遵循自然之道、返璞归真。故此，他们反对以科技的力量来大规模地改变自然，倡导“小国寡民，使有什佰之器而不用；使民重死而不远徙。虽有舟舆，无所乘之；虽有甲兵，无所陈之。使民复结绳而用之。甘其食，美其服，安其居，乐其俗。邻国相望，鸡犬之声相闻，民至老死，不相往来。”的理想状态。

2. 近代的“天人分离”

古代的天人合一，由于是一种基于不改变自然本身状态的和谐，故与近代以后越来越发达的工业生产难以契合，敬畏自然的观念逐渐被人定胜天的观念所取代，人与自然的关系也从天人合一走向天人分离。

到了近代，科学的发展使自然在人类面前被揭开了神秘的面纱，被解除其巫魅。自然不再有神、不再有灵、不再与人息息相通，只不过是一架严格按照机械规律运转的机器。人不能与自然对话，只能站在自然之外，“纯客观”地研究它、认识它、改造它。工业革命更使人对自然的影响力前所未有地强大，使人有了对自己本质力量的自信，由原始社会的崇拜自然变成了崇拜自身。正如 19 世纪法国科学家彭加勒所言：“我们不再乞求自然，我们支配自然，因为我们发现了它的某些秘密。”[①]“知识就是力量”这句名言中所表露的雄心壮志，充分表现了人在自然面前的自信。人类已不再满足基本的生存需求，而是追求更为丰富的物质与精神享受，对自然为所欲为：毁掉草原、开凿矿井、砍伐森林、建造工厂……“征服自然”“改造自然”成了人类的奋斗目标。

人就这样从自然怀抱中走出来，确立了以人类为中心、以人对自然的征服为特征的“天人分离”的关系。天人分离的基本思想以为：人是世界的主体，是宇宙的最高存在，是自由的存在，是“万物的尺度”；外部自然世界则是客体，是满足主体需要和欲望的对象，只有依赖于主体——人才获得存在的理由和价值。

① 彭加勒．科学的价值 [M]．北京：光明日报出版社，1988：277．

人类在不断展现其主观能动性、给自然越来越深地打上自己的印记的同时，逐渐忘记了自己也是大自然的一个成员，忘记了在实践中发挥主观能动作用的同时还要受到自然规律的制约，把人与自然关系中的受动性撇在一边，在天人分离的道路上越走越远，从而造成了人与自然关系的严重对立和恶化。近代以来工业化的发展，虽然使西方工业化国家如愿取得了快速的经济增长，积累了巨大的物质财富，但同时也产生了一系列严重的负面影响，造成了人与自然关系的失调、生态环境的破坏。二战以后，发达国家急于恢复生产，在实现工业化的过程中，走上了一条只考虑当前需要而忽视后代利益、先污染后治理、先开发后保护的道路，使人与自然的矛盾空前紧张，人口激增、资源短缺、环境污染、生态破坏等问题日益突出，所有这些环境问题直接威胁到整个人类自身的生存与发展，“生态危机”残酷地呈现在人类面前。

3. 现代的“天人和谐”

现代人从自然的报复中接受了教训，逐步认识到近代人这种只讲能动性、忽略受动性的妄虚，只会走向主观愿望的反面。

事实上，恩格斯在一个多世纪以前就给人类敲响了警钟。1878 年前后，恩格斯就在他的《自然辩证法》手稿中这样向人们发出了关于环境问题的警告：“我们不要过分陶醉于我们对自然界的胜利，对于每一次这样的胜利，自然界都报复了我们。每一次胜利，在第一步都确实取得了我们预期的结果，但是在第二步和第三步却有了完全不同的、出乎预料的影响，常常把第一个结果又取消了。美索不达米亚、希腊、小亚细亚以及其他当地的居民，为了得到耕地，把树都砍完了，但是他们做梦也想不到，这些地方今天竟因此而成为不毛之地。”[①] 可惜他的这部著作最后没有完成，其手稿也直到 1925 年才正式公布于世。而且由于当时人类的活动还尚未引起普遍的生态系统失衡，因此恩格斯的警告没有引起当时人们的注意。

进入 20 世纪后，被严重破坏的生态系统变得越来越脆弱，环境公害事件开始爆发，1930 年比利时发生的“马斯河谷事件”、1948 年美国发生的“多诺拉事件”都源于大气污染。1949 年，美国学者福格特在《生存之路》一书中首次提出了“生态平衡”的概念，并将人类对自然环境的过度开发而引起生态环境恶化所导致的不利于人的生存与发展的现象，概括为“生态失衡”，强调防止生态失衡、保持生态平衡的重要性。他说：“我们必须进一步认识到生态平衡面临严重的情况，即我们的环境阻力正在因过度砍伐、森林火灾、过度放牧、不良耕作法、种植过度、土地结构崩溃、地下水位降低、野生动物灭绝等原因而迅速增加。”[②] 遗憾的是，人们依然没有为环境的恶化而反思，依然陶醉在工业革命的伟大胜利之中，以致在整个 20 世纪 50、60 年代，大面积乃至全球性公害事件层出不穷。特别是 1952 年英国伦敦的烟雾事件、1955 年美国洛杉矶的光化学烟雾事件、1954 年日本的水俣病事件、1968 日本米糠油事件等重大公害事件，导致成千上万人生病、不少人丧生。最早享受到工业化所带来的繁荣的西方国家，也最早品尝到了工业化带来的苦果。

① 恩格斯. 自然辩证法 [M]. 北京：人民出版社，1971：159.

② 福格特. 生存之路 [M]. 北京：商务印书馆，1981：252.

痛定思痛，从 20 世纪 60 年代末开始，以罗马俱乐部的一系列报告为标志，人们终于从工业文明及经济增长的陶醉中惊醒过来，不再固执于对自然的“征服”“统治”，而是从人作用于自然而自然又反作用于人的相互作用中考察人与自然的关系，并提出了人与自然协调发展的种种设想。这些思想和观点中，最具代表性的是生态中心主义和现代人类中心主义，它们都是基于对人类生存的自然环境的危机而提出的主张。尽管两者的侧重点不同，但目标是一致的，就是要寻求一个人与自然和谐共处的理想世界。

从古代“天人合一”的关系，到近代“天人分离”的关系，再到现代追求“天人和谐”的关系，人类在人与自然的关系上经历了一个否定之否定的过程。古代的天人合一思想，由于建立在科学技术发展水平极低的农耕经济时代，因而具有历史的局限性和片面性。此种天人合一，以自然之道解释和规范人类的繁衍与发展，在总体上仍具有朴素、猜测和迷信的性质，忽视了对人类社会客观规律的探索，扼杀了人类认识自然、抵御灾害、改善环境的创造性能力；近代把人从自然中分离出来，表明人类第一次把自己从自然中提升出来，明确区分了主体与客体，这显然不是倒退，而是人类伟大的进步，也是日后重建天人和谐的必由之路。但这种天人分离、人定胜天的思想，既成为人们征服自然界的思想武器，同时也成为造成千疮百孔的自然界的祸根，文明发展的历史同时也成了荒漠化扩张的历史。高度的人类物质文明与深重的生态危机之间的矛盾，是这种天人分离理念的必然结果；现代人在巨大的生态危机面前所能做出的应对，只能是重建人与自然的关系，追求人与自然的和谐共处。人与自然之间既不是一种服从关系，也不是一种征服关系，而是一种共生关系。

二、当代人与自然关系的主流思想及其评价

人与自然关系的问题，已成为当代人们关注和探讨的最重要的问题之一，形成诸多的理论观点和学说。这些理论、学说，从其指导思想来看无非是两种：人类中心主义和非人类中心主义。

1. 人类中心主义

人类中心主义的概念曾在三个意义上使用：第一，人是宇宙的中心；第二，人是一切事物的尺度；第三，根据人类价值和经验解释或认识世界。第一种观点属于宇宙人类中心主义，源于古代，但哥白尼的日心说问世之后，此观点便宣布破产。第二种观点又被称为传统人类中心主义或强人类中心主义，始于近代，近代启蒙运动和理性主义的张扬，使人不再寄希望于宗教的超人力量而转向人自身，但此观点过分地夸大了人的思想理性与主体地位。第三种观点属于当代人类中心主义或弱人类中心主义，此观点把人的整体利益与长远利益作为终极目标和价值尺度，在人与自然的关系上，强调人的主导性与创造性，强调人与自然的和谐性。人类中心主义在本质上是一种以人类的利益为出发点和归宿点、以人类的价值评判为标准，围绕人的需要处理人与自然关系问题的思想。

现代人类中心主义是伴随着现代生态伦理学的发展而产生和发展的，是在当代生态危

机日趋严重的情况下，人类重审自身在宇宙中的地位、重审人与自然的关系的结果。现代人类中心主义认为，应该对人的需要做某些限制，在承认人的利益的同时又肯定自然存在物有内在价值；应根据理性来调节感性的意愿，有选择性地满足自身的需要。现代人类中心主义的理论落脚点和归宿点虽然仍是人类生存和发展的需要，但它主张对人的利益和需要进行理性的把握和权衡，反对将人的利益和需要绝对化；主张自然物也有内在价值，认为自然物的价值并非只能够满足人的物质利益，它们也能丰富人的精神世界；在承认人的优越性的同时，也承认其他有机体也是生命联合体的成员，认为人有义务从道德上去关心它们。

现代人类中心主义继承了人类中心主义的合理之处，肯定了人的主体性、能动性和创造性，确信人是自然界、社会和自己的主人，从而使人类从自然、社会、自身的奴役和束缚中解放出来，成为自然的、社会的和自己的控制者。它也抛弃了传统人类中心主义的不合理之处，如在当代并非以全体人类为中心，而只是群体中心主义或少数人中心主义；在代际只考虑当代人的利益而不考虑后代人的利益；过分夸大了人的主体性和能动性；过分夸大了人的理性与科学技术的作用等。

现代人类中心主义也吸取了非人类中心主义的某些观点，在承认人的利益的同时又肯定自然物有内在的价值，反对将人的利益和需要绝对化。

现代人类中心主义认为，人类中心主义并不是导致当代生态环境问题的伦理学根源，真正的人类中心主义是以人类的类（整体）利益为价值取向的；历史上出现过的所谓的人类中心主义，都只是以各种特殊的个体利益或群体利益为价值取向，是个人中心主义和群体中心主义，是十足的反人类中心主义。在他们看来，正是在这种反人类中心主义的环境伦理价值观的支配下，各种不同的利益主体为了最大限度地追逐自己特殊的、眼前的、直接的利益，利用手中掌握得越来越先进的技术手段向大自然展开了残酷的掠夺和暴虐的征战，使人与自然、人类与生态环境之间的对立和矛盾日益加剧，并最终导致了当代人类所面临的广泛而又严峻的生态环境问题。

现代人类中心主义认为，以人类的整体利益为价值取向，既是人类的本能选择，也是人类的正确选择。“物竞天择”是自然物种的生存法则，任何物种只有适应环境并在生存竞争中取胜才能存在下去，因而任何物种必须利己，人类作为一种自然物也不可能超越这一生存法则。所以，人类任何时候都不会也不应当高尚到为了非人类的存在物而否定自己的生存权利和根本利益。

现代人类中心主义高扬了人类的主体性，期盼建立一种以人为中心的、人与自然和谐的生存状态。可是，在阶级社会中，利益主体是多元化的，现代人类中心主义理论中所指的主体的人只是抽象的人。所以，欲以人类的整体利益为依据来规范人的行动，从理论上看似乎存在统一的行为准则，实际上由于不同主体的利益不同、行为不同，必然造成无序的状态。社会历史告诉我们，人类对自然生态的破坏并不仅仅是因为人类对自然规律的无知，在阶级社会中更主要的是受本阶级利益的驱使。事实上，在现实生活中最先意识到生态问题的西方工业化国家并没有承担起他们所应承担的责任。相反，他们却打着“支持不发达国家发展经济”的旗号，大规模地将种种对生态环境有严重危害的产业和有毒垃圾，从国内转移到国外，以对外投资的名义输出污染、转嫁危机，试图逐步从本国产业布局中把各种对生态环境造成严重破坏与威胁的工业项目，如石化、纺织、冶金、电子、电镀、印染等行业，迁移到急需投资的发展中国家，利用那些国家环保法规不完善，或虽有法规但无力认真执行的弱点，污染那里的环境，将那里的人民推到承受生态灾难的最前线，从而谋取他们在本国投资所得不到的厚利。历史和现实都告诉我们，人类中心主义所追求的那种以全人类为主体的人与自然的和谐统一，在现阶段还无法实现，只能在我们所追求的最高理想社会——无阶级的共产主义社会才能得以真正实现。

2. 非人类中心主义

非人类中心主义是在传统人类中心主义发挥到极致而带来日益严重的生态危机的基础上产生的。与人类中心主义相反，非人类中心主义认为，并非只有人类才具有内在价值，动物、植物甚至河流、岩石等生态系统都具有内在价值。它们和人一样是大自然中平等的一员，和人一样享有权益，人类应该用道德态度来处理人和自然界之间的关系。

非人类中心主义分为三个主要流派：动物解放或动物权利论、生物中心论、生态中心论。

动物解放或动物权利论以澳大利亚伦理学家辛格和美国哲学家雷根为代表。他们认为，动物具有感受苦乐的能力，这是动物能获得道德关怀的依据；动物有着与人相似的生命体验过程，应该拥有获得尊重的平等权利，享有与人类似的权利。因此，人类必须尊重动物的生存，保护动物的权利，不能对动物为所欲为。动物权利论者通常反对整体生态中心主义，将其斥之为“环境法西斯主义”，因为后者可以为了整个生态系统的利益而牺牲个体的利益甚至生命。

生物中心论和生态中心论都主张以自然为本来规范人的行为，其核心观点是不仅人有内在价值，个体的生命形式和整个生态系统也具有内在价值和道德地位，人类对自然应有敬慕之情。所以，他们都反对人类对自然的控制，反对人类仅仅根据对于人类的有用性来评价、利用自然。两者的区别在于，前者主张所有生命有机体的价值，将生物多样性作为最高的道德评价标准；后者主张大尺度的生态过程如进化、适应等是自然最重要的方面，因为如果你杀死一个生物个体，几个月或几年后将恢复常态，但是如果你除去整个的一个物种或者某一地貌，将需要几百万年来恢复。

在生态中心主义的理论范畴中，影响最大的是深层生态学。深层生态学是由挪威著名哲学家阿恩·纳斯所创立的现代环境伦理学理论，它从包括人在内的自然的整一性前提出发，认为在生物圈中所有的有机体和存在物作为不可分割的整体的一部分，在内在价值上都是平等的，都有生存和繁荣的平等权利；人只有在与生态环境的交互关系中，才能实现“生态的自我”，人的自我利益与生态系统的利益是完全相同的。

应该肯定，非人类中心主义的伦理观第一次把社会伦理道德的范围扩展到了人与自然的领域，使自然获得了按自身规律发展的权利，并从伦理道德的范围来规范人在自然中的行为；第一次使不同国家和地区的生存环境问题突出出来，把地球作为人类共同的家园来进行保护，具有划时代的进步意义。

非人类中心主义伦理观也存在着明显的缺陷：在人与自然的关系上开始走向另一个极端，即从对人的崇拜转为对自然的崇拜；在关注自然的价值利益时，在人类的主体性地位上实行了退却，甚至企图通过放弃人的主体地位来解决自然环境恶化造成的人类生存的危机；在强调人与自然之间的关系问题时，忽视了人与人之间的关系问题；在强调要实现人与自然之间的平等时，忽略了现实世界存在着的严重的人与人之间不平等的现象，把人们的视线从贫困问题、社会公正问题以及发达国家对发展中国家的援助问题上转移开了。

这些年，环境保护、绿色运动蓬勃发展，各类生物保护组织层出不穷。人们高唱着人与所有物种平等的赞歌，对动物的关注和保护的热情甚至远远超过了对人类自身的关心。而在非洲许多地方，成千上万嗷嗷待哺、瘦骨嶙峋的儿童却得不到狮子、大象、虎豹豺狼所受到的人类的礼遇。因此，在国际上，发展中国家与发达国家对于非人类中心主义的反应是不同的，发展中国家对其反应冷淡，因为它不符合发展中国家的利益。

由此来看，无论是现代人类中心主义还是非人类中心主义，都无法成为重建人与自然和谐关系的理论基础。

三、马克思主义对人与自然关系的论述

任何哲学都是时代精神的精华，当然也意味着哲学思想总是生长在时代条件下，不能不受时代的束缚。从马克思和恩格斯所处的时代来看，人与自然的关系尤其是自然对人的制约及自然对人的活动的反作用，都远未充分暴露出来，人与自然关系是重要的却不是严峻的。因而马克思和恩格斯都没有直接地充分地完整地表述其生态哲学思想。但马克思和恩格斯，尤其是恩格斯，从唯物主义，辩证的原理出发，对人与自然关系做了虽然是有限的却极具前瞻性的阐述，对于我们正确处理人与自然关系有着重要的指导作用。

1. 人是自然界的一部分

马克思指出："自然界，就它本身不是人的身体而言，是人的无机的身体。人靠自然界生活。这就是说，自然界是人为了不致死亡而必须与之不断交往的、人的身体。所谓人的肉体生活和精神生活同自然界相联系，也就等于说自然界同自身相联系，因为人是自然界的一部分。"[①] 这其中蕴涵了丰富而深刻的生态思想：人类存在于自然界"之内"，不能把人类摆在自然界"之外"，更不能凌驾于自然界"之上"；人类与自然界的关系，不是征服与被征服的关系，不是纯消费与被消费的关系，而是休戚相关、生死与共、互利共生、和谐共存的有机整体。因此，人类必须像保护自己的肌体一样保护自然，而且，只有保护好自然才能保护好人类的肌体。

2. 劳动是人对人和自然之间关系的控制

马克思认为，人类的劳动是改变自然形式、实现人的目的与遵循自然规律的统一。"人在生产中只能像自然本身那样发挥作用，就是说，只能改变物质的形态。不仅如此，他在

① 马克思，恩格斯．马克思恩格斯全集（第42卷）[M]．北京：人民出版社，1979：95．

这种改变形态的劳动中还要经常依靠自然力的帮助。”[①]“劳动过程结束时得到的结果，在这个过程开始时就已经在劳动者的表象中存在着，即已经观念地存在着。他不仅使自然物质发生形式变化，同时他还在自然物中实现自己的目的，这个目的是他所知道的，是作为规律决定着他的活动方式和方法的，他必须使他的意志服从这个目的。”[②]然而，进入人的劳动生产中的自然物质，并没有失去其自身所固有的规律性，仍然保持着人的意志无法改变的固有本性。“自然规律是根本不能取消的。在不同的历史条件下能够发生变化的，只是这些规律借以实现的形式。”[③]因此，人的目的的设定要从属于自然物质的规律性，人的目的只有与自然物质固有的规律相一致才能得以实现。即在人与自然的物质变换中，人只有在认识、肯定和遵循自然界的规律时，才能实现人的目的。这就要求我们在劳动过程中，必须遵循自然界生态系统的动态平衡规律，把人类的生产和消费控制在自然生态系统所能承受的范围之内。

马克思还指出：“劳动首先是人和自然之间的过程，是人以自身的活动来引起、调整和控制人和自然之间的物质变换过程。”[④]需要特别注意的是，在这里马克思把“对自然的控制”转换为“对人与自然之间关系的控制”，生态意义十分重大。如果立足于把劳动作为对自然的控制去理解的话，那么，人们就会重点考虑如何制造出满足人们需求的产品；如果立足于把劳动作为对人与自然之间关系的控制来理解的话，那么，人们就会优先考虑变革自然的劳动及其产品到底会对人与自然之间的关系产生何种影响之后再进行生产。

3. 经济、环境、社会的长期协调发展

恩格斯曾警告人类：“我们不要过分陶醉于我们人类对自然界的胜利。对于每一次这样的胜利，自然界都对我们进行报复。每一次胜利，起初确实取得了我们预期的结果，但是往后和再往后却发生完全不同的、出乎意料的影响，常常把最初的结果又消除了。美索不达米亚、希腊、小亚细亚以及其他各地的居民，为了得到耕地，毁灭了森林，但是他们做梦也想不到，这些地方今天竟因此而成为不毛之地，因为他们使这些地方失去了森林，也就失去了水分的积聚中心和贮藏库。”[⑤]森林是地球之肺，是人类的摇篮，是陆地生态最为重要的部分。可是走出森林后的人类却不停地砍伐、毁坏森林。类似情况之所以屡见不鲜，恩格斯认为既有认识上的根源，也有社会根源。

从认识根源上讲，自古典古代衰落以后出现在欧洲并在基督教中取得最高度的发展，那种关于精神和物质、人类和自然、灵魂和肉体之间的对立的荒谬的、反自然的观点，将自然看作是一个个的孤立现象而非一个活的有机整体，将自然界只看作是人们认识和改造的对象而非人类赖以生存的家园，于是大规模的毁林造田，导致自然生态的严重破坏。

从社会根源上讲，“到目前为止的一切生产方式，都仅仅以取得劳动的最近的、最直接的效益为目的。那些只是在晚些时候才显现出来的、通过逐渐的重复和积累才产生效应的

① 马克思，恩格斯．马克思恩格斯全集（第23卷）[M]．北京：人民出版社，1972：56-57．

② 马克思，恩格斯．马克思恩格斯全集（第23卷）[M]．北京：人民出版社，1972：202．

③ 马克思，恩格斯．马克思恩格斯全集（第32卷）[M]．北京：人民出版社，1975：541．

④ 马克思，恩格斯．马克思恩格斯全集（第23卷）[M]．北京：人民出版社，1972：201．

⑤ 恩格斯．自然辩证法[M]．北京：人民出版社，1971：305．

较远的结果，则完全被忽视了。”[①] 要减少人类活动对于环境的破坏，恩格斯认为就必须学会预见人类行为的长远的自然影响和社会影响，并根据这种预见去支配和调节自身的行为。他指出：“事实上，我们一天天地学会更正确地理解自然规律，学会认识我们对自然界的习常过程所做的干预所引起的较近或较远的后果。”“经过对历史材料的比较和研究，我们也渐渐学会了认清我们的生产活动间接的、较远的社会影响，因而我们也就有可能去控制和调节这些影响。”[②]

从以上的论述可以看出，恩格斯提出了这样一个生态思想：必须同时估计到人类施加于自然界的行为所产生的自然影响和社会影响两个方面，不能只看自然影响而不问社会影响。无论是自然影响或社会影响，都必须同时估计到它们的比较近的影响和比较远的影响，不能只想眼前而不顾长远。用我们今天的话来说就是人类无论是发明一项技术、生产一种产品，还是实施一项工程，都不能只是考虑一时的经济效益，必须同时考虑其当前和长远的社会效益和生态效益，要努力做到经济、环境、社会的协调发展。

4. 真正的人的生产是全面的

马克思深刻指出：“动物也生产。它也为自己营造巢穴或住所，如蜜蜂、海狸、蚂蚁等。但是动物只生产它自己或它的幼仔所直接需要的东西：动物的生产是片面的，而人的生产是全面的；动物只是在直接的肉体需要的支配下生产，而人甚至不受肉体需要的支配也进行生产，并且只有不受这种需要的支配时才进行真正的生产：动物只生产自身，而人则生产整个自然界；动物的产品直接同它的肉体相联系，而人则自由地对待自己的产品。动物只是按照它所属的那个种的尺度和需要来建造，而人却懂得按照任何一个种的尺度来进行生产，并且懂得怎样处处都把内在的尺度运用到对象上去；因此，人也按照美的规律来建造。”[③] 这就是说，动物只繁衍其自身的物种，只生产它自己和它的幼崽肉体直接需要的东西，如造穴、找食等；而人的生产不仅表现为人自身的繁衍，不仅表现为直接满足肉体需要的种植粮食、养殖动物等活动，而且表现为自由自觉地再生产整个自然界。在马克思看来，人与动物生产的重要不同在于，人懂得必要时摆脱肉体的直接需要去按照任何物种的尺度来进行生产，所以真正人的生产有两种尺度：内在尺度和外在尺度。内在尺度是人的需要的尺度，是指人类的生产首先是以人为本的；外在尺度是其他物种需要的尺度，是指人类在生产时要考虑到其他物种生存发展的需要，要按照自然生态规律来生产。因此人不仅为自己生产，而且能为动物生产。如为了保存稀有濒危物种，人类能自觉抑制自身的各种消费需要，斥巨资来扩大这些物种的种群数量，以维护生物多样性和自然生态的平衡。所以，在马克思看来，人只有摆脱了自私狭隘的肉体需要的支配，在生产中既要注意满足人的生存发展需要，同时也要顾及其他物种生存发展的需要，这样的生产才是真正人的生产。因为除人之外，任何动物都不能做到这一点。

---

① 恩格斯．自然辩证法 [M]．北京：人民出版社，1971：305．

② 恩格斯．自然辩证法 [M]．北京：人民出版社，1971：304．

③ 马克思，恩格斯．马克思恩格斯全集（第 42 卷）[M]．北京：人民出版社，1979：96—97．

第四节　全面贯彻可持续发展战略

要重建人与自然的和谐，就必须正确把握人与自然的关系。为此，我们要在正视当下严重生态危机尤其是我国生态环境现状的基础上，深刻地反思传统生产方式、消费方式和思维方式的弊端，认真学习马克思主义在人与自然关系上的观点和思想，全面把握党的十九大关于人与自然和谐共生思想的精神内涵，深入开展生物科学、环境科学、生态学等生态科学研究，全面贯彻可持续发展战略，努力建设和谐社会。

一、可持续发展思想提出的现实根据——生态危机

在漫长的历史年代中，人与自然环境的矛盾虽然始终存在，但从来没有在全世界范围内紧张到使人感受到“生存危机”。只是到20世纪中叶以后，人们才惊诧地发现，环境危机已“突如其来”地降临到自己的头上。生态危机是生态失衡的后果，而生态失衡是由人类的不当活动导致的。

所谓生态危机，是指由于人类不合理的活动所引起的生态系统的结构和功能不协调、不平衡现象对人自身生存和发展的威胁。当代社会的生态危机主要表现在人口指数增长、自然资源消耗过快，环境污染严重三个方面。

我国虽然国土面积居世界第三，自然资源丰富，但庞大的人口基数使得我国自然资源的人均值在世界上处于低水平。目前我国矿产、水资源、森林、耕地、草地、石油、天然气的人均占有量分别不足世界平均水平的50%、28%、14%、32%、32%、12%、5%。我国是以占世界9%的耕地、6%的水资源、4%的森林、1.8%的石油、0.7%的天然气、不足9%的铁矿石、不足5%的铜矿和不足2%的铝土矿，养活着占世界22%的人口。而多年来过度的资源开发和高强度的人类活动，已使我国的生态环境迅速恶化，生态危机状况非常严重。

二、可持续发展思想提出的科学依据

在生态危机日益严重的现实面前，生态科学获得了巨大的发展空间，也取得了重大的理论成就。尤其是生物科学、环境科学与生态学的发展，为人们克服日益严重的生态危机、重建人与自然的和谐关系、实施可持续发展战略提供了科学依据。

1. 生物科学研究理论成果

生物科学主要从三个方面揭示人与自然的关系的意义。

（1）要尊重生物多样性。生物多样性是一种基因信息、物种和生态系统的组合，它不仅为人类提供各种形式的物质财富，使生活丰富多彩，而且帮助人类社会适应将来不可预测的环境压力。地球上有些生物在人类看来是多余的，或者是可有可无的，甚至是有害的，然而它们却是庞大无比的天然的信息库。日本当代宗教哲学家池田大作认为任何一种动物、植物，不管它们多少或微小而不引人注目，但它们本身都是一个小小的宇宙，所有的生命

体都是难以置信的、极其宝贵的信息库藏。今天一个科学家所要进行的工作，可能在很久以前一条小虫用更先进，更廉价、更没有污染的办法完成了，由此看来，消灭其他的生命体是比毁坏图书馆更为严重的罪行。

此外，生物个体或群体对于生态系统的稳定与平衡，也具有积极意义。生物之间存在着相互依存，互相制约的协调的复杂关系，人类要学会与其它生物平等共处，人类在自然界不能成为也无法成为“孤独的一族”。

然而，由于人类活动的干扰，如任意捕捞猎杀动物，乱砍滥伐森林，使地球上物种灭绝速度越来越快。据科学家估计，现在每天大约有三种动植物从地球上消失。到 2000 年，人类已知物种的 20% 已消失，今后 20 ～ 30 年内，地球上全部生物的 1/4 濒临灭绝，5% ～ 15% 将绝迹，这些灭绝物种所丢失的信息将不可复得。

(2) 要尊重自然界生物与非生物的整体性。在自然界中，各种生物因素与非生物因素，以不同等级的系统形式存在着，表现为普遍联系的存在和运动，具有统一性。动植物、气候、土壤、水系等因素之间是相互制约、相互联系、相互依存的统一整体，其中任何一个因素的变化，都会对其他相关因素造成影响。反过来，这种影响又会波及其自身，形成“连锁效应”，牵一发而动全身。

例如，由于地球上森林的覆盖面积的急剧减少（热带雨林近 40 年已毁坏了近一半），其结果，一方面削减了森林对空气中 CO_2 的吸收量，导致全球气候变暖；另一方面，导致土壤蓄水力下降，造成许多国家和地区洪水泛滥，水土流失严重。1998 年，我国长江特大洪水灾害发生的原因之一就是上游区域的森林植被被大量毁坏之故。而森林被毁，也使许多动植物付出了代价，其中，有两千多种的动物和两万多种植物面临灭绝的威胁。

因此，要用发展的、联系的观点，把握自然界中各因素的现状及发展变化的方向和趋势，关注各自然因素的关联性和系统性，形成“尊重自然界整体性”的观念。

(3) 要尊重自然界的自然进程。自然界中的各种生命现象，不是静止不变的，而是随着时间的推移，不断变化着的。任何具体的自然事物，都有其产生、发展、成熟、老化、消亡的自然进程，通过自然界的自我调节能力，维持着一种动态平衡。

以土地沙化为例，草原作为一种自然事物，有其特定的自然演化进程，但由于人类超载放牧和盲目开垦等原因，违背了草原的自然生长规律，破坏了草原的自然进程，外界干扰超过了自然界的自我调节能力，使草原面积减少，草场质量下降，防风固沙能力减弱，造成土地沙漠化、气候反常，近年来的沙尘暴天气就与此有关。我国是世界上土地沙漠化最严重的国家之一，上世纪 60 ～ 70 年代每两年一次，90 年代每年都有。1999 ～ 2002 年春季，我国境内共发生沙尘暴 53 次。北京也是沙尘暴的重灾区，仅 2000 年北京就发生了 12 次沙尘暴，2001 年 1 ～ 5 月，影响北京的沙尘暴共发生 18 次。

2. 环境科学研究取得的理论成就

环境科学是以人类环境系统为其特定的研究对象的学科，主要研究环境在人类活动强烈干预下所发生的变化和为了保持这个系统的稳定性所应采取的对策与措施。环境科学对自然观的影响与生物科学的研究有相同之处，但总体来看，两者的侧重点是不同的：生物科学从“人也是一种生物”的基点出发，探讨生态系统的稳定对人类的关系，而环境科学主要从“人与环境的物质与能量的交换”角度出发，重点放在人与环境的“进”和“出”两个方面，探讨人的生产生活所引起的资源消耗与环境污染对人类社会的影响。

环境科学主要从三个方面揭示人与自然的关系的意义，促进生态自然观的形成。

（1）环境有限性的理念。环境的有限性主要是指我们所生存的地球资源的有限性及环境接纳废弃物容量的有限性。环境的有限性并不是人类早就认识到的，在很长的时间里，地球被人类看作是一个取之不尽用之不竭的宝库，而且由于人口和生产的有限性，人们确实没有感受到环境的有限：古时农民是在一块地里耕作几年后，当地力减退了，就跑到其他地方再开垦一块地；渔民从没有意识到鱼会被捕光；虽然理论上知道矿产等非再生资源是有限的，但并没有面临资源短缺，而对可再生资源的有限性则更是认识不足。然而，20世纪70年代以后，这种有限性逐渐被人们所认识，环境科学也因之而产生。被称为长江里的大熊猫的白鳍豚，是长江独有的珍稀哺乳动物，1982年时科学家估计还有400头左右，但2006年底，多国科学家携带最先进仪器，在长江进行了为期38天的长江淡水豚类考察，未发现一头白豚，基本可以宣布它绝迹了。

（2）环境循环性的理念。在自然状态下，作为生产者的植物、消费者的动物、分解者的微生物之间存在着一个无废弃物的物质循环。如果其中某一环节出错，就会导致整个物质循环秩序的破坏。从20世纪30年代起，人类这个地球上最强悍的消费者向环境排放了超出环境容量的废弃物而导致环境的退化和破坏，连续不断的环境公害事件的发生成为20世纪不断地回响在地球上的警钟声。

（3）环境整体性的理念。环境是一个多要素组成的复杂系统，其中有许多正、负反馈机制。人类活动造成的一些暂时性的与局部性的影响，常常会通过这些已知的和未知的反馈机制积累、放大或抵消，其中必然有一部分转化为长期的和全球性的影响，例如上文述及的大气中CO_2浓度增加的问题。因此，关于全球变化的研究已成为环境科学的热点之一。

3. 生态学研究取得的理论成就

生态学是研究生物与环境之间相互关系的科学，它是随着环境科学的发展，由环境科学和生物科学相互渗透而形成的一门边缘学科。生态学特别是人类生态学、经济生态学、生态系统生态学等的研究，揭示了生态学的一般规律，揭示了人与自然生态之间的对立统一关系，彰显了人在生态系统中的位置（生态位），从深层次上揭示了人对自然界所负的生态责任。

所谓生态位是指每个物种在群落中的时间和空间的位置及其机能关系。例如它以什么为食物，扑食的地点，在不同季节的生活习性等。一种生物只能占据一个生态位。如果不同的物种在生态位上有重叠，那么这一生态位将是不稳定的，必然会引起物种之间的竞争，最终导致某一物种的退出。

人作为一类生物，在自然生态系统中，与其他的动植物一起共享自然界的阳光、空气和水等资源，有自己的独特的生态位。但是，由于人类是一种具有主观能动性的特殊的生物消费者，其活动不仅在改变着自己的生态位，也改变和影响着其他生物的生态位甚至生物本身。所以，人类必须科学地进行自己的行动，对自己活动的后果进行调控，以尽量地维持自然界本身的自然调节机制，促进人与自然的协同进化。

三、贯彻可持续发展的战略思想

1. 可持续发展理论和战略的提出

“可持续的”（sustainable）的一词来源于拉丁语的“sustenere”，意为“坚持”。现代意义上的“可持续性”（sustainability）一词源于 18 ～ 19 世纪的德国林学研究，当时的学者以“可持续性”来表示较长时期内的森林管理前景。

可持续发展一词，在国际上最早出现于 1980 年国际自然与自然资源保护联盟、联合国环境规划署和世界野生生物基金会联合发表的《世界自然资源保护大纲》。该大纲提出，必须研究自然的、社会的、生态的、经济的以及利用自然资源过程中的基本关系，以确保全球的可持续发展。报告认为自然保护与可持续发展是互相依存的，应当对两者综合起来进行思考。1984 年 5 月，世界环境与发展委员会（WECD）正式成立，由时任挪威首相的布伦特兰担任主席。1987 年，世界环境与发展委员会在布伦特兰的领导下，在东京环境特别会议上提出了《我们共同的未来》的报告，系统地阐述了可持续发展的思想，首次将可持续发展定义为“既满足当代人需求又不损害后代人满足自身需求的能力的发展”。

1992 年，联合国在巴西的里约热内卢召开了“环境与发展”大会。此次会议是有史以来规模最大的一次国际会议，183 个国家和地区参加了此次会议并在会上达成了环境与发展必须协调的共识。会议通过的《里约环境与发展宣言》和《二十一世纪议程》等重要文件，标志着可持续发展战略成了人类共同的选择。

1994 年 3 月，中国政府编制发布了《中国二十一世纪议程——中国二十一世纪人口、资源、环境与发展白皮书》，首次把可持续发展列入我国经济和社会发展的长远规划，标志着中国政府对可持续发展理论和战略的确认及对全球可持续发展的参与。

2. 可持续发展的内涵

可持续发展包含着丰富的内涵，既不是单指经济发展或社会发展，也不是单指生态保护，而是指以人为中心的自然—经济—社会复合系统的协调发展。

（1）保持经济发展的可持续性。没有经济的持续发展，就无法创造保护生态环境的条件，更无法实现人类社会的发展。可持续发展鼓励经济增长并确认经济发展优先。但经济的发展并非只是单纯的数量增长，更追求改善质量、提高效益、节约能源、减少废物，改变传统的生产和消费模式，实施清洁生产和文明消费。

（2）保持生态发展的可持续性。生态环境资源是经济发展的前提条件，离开了这个条件，发展就成了无源之水、无本之木，就不会持续。可持续发展要以保护自然为前提，控制环境污染和改善环境质量，保护生物多样性和地球生态的完整性，保证以持续的方式使用可再生资源，使人类的发展保持在地球承载能力之内。

(3）保持社会发展的可持续性。可持续发展观的根本目的是满足世代人的需求，其根本宗旨是关注以人为中心的社会的持续发展。人类从事经济活动和环境运动，其终极是为了改善和提高人类生活质量，促进人的发展。

可持续发展可总结为三个特征：经济持续、生态持续和社会持续，它们之间相互关联而不可分割，生态持续是前提，经济持续是基础，社会持续是目的。人类共同追求的应该是自然－经济－社会复合系统的持续、稳定、健康发展。

3. 可持续发展战略的基本原则

(1）发展的原则。可持续发展突出强调的是发展，发展是人类活动的主旋律。《里约环境与发展宣言》指出："所有国家和所有人民应把消除贫困作为可持续发展的一项不可或缺的重要任务。"对于发展中国家来说，强调发展权利尤为重要，只有发展才能为解决生态危机提供必要的物质基础，也才能最终摆脱贫困和愚昧。目前发展中国家普遍经历着来自贫穷和生态恶化的双重压力，贫穷导致了生态恶化，生态恶化又加剧了贫穷。如果一味地强调保护环境，甚至要求为了保护环境而停止发展，如罗马俱乐部所提出的那样实行"零增长"，发展中国家不仅无法可持续发展，其生存也将面临困境。

(2）可持续的原则。发展是第一要义，但发展绝不是毫无制约的。人类的发展要追求的是人类长远的利益——人类的生存发展能够无限制地持续。人类生存与发展的前提和条件是资源与环境，资源的永续利用和生态系统的可持续性的保持是人类持续发展所必需的。因此，可持续性原则的核心指的是人类的经济和社会发展不能超越资源与环境的承载能力。正是在这个意义上，1991年世界自然资源保护同盟、联合国环境规划署和世界野生生物基金会在他们共同撰写的报告《保护地球：可持续生存战略》中，把可持续发展界定为"在不超出地球生态系统的承载能力的情况下改善人类生活质量"。

(3）共同性原则。人类生活在同一个地球上，人类所面临的生态危机是全球性，这意味着人类所面临危机的共同性、生存安全的共同性、未来发展的共同性。所以，实现可持续性发展必须采取全球共同的联合行动，必须超越不同国家文化和意识形态的差异，必须谴责和停止那些把污染严重的技术和产业输入别国的"以邻为壑"的行径。正如布伦特兰在《我们共同的未来》报告的前言中所写的那样："今天我们最紧迫的任务也许是要说服各国认识回到多边主义的必要性，进一步发展共同的认识和共同的责任感，这是这个分裂的世界十分需要的。"

(4）公平性原则。可持续发展所追求的公平性原则，包括三层意思：同代人之间的横向公平性。可持续发展要满足全体人民的基本需求和给全体人民机会以满足他们要求较高生活的愿望。当今世界贫富悬殊、两极分化，是不公平的，要给世界以公平的分配和公平的发展权，要把消除贫困作为可持续发展进程特别优先的问题来考虑；代际间的纵向公平性。要认识到人类赖以生存的自然资源是有限的，本代人不能因为自己的发展与需求而损害自然资源与环境，要给后代人以公平利用自然资源的权利；公平分配有限资源。目前的现实是占全球人口26%的发达国家消耗着全球80%的能源、钢铁和纸张等。美国总统可持续发展理事会（PCSD）在一份报告中也承认："富国在利用地球资源上有优势，这一由来已久的优势取代了发展中国家利用地球资源的合理部分来达到他们自己经济增长的机会。"由此可见，可持续发展不仅要实现当代人之间的公平，而且也要实现当代人与未来各代人之间的公平，向所有的人提供实现美好生活愿望的机会。这是可持续发展与传统发展模式的根本区别之一。

四、走可持续发展的道路

要走可持续发展的道路，既要全面反思传统发展模式的弊端、与传统的发展观相决裂，更要付诸实践行动，在科学技术、社会制度等方面进行创新与突破。

1. 反思传统思维方式和发展观

人的实践总是受认识的指导，要走可持续发展的道路，必须反思传统思维模式，与传统的发展观相决裂。传统的思维方式建立在绝对人类中心主义基础上的天人分离、人定胜天的思维习惯上，它将发展视为单一的经济增长。这种发展思想早在亚当·斯密那里就已经显露，斯密把社会发展简单地归结为单一的经济增长过程，而经济的增长过程就是人类不断地制服和掠夺自然，获取物质财富的过程。正是在人类中心主义理念的支配下，人类把自己视作绝对的主体，自然对于人类来说仅具有工具性的价值，只要能够获得经济的增长，满足人类的物质需要，人对自然可以采用一切手段予以征服和索取。这一思想直接导致了人类对自然采取无节制地征服、支配、掠夺、占有和挥霍的野蛮态度，造成了严重的生态危机。而直至20个世纪70年代以前，这一思想在西方工业化国家的社会发展中一直占据统治地位。正如美国社会学家丹尼尔·贝尔在他的《资本主义文化矛盾》一书中所指出的那样：经济增长已成为西方国家的"世俗宗教"和"政治溶剂"，成为个人动机的源泉、政治团体的基础、动员社会以实现共同目标的根据。这种思维方式和发展观随着全球环境危机的日趋严重致使其弊端日益凸现。

2. 发展绿色技术，改变传统的生产模式

传统的生产方式以"高生产、高消耗、高污染"为特征。产业革命后的二三百年内，人类创造出来的财富抵得上人类几千年的积累，但同时也大量消耗了石油、煤炭、其他矿产等地球在数亿年内形成的不可再生的自然资源。在物质财富的生产过程中，各种机器设备就像一只庞大的怪物——一头吞噬着数以亿吨计的能源和矿产，另一头却吐出巨量的废气、废物、废热。经济的"高增长"、原材料和能源的"高消耗"、环境的"高污染"三位一体。可以说，生态危机是传统工业生产方式的必然结果。

如何才能在加快经济发展的同时，又避免高消耗、高污染，并逐步改善环境状况，实现经济与生态的同步持续发展呢？这就需要创新科技，大力发展绿色技术。

绿色技术的理念产生于20世纪90年代，是实现可持续发展战略必不可少的手段。绿色技术通常是指能减少污染、降低消耗、治理污染或改善生态的技术体系，包含了清洁生产技术、治理污染技术和改善生态技术三大方面。

清洁生产技术。按联合国环境规划署的定义，清洁生产是指将综合预防的环境保护策略持续应用于生产过程和产品中，通过不断地改善管理和技术进步，提高资源利用率，减少污染物排放，以降低对环境和人类的危害。清洁生产是要从根本上解决工业污染的问题，即在污染前采取防止对策，而不是在污染后采取措施治理，将污染物消除在生产过程之中。但清洁生产技术只能防止未来的污染，而不能消除已存在的污染。

治理污染技术。这种技术是通过分解、回收等方式清除环境污染物，解决已存在的污染问题，它与清洁生产技术是互补的。人们以往的生产和生活过程中，不仅“高消耗”着大量的自然资源，也向自然排放了大量的生产性污染物和生活性污染物，造成“高污染”。

改善生态技术。除了环境污染，环境问题还有一个重要的方面是生态系统失衡。为了恢复生态平衡，实现可持续发展，人类需要相应的技术来改善自然生态，如沙漠植草、土石工程、湖泊疏浚等。

3. 提倡文明消费，改变传统的生活和消费方式

传统生活方式是与传统生产方式相联系的、高消费的、畸形的生活方式。这种生活方式把人的价值单一地定位于物质财富的享用，把消费看作是人生最高目的。对这种生活方式的反思十分重要，因为正是这种生活和消费方式支撑了传统的生产方式。这种生活方式发源于欧洲，在当前的代表是美国，而广大的发展中国家似乎正以美国作为现代化生产与生活的榜样。这个后果会是非常严重的，唯一的一个地球绝对满足不了这样的生活方式的需求。联合国环境与发展大会所提出的《二十一世纪议程》有“改变消费形态”的专章，强调“全球环境退化的主要原因是不可持续的消费和生产形态造成的”。温哥华大学教授比尔·里斯根研究了美国等国家的生活和生产方式后指出：“如果所有的人都这样生活，那么我们为了得到原料和排放有害物质还需要二十个地球。”

所以，必须提倡文明消费来替代传统的“消费主义”的生活方式。文明消费主要是指适度消费和绿色消费。

适度消费是一种量入为出的消费方式。从微观角度看，是指个人或家庭的消费应与家庭收入水平相适应；从宏观角度看，是指整个社会的消费水平和结构应与经济社会发展、资源和环境状况相适应。提倡适度消费，要反对过度消费和滞后消费。

绿色消费是从满足生态需要出发，以有益健康和保护生态环境为基本内涵，符合人的健康和环境保护标准的各种消费行为和消费方式的统称。绿色消费的内容很广泛，相应的绿色消费的概念界定也不一，但大体都有一点，那就是以追求对环境无污染、无破坏的消费为主旨。国际上公认的绿色消费有三层含义：一是倡导消费者在消费时选择未被污染或有助于公众健康的绿色产品；二是在消费过程中注重对废弃物的处置；三是引导消费者在追求生活舒适的同时，注重环保、节约资源和能源，实现可持续消费。有人把绿色消费概括为 5R，即：节约资源、减少污染（Reduce）；绿色生活、环保选购（Reevaluate）；重复使用、多次利用（Reuse）；分类回收、循环再生（Recycle）；保护自然、万物共生（Rescue）。由此可见，绿色消费是一种节约消费、健康消费、安全消费和无污染消费。绿色消费不仅有利于满足当代人的消费需求和身心健康，而且有利于满足子孙后代的消费需

求，所以又被称为“可持续消费”。

4. 建立更加公正合理的社会制度

里约环发大会不仅确立了可持续发展战略，也制订了实施可持续发展的目标和行动计划，明确了“共同的但有区别的责任”，在推动全球环境合作，推动各国制定和实施可持续发展战略方面，产生了很大的作用。环发大会之后，世界各国采取了一系列后续行动，一些国家在迈向可持续发展方面已经取得了不同程度的进展。

然而，与大会所预期的目标相比，国际社会在可持续发展信念与行为上都明显不足。发达国家甚至出现倒退，没有履行自己应尽的义务，反而以保护环境为借口，推行贸易保护主义，甚至向发展中国家转嫁环境危机，将废弃物船运出口，把污染严重的生产企业或项目转移至发展中国家。与此相反，中国提出并坚持人类命运共同体的发展理念，十九大报告就生态文明建设提出了一系列举措，如推进绿色发展，改革生态环境监督管理体制等，彰显了作为国际社会负责任的大国形象。

这表明，要真正协调人与自然的关系，实施可持续发展战略，不仅要实现人们思维方式的改变、生产和消费方式的改变，也要进行社会关系的变革，要建立更加公正合理的社会制度。资本主义这样一种以追逐利润为目标的社会制度，把一切包括自然都当作是谋利的手段，必然导致人与自然的对抗，危害可持续发展。

“人海关系”案例集萃之六：

1. 海底仓库

很早以前就有人把大米、黄酒之类的仪器盛放在陶瓷容器内，经密封后沉入湖底或井底储藏起来，以便长期保存。这是因为水下温度低、变化小，食品不容易发生霉变。这可以说是水仓库的雏形。

科学家认为，在温度 15℃、相对湿度 70% ～ 80% 的条件下长期存放的大米质量不会有明显的下降。因此，很早以前就有人提出了在海底建立粮库的设想，把大米、小麦之类易霉、易腐的食品放到海底仓库里长期保存起来。另外，一些易燃、易爆的危险品，由于对存放环境要求很高，特别是存放的温度既不能高、变化也不能大，否则就有可能发生燃烧或爆炸。于是，人们又想到要在海底建造油库和液化气仓库。总之，远离居民区的海底空间，由于具有温度较低、变化又比较平缓等特点，既适合存放石油、天然气、炸药等易爆易燃的危险品，也适合存放大米、小麦等易霉易腐的食品。所以，随着海洋工程技术的发展，建造海底仓库的呼声越来越高，近年来，海底仓库建设方兴未艾。

美国在波斯湾离岸 100 公里的海上建造了一个无底的储油罐，可以贮油 6.8 万立方米。装油时原油从上部的进油品泵入罐内，海水就从下方流向海中。而在抽油装船时，原油从上部出油口被泵出，海水又从罐底补充进入罐内。

我国与芬兰合资在青岛建成了一个大型贮木场，这个贮木场占地有 3 万立方米面积的水域，可储存 1 万多立方米的木材。海上贮木是世界上的一项新技术，它既利用了海洋空间而节省了土地，又避免了木材因受阳光暴晒而造成的损失。

2. 海上城市

曾经，海上只有“海市蜃楼”。离开坚实的大地而奢谈高楼大厦，便只是能“痴人说梦”。但今天，海上城市已成为现实。

20 世纪 60 年代以来，海洋工程技术得到了长足的发展，人们不断地把新型的建设材料应用于海洋工程，开发海面、海中、海底的新的人类活动空间。由于气候变暖、冰山融化等因素，一些学者预测，到 2100 年，整个地球就将被海水淹没，届时人类将逃往哪里呢？或许“海上城市”可以解决这一危机。

在世界各海洋国家中，日本因其国土狭小、人口密度大等原因，更加重视开发利用海洋空间资源，以求得更大的发展。他们在利用海洋工程技术建造海上人工城市方面，成绩斐然。早在 20 世纪 80 年代初，日本便在神户沿海建成了一座海上城市——神户人工岛。该人工岛位于神户市以南约三公里的海面上，是日本神户市为了适应神户港经济贸易不断发展和港口货物吞吐量日益增长的需要而建造的，1966 年开工，1981 年 3 月全部完成，历时 15 年，共填土石方 8000 万立方米，投资 5300 亿日元。人工岛呈长方形、东西宽 3 公里、南北长 2.1 公里，方圆 14 公里，向海一侧有长 3040 米的护岸和 1400 米的防波堤，总面积为 4.34 平方公里，工程与陆地连接的神户大桥为三跨拱结构，桥宽 14 米。人工岛岛上居民为 2 万人，各种设施齐全，有国际饭店、旅馆、商店、博物馆、岛内游泳场、医院、学校及 3 个公园，还有休假娱乐场和 6000 套住宅，成为当时世界上最大的“海上城市”。在修建神户港人工岛的同时，神户市还于 1972 年开始，在人工岛东侧的附近海面用 15 年时间建造了一座总面积为 5.8 平方公里的六甲人工岛，并建有一座高 297 米的世界第一吊桥，把人工岛与神户市区联结起来。如今，日本的海洋开拓者更加野心勃勃，提出 21 世纪内要在日本近海建造 25000 个海上城市。

迪拜是阿拉伯联合酋长国的第二大酋长国，位于出入波斯湾霍尔木兹海峡内湾的咽喉地带，被誉为海湾的明珠。迪拜酋长国的大部分是荒无人烟的沙漠，因地下的石油而富甲天下。20 世纪 90 年代，迪拜所有的沙滩均被开发，发展遭遇瓶颈。为了增加这个沙漠之城的壮美景观和丰富的人文涵量，迪拜政府决定建造海上人工岛——棕榈岛。该项目历经三年多时间，请了约全球 42 家公司参与，通过了楼房建造、海洋生态、人口居住、商业发展、交通运行、度假购物等 100 多项可靠性方案，终于在 2001 年底开始建设，至 2010 年正式建成，共耗资 140 亿美元。棕榈岛由朱美拉棕榈岛、阿里山棕榈岛、代拉棕榈岛和世界岛等 4 个岛屿群组成，每个岛上都有大量的别墅、公寓、海滩，被誉为“世界第八大奇迹”。人们可以通过乘船、驾车甚至乘坐单轨火车到达棕榈岛。虽然有环境保护人士指出，棕榈岛将破坏海湾海洋生物的栖息地，那些为鱼类和海龟提供食物的珊瑚礁、牡蛎栖息地、海藻等将被埋在岛下，并且棕榈岛也将阻止和改变自然洋流，迪拜著名的天然沙滩将被侵蚀。但从目前情况来看，由于项目在设计、施工及后续养护中严格的环保举措，令人担忧的局面并未出现。令人意想不到的是防波堤还为鱼类创造了新的栖息地，并且正在吸引新的物种到当地水域生活。现在，棕榈岛的开发商因势利导，计划打造全球最大的人工珊瑚礁，已有两架报废的喷气式飞机和多艘陈旧的大型游艇被沉入海底，为海底动物栖息和人们潜水活动提供场所。棕榈岛集团甚至还计划沉入一辆红色的伦敦双层巴士，使之足以与澳大利亚红海和马尔代夫的珊瑚礁媲美。棕榈岛不仅风情万千、绚丽多姿，更重要的意义是为人们提供了一种新的居住模式。

3. *海洋生物扩散*

人类开始航海以来，各种物种始终在世界各地漫游，这其中也包括大量的海洋生物。而随着全球化、贸易和旅游活动的发展，越来越多的海洋生物在海洋中运输。据估计，仅用于稳定船舶的压舱水就在不同的海域之间运输了千万种不同生物。许多这样的外来生物在航行中或到达目的地后死亡，其中只有少数能够成功地繁殖，而且形成新的种群。海洋生物扩散的另一种重要途径是水产养殖生物、水族箱生物和饵料生物的贸易。

专家把全球的海岸带水域划分为 232 个生态区，各生态区之间或者存在陆桥等地理阻隔，或者盐度等环境特征各不相同。根据 2008 年发表的报告，在 232 个生态区中，至少有 84% 的生态区已经有外来物种入侵。北海和波罗的海的调查说明，至少有 80 ～ 100 种外来物种已经能够建立种群。在旧金山湾，212 种外来物种已经获得确定，而在夏威夷岛，不用显微镜就可以看出大约 1/4 的海洋物种是“进口”的。相对较少了解的是微生物和其他难以鉴定的植物和动物。许多难以到达海域的物种纪录也已经大致估计出来。据专家估计，未来外来生物将由于温度上升而更有机会在某些海域建立种群。例如，来自东南亚地区的生物，由于性喜温暖的气候，将会在原先低温的海域建立种群。

许多外来物种渗透到当地的动植物区系，没有转变为优势物种，因此提高了物种组成的多样性。自然灾害可以全面摧毁生态环境，对于整个物种群落具有致命的影响。一旦发生自然灾害，新物种就会进入受到影响的海域，建立起完全不同的物种组合。例如，波罗的海是在上次冰川之后才形成的，也就是说形成于相对晚的地质时期，到现在也只有 7000 年的历史。波罗的海只进化出一种当地物种，即墨角藻，所有现在在波罗的海可以见到的物种都是从北海或者白海等其他海域迁移来的，是非人类活动导致的。

自从哥伦布在 1492 年到达美洲以来，世界各国日益增强其远距离交流，因此，生物就更容易侵入到远离其他起源的自然海域的生态区域，由此而来的新物种有时也引发问题。它们会取代许多土著物种，因此导致生物多样性的下降，如果物种进入没有天敌的新海域，这种结果就容易发生。例如，在摩纳哥第一次发现来自澳大利亚的杉叶蕨藻 15 年内，这种藻类已经占据了土伦到热那亚之间的 97% 适宜其生长的海域，而且扩散到亚得里亚海北部，甚至西西里岛海域。这种藻类会产生排斥性物质，使得大部分草食动物不去摄食。世界上是有摄食杉藻并适应其排斥性的动物，但它们不分布在地中海。

亚洲的海黍子马尾藻和真江蓠被引进到欧洲海域之后，也在某些海岸带水域建立起单一的群丛。另一方面，北太平洋海星在 20 世纪 80 年代中期也在澳大利亚东南部建立起群丛。墨尔本的菲利浦港，在最初发现之后的两年之内，估计已繁殖出 1 亿个海星了。由于在这个没有天敌，这种海星的爆发导致本海域的海星、贻贝、螃蟹和螺类的大规模死亡。最终，这种海星的生物量超过了该海域所有经济生物的总量。

目前，在世界上 232 个沿海生态区中，78% 都出现了排斥土著物种的外来物种，特别是温度适中的温带海域更是有许多报道。除了夏威夷和佛罗里达外，生物入侵最严重的20个沿海生态区均位于北大西洋、北太平洋或者澳大利亚南部的温带海域，9个位于欧洲。某些海域，如旧金山湾，非土著物种已经成为优势物种。虽然至今还没有一个实例证明外来物种导致了土著物种灭绝，但是人们普遍认为外来物种对海洋生物多样性构成了威胁。

4. 人工鱼礁

人工鱼礁是人为在海中设置的构造物，其目的是改善海域生态环境，营造海洋生物栖息的良好环境，为鱼类等提供繁殖、生长、索饵和庇敌的场所，达到保护、增殖和提高渔获量的目的。目前国内外已经广泛的开展人工鱼礁建设，进行近海海洋生物栖息地和渔场的修复，

人类建造人工鱼礁渔场可追溯到19世纪。早在1860年，美国渔民就发现鱼礁的作用。当时由于洪水暴发，许多大树被冲入海湾，这些树上很快就附着许多水生生物，在其周围诱集大量鱼类。渔民由此得到启发，开始用木料搭成小栅，装入石块沉于海底，引来鱼群聚集。其后经过长时间的探索，人工鱼礁建设得到迅速发展。

目前建设人工鱼礁的材料种类繁多，从汽车到轮船，从水泥到玻璃钢等。投放人工鱼礁的目的也不再仅仅限于聚集鱼群增加渔获量，在增殖和优化渔业资源、修复和改善海洋生态环境、带动旅游及相关产业的发展、拯救珍稀濒危生物和保护生物多样性以及调整海洋产业结构、促进海洋经济持续健康发展等诸多方面都有重要意义。

人工鱼礁建设是一项海洋生态环境的修复工程，不仅可以阻止对资源具有强大杀伤力的底拖网作业，修复沿海生态环境，又能营造人工栖息地，提高海域的生产力，形成适宜游钓、刺网等作业方式的优良渔场。它为鱼类等水生生物栖息、生长、繁育提供了必要、安全的场所，并营造一个适宜鱼类生长的环境，从而达到保护增殖渔业资源的目的。

人工鱼礁在许多国家得到了迅速的发展。例如，日本、韩国、美国等国家早在20世纪就开始建造现代人工鱼礁。我国大陆于20世纪80年代期间，就已经在沿海部分省份建立多处人工鱼礁试验点，并取得了显著效益。近年来，由于近海渔业资源衰退、海洋生态环境受到破坏等原因，人工鱼礁建设得到了迅速发展。2015年7月，一座空方达4000立方米、单体面积为国内最大的人工鱼礁，与其他26座由“三无渔船”改造而成的人工渔礁一起，先后成功投放东海渔山海域，在国内海洋渔业史上书写了又一历史纪录。

（1）人工鱼礁的海洋学机制

人工鱼礁投入到海中以后，无论是沉式鱼礁、悬浮式鱼礁或浮式鱼礁，都会使其周围的流场发生一定的变化。就沉式鱼礁而言，迎流面一般都会产生上升流，背流面产生涡流。同自然水域的上升流区通常是良好渔场（主要指中上层鱼类）一样，人工鱼礁形成的上升流区，同样也是鱼类喜欢聚居的地方，尽管其范围比较小。由于上升流区域的上、下层水体之间交换比较活跃，表层高氧海水容易潜入到下层，甚至底层；而下层富于营养的海水则容易上升到上层，这样就形成了海洋初级生产力较为繁盛的区域。在背流面的涡流区，浮游饵料生物由于动力学的原因，往往被凝聚成密度较大的小区域，引诱鱼类聚集。此外，幼鱼特别喜欢在鱼礁周围停留，不仅有安全感，同时礁体上的附着生物可供摄食；追食幼

鱼的凶猛鱼类也会到鱼礁周围索饵。这样，不同营养层的物种聚到鱼礁周围，形成了一个小型的人工生态系。概括来说，人工鱼礁生态系的形成，可分为流场效应，饵料效应和避敌效应三个层面来理解。

（2）对饵料生物的富聚作用

由于投礁后礁区流场的改变，因而在礁体的涡流一侧，海水由于压力减少而产生涌升流，使得低温而营养盐丰富的深层流和表层的暖流混合，从而促进了底栖动物的生长，藻类的发生和其他生物的富聚，提高了初级生产力，成为浮游生物滞留和繁衍的场所，于是便成了鱼类索饵和生活的好去处。”日本以往的调查研究表明，附着植物的生物量受水深、透明度、种质等的影响，一般情况下，由于鱼礁的上面及侧面上部光照充分，所以生物量较大，水浅的水域附着生物量也较大；附着动物的生物量在透明度高、底质较粗、流速较快的水域中较大。附着生物总量，在一定时间内逐渐增大，例如，水深 36 米处的鱼礁，投放 1 个月后表面着生了硅藻，3 个月后出现了许多藤壶、蜗旋沙蚕等，9 个月后鱼礁的表面完全被附着生物覆盖，一年后，大型藻类群落形成。鱼礁区里的底栖生物总个体数比周围的多，其中节足动物的湿重大于环形动物。另外，单体鱼礁内部和附近环形动物的种类、个体数有减少的倾向。鱼礁的内部和后方聚集着许多浮游动物，其中桡足类主要分布在礁后面，糠虾类则多分布在礁内部。桡足类在流速快的时候，集中于礁后的流影处，流速慢的时候活跃在礁体的后方。

对礁区周围生物种类的变化、有关部门曾做过对比试验。2000 年 6 月，广东省海洋与渔业局在阳江市双山岛附近海域沉放了 3 艘废旧水泥船。投礁 4 个月后，南海水产研究所有关专家到现场调查采样，取得环境生物和资源种类共 130 种，其中鱼类 57 种、虾类 11 种、蟹类 14 种，还有在沉船礁体上的固着生物 8 种。在礁区周围采集到的海洋生物，无论是生物多样性或总生物量均优于邻近对照区域。许多现场实例调查结果表明，在人工鱼礁区的浮游动物的种类数多于远离礁区的对照点的种类数，总生物量也高于对照点。底栖生物和礁体上的固着生物在礁区的生态效应更为明显，多数鱼类都以浮游生物和固着生物为食物，饵料生物丰富的水域，自然就成了鱼类栖息聚集的良好场所。

（3）对渔业资源的诱聚效果

鱼之所以能在鱼礁周围聚集，是因为鱼的“本能”或鱼的“趋性”起作用所致，鱼的本能可有索饵、生殖、逃避、模仿以及探究等的生理作用。所谓“趋性”，是指鱼类对环境的各种反应，如凭借视觉产生定旋光性，凭借触觉产生流走性、接触走性、平衡走性、电场走性、渗透压走性等。正是鱼类这种本能或走性，才促使鱼类产生趋礁的行为。同时鱼类还具有各种不同的先天和后天的行为特点，如对于鱼礁，有的喜欢在鱼礁中空的阴影部分滞留，有的喜欢在鱼礁的上部逗留，有的喜欢在鱼礁周围洄游。

鱼礁的多洞穴结构和投放后所形成的流、光、音、味以及生物的新环境，为各种不同的鱼类提供了索饵、避害、产卵、定位的场所，因而吸引了许多鱼类。日本南方海域鱼礁区聚集的鱼的种类超过 120 种，其中经济鱼类约有 50 种。这些鱼类在礁区的分布和行为呈多样化。有的种类始终生活在鱼礁内外或周围，有的种类则在其一生的某一阶段在鱼礁水域生活。被称作岩礁性鱼类的六线鱼、黑鲳、石头鲈等对鱼礁依赖性很强，常用身体接触鱼礁，一生在鱼礁区度过。而沙丁鱼、竹荚鱼、鰤鱼等洄游性鱼类则在某一季节集聚在鱼礁周围。标识放流追迹调查表明，由于这些鱼类随季节或环境要素的变化而进行移动，所以在鱼礁区鱼类的个体交换非常频繁。田中利用探鱼仪对鱼礁区与非鱼礁区的鱼群进行了探测，结果鱼礁区的平均集鱼量为非鱼礁区的 2.6 倍左右。

（4）避敌效应

动物生态学的研究表明，鱼类都具有避敌的本能。鱼类在幼体阶段，随时都有被吞食的可能。因此，鱼类的行动除了摄食以外还时刻注意着避敌。人工鱼礁的设置为鱼类建造了良好的“居室”，许多鱼类选择了礁体及其附近作为暂时停留或长久栖息的地点，礁区就成了这些种类鱼群的密集区。对于营养层较高的凶猛种类，自然也会进入礁区寻求自己的“美餐”。再者，鱼礁表面及隐蔽处成了乌贼和其他鱼卵附着孵化的场所，许多幼鱼又把礁体作为隐蔽庇护场所，这使幼鱼被凶猛鱼类捕食的几率大大减小了，从而提高了幼鱼的存活率，有利于资源的增殖。通过水下观察和鱼胃囊物的分析得知，真鲷幼鱼经常捕食浮游动物、糠虾类，马面纯、河纯类经常啄食附着生物。当大型捕食性鱼类出现时，真鲷、鲫鱼、竹荚鱼等游泳能力较强的鱼种，离礁逃避，而六线鱼、黑鲳、暇虎鱼等岩礁性鱼类则躲入鱼礁间隙中去，鱼礁区鱼类这种索饵、逃避行动是经常性的行为。

美国于 1960 年在莫那尔湾投放一千辆废车作为鱼礁，投礁前鱼产量为 4.5t/km^2，投礁后剧增到 190t/km^2，为投礁前的 42 倍。夏威夷近海原来鱼产量很低，但投放人工鱼礁后不到 1 年产量骤然增长了 19 倍 . 美国科学家经过长期的对比分析，认为人工鱼礁区的鱼种，一般由非礁区的 3 ～ 5 种可增加到 45 种左右，产量比非礁区高出 10 ～ 100 倍，最高的达 1000 倍。

5. 日本福岛核泄漏及其影响

福岛核电站是世界上最大的核电站，地处日本福岛工业区。日本经济产业省原子能安全和保安院 2011 年 3 月 12 日宣布，日本受 9 级特大地震影响，福岛第一核电站的放射性物质发生泄露。2011 年 4 月 11 日 16 点 16 分福岛再次发生 7.1 级地震，日本再次发布海啸预警和核泄漏警报。受日本大地震影响，福岛第一核电站损毁极为严重，大量放射性物质泄漏到外部，日本内阁官房长官枝野幸男宣布第一核电站的 1 ～ 6 号机组将全部永久废弃。联合国核监督机构国际原子能机构（IAEA）干事长天野之弥表示日本福岛核电厂的情势发展“非常严重”。法国法核安全局先前已将日本福岛核泄漏列为六级。2011 年 4 月 12 日，日本原子能安全保安院根据国际核事件分级表将福岛核事故定为最高级 7 级。

2011 年日本福岛第一核电站发生核事故后，东京电力公司曾因为污水处理设施捉襟见肘而人为向大海排放低放射性污水，以便腾出空间处理高放射性积水。当时该公司声称，在 2011 年 6 月之后，没有新的放射性污水排入海洋。然而 2013 年 7 月 22 日，东京电力公司首次承认，福岛第一核电站附近被污染的地下水也正渗漏入海。2013 年 8 月 7 日日本政府原子能灾害对策本部宣布，福岛第一核电站每天至少约有 300 吨污水流入海中。2013 年 10 月 9 日，福岛第一核电站工作人员因误操作又导致约 7 吨高浓度污染水泄漏。

核泄漏产生的放射性物质超星进入大海会对海洋的生态环境造成严重的后果，同时也会起到一定的连锁反应。

放射性物质随着水体的运动扩散分布，不论是核电站出来的废水直接排放，还是大气中的放射性物质沉降于海水表面，或是沉降在陆地然后随河流进入海中。在风、浪、流等各种动力因素作用下，逐渐往下移，可到达海面以下几千米深度。

据放射生态学家沃德 · 维克勒研究发现，当放射性物质达到一定程度，其产生的辐射剂量将导致海洋生物死亡或是影响它们生育能力。同时放射性污染物质进入海水后，通过海水的潮汐作用，破坏沿岸生态系统。此外海洋空气中含有的放射性物质同样影响整个海洋生态系统的平衡。海水中放射性物质也能通过海产品进入人体的，必须要考虑生物体的“富集”作用。

虽然说这样的剂量水平不会产生十分显著的影响（大约可造成癌症几率升高 0.2%），但是以上的估算表明，最好还是不要马上食用核电站事故附近区域出产的食物，以免受到不必要的影响。这里要特别注意的是海带和其他海草类产品。我们知道海带富含碘，这说明海带对核事故释放出的碘 -131 的富集可能会达到一个非常高的水平。

总之，核污染产生的放射性核素可以对周围产生较强辐射，并且辐射时间相当长，约几千年甚至上万年。它分别通过呼吸道、皮肤伤口、消化道进入人体，严重危害人体健康，难以治愈。一定量放射性物质进入人体后，既具有生物化学毒性，又能以它的辐射作用造成人体损伤，超剂量物质长期作用人体会患发肿瘤、白血病及遗传障碍。同时这些污染物质会严重危及水生生物生存。水中的放射性物质对水生生物的辐射作用，导致生物自身发生基因突变，污染海洋生物群：微量的放射性元素会在水生生物体内富集，从而污染重的食物链。其实是对海洋生态系统的危害。当水中含有大量的放射性物质时，他们的辐射作用会导致水生生物大量死亡，破坏海洋中生物的多样性，甚至造成海洋生态系统的瘫痪。

6. 世界第八大洲——海洋垃圾从何而来

一场风暴之后，你随便去哪个沙滩走走，都会看到海滩上到处都是塑料瓶、水产包装箱、灯泡、人字拖、渔网碎片和木头，全世界的海洋情景基本相同，浩瀚的海洋到处漂浮着垃圾。海洋垃圾是指海洋和海岸环境中具有持久性的、人造的或经加工的固体废弃物。这些海洋垃圾一部分停留在海滩上，一部分可漂浮在海面或沉入海底。

关于海洋垃圾的统计数字也是触目惊心，根据美国科学院 1997 年的估计，每年有 640 万吨的垃圾进入世界海洋。然而，要准确估算出到底有多少垃圾进入海洋并不容易，因为垃圾始终飘浮不定，难以定量。科学研究已经说明海洋中的垃圾存在区域差异。根据研究人员的报道，许多海区的漂浮塑料碎屑的数量在每平方千米 0 ～ 10 块碎屑的范围内。英吉利海峡的数量高于这个范围值，达到每平方千米 10 ～ 100 块。而有报道说印度尼西亚海岸带水域的碎屑量达到每平方米 4 块之多，这比平均值高出好几个数量级。

漂浮的海洋碎屑虽然数量巨大，不过人们认为大约 70% 的垃圾最终要沉降到海底。受海洋垃圾影响最严重的是人口密度高的海岸带水域或者欧洲、美国、加勒比海地区和印度尼西亚等滨海旅游业发达的国家或地区。在欧洲海域，肉眼可见，海底每平方千米的碎屑量达到 10 万块。在印度尼西亚，该数字竟然高达每平方千米 69 万块。

垃圾是通过各种不同的渠道进入海洋的。人类海岸活动和娱乐活动，航运、捕鱼等海上活动是海滩垃圾的主要来源。

绝大多数的垃圾来自陆源，其中一些是随河流冲刷到海洋的生活污水中的碎屑，或者是海岸带区域垃圾场中被风吹来的垃圾，但也有些海滨游客无意中遗留在沙滩上的垃圾。

航运也为海洋带来垃圾，其中包括商业船舶和休闲船舶故意倾倒或意外散落舷外的废物。1993 年美国豪华游轮“帝王公主号”因为倾倒 20 个垃圾袋到海里被罚款 50 万美元。

渔业活动给海洋留下了大量的破渔网。在洋流的作用下，这些渔网绞在一起，成为海洋哺乳动物的“死亡陷阱”，它们每年都会缠住和淹死数千只海豹、海狮和海豚等。

2008 年的海洋垃圾监测统计结果表明，人类在海岸活动和娱乐活动，航运、捕鱼等海上活动是海滩垃圾的主要来源，分别占 57% 和 21%；人类海岸活动和娱乐活动，其他弃置物是海面漂浮垃圾的主要来源，分别占 57% 和 31%。

海洋垃圾不仅影响到海岸带区，在风力和海流的作用下，在环境中难以降解的垃圾漂浮到遥远的海区，成为全球海洋广泛扩散的物质，现在人们甚至可以在偏远的沙滩和无人居住的海岛周围也能看到垃圾。

海洋垃圾种类繁多。监测结果表明，海面漂浮垃圾主要为塑料袋、漂浮木块、浮标和塑料瓶等。海滩垃圾主要为塑料袋、烟头、聚苯乙烯塑料泡沫快餐盒、渔网和玻璃瓶等。海底垃圾主要为玻璃瓶、塑料袋、饮料罐和渔网等。

大部分垃圾都是塑料制品。科学家估计，全球海洋上漂浮的塑料垃圾超过 5 万亿块，总重量达 26.9 万吨。美国佐治亚大学研究组在 2015 年 2 月 13 日发行的美国《科学》杂志上发表的统计结果显示，全球每年流入海洋的塑料垃圾达 480 ～ 1270 万吨。其中垃圾流出量最多的国家为中国，以每年 132 ～ 353 万吨居于首位，印度尼西亚以 48 ～ 129 万吨排名第二，菲律宾以 28 ～ 75 万吨排名第三。排名靠前的国家多为人口众多，回收、焚烧及填埋等废弃处理不够妥当的国家。排名前 20 的国家大部分为发展中国家，美国是唯一上榜的发达国家。

海洋垃圾正在吞噬着人类和其他生物赖以为生的海洋。1977 年，研究人员发现漂浮的碎屑会在洋流的作用下在海洋中部聚集，形成海洋垃圾带，分布于北太平洋、南太平洋、北大西洋、南大西洋及印度洋中部等。最著名的是位于北太平洋夏威夷海岸与北美洲海岸之间的“太平洋垃圾大板块”，被人称之为世界“第八大洲”。由于北太平洋亚热带涡流将来自海岸或船队的塑料垃圾聚集起来，卷入漩涡，再通过向心力将它们逐渐带到涡流中心，形成了一个面积为 343 万平方公里的区域（超过欧洲的三分之一，相当于 6 个法国），中心最厚处达到 30 米。据统计，这片水域中的塑料垃圾与浮游生物的比例已为 6 ∶ 1。根据美国西海岸环保组织阿尔加利塔海洋研究基金会计算，从 1997 年被发现至今，这一垃圾板块的面积增加了两倍。到 2030 年，这一板块的面积还可能增加 9 倍。

海洋垃圾不仅会造成视觉污染，还会造成水体污染、水质恶化。塑料垃圾还可能威胁航行安全。当然，海洋垃圾尤其是塑料垃圾危害最大的是对海洋生态系统。

塑料是人类制造的最稳定的材料之一，即使被分解成小块，变成“美人鱼眼泪”大小，看上去就像水里的浮游生物，它也难以被消化。鱼类和海鸟通常不会拒绝被海流送到嘴边的食物，许多动物吞吃了过多的“美人鱼眼泪”，最终营养不良而死。还有一些粗心的海豚，因为将塑料颗粒吸入肺部而痛苦一辈子。据法国《费加罗报》10月21日报道，2013年，150万只动物成为海洋塑料垃圾的牺牲品。法国发展研究院（IRD）成员劳伦斯·莫里斯表示，这一问题可能会继续加剧。塑料垃圾造成的海洋污染对动物存在巨大影响。在北太平洋，30%的鱼会吃下塑料。所有的物种，包括鸟、鲸鱼、乌龟，都受到影响。很多动物会食用这些塑料垃圾，这对它们是致命的。

更可怕的是，塑料中的毒素，最终会回到人类的餐桌上。阿尔加利塔基金的研究总监埃里克森发现，塑胶垃圾会像海绵般吸收碳氢化合物、杀虫剂等人造化学毒素，再辗转进入动物体内，通过食物链扩大到整个生物圈。根据绿色和平组织统计，目前已有267种海洋生物受到了这种影响。也许出现在我们餐桌上的各色大鱼大虾，正是我们投入海中的那些废弃物的另一种表现形式。

正确认识海洋垃圾的来源，从源头上减少海洋垃圾的数量，有助于降低海洋垃圾对海洋生态环境产生的影响。

7. 围海造田 福兮祸兮

我国有一个古老的传说叫“精卫填海”，虽然传说的历史极为悠久了，但类似“精卫填海”式的“围海造田”行为，中国并非始作俑者。

这方面最具代表性的当数荷兰。荷兰人有一句流传世界的名言：“上帝创造了世界，荷兰人创造了荷兰。”荷兰又叫尼德兰，即“低洼之国”，西、北两侧濒临北海，莱茵河在这里入海。境内地势非常低平，在4万多平方公里的国土中，约有27%的土地低于海平面，东南部海拔一二百米的地方就算“高原”了。历史上，荷兰人民深受北海地势之苦，海水内侵使千里沃野变成泽国，据统计，从13世纪至今，荷兰的国土被北海侵吞了56万多公顷。故从远古时候荷兰人就开始在国土西部与北部分散的岛屿上筑堤防御海潮，随着人口和对农产品要求的增加，以及提水工具的发展，特别是风车的使用，使荷兰人逐渐从防御转向争取，将沿海的盐滩地筑圩围起来，围海造陆，开拓国土资源。进入17世纪，荷兰国力增强，达到历史上所谓“黄金时代”。一方面城市发展，对农产品的需求增加，另一方面，风车得到改进，提高了排水效率，于是造田速度大大加快，一直延续到19世纪末作为传统的排水动力的风车逐步被蒸汽机所取代。到20世纪，荷兰与水做斗争的经验更为丰富，同时有了柴油机和电力取代蒸汽动力，围海、排湖造田的规模进一步扩大。

荷兰大规模的填海工程之一是20世纪初开始的疏干须德海工程。工程分拦海大堤和5个围垦区。1927年，修建须德海拦海堤坝开始动工，历时5年，一条被称为世界第一长堤的拦海大堤建成了，堤坝全长30公里，宽90米，高出海平面7米多，建有2座水闸。与堤坝同年动工的威林格尔围垦区，仅3年时间即完成，围垦面积达2万公顷；东北围垦区工程花了6年时间完成，面积达4.8万公顷；随后又于1957年、1968年、1980年完工的东围垦区、南围垦区和马克瓦得围垦区，面积共达15.3万公顷。须德海从此在地图上消失了，只留下叫“伊塞尔湖”的淡水湖，而荷兰却多了一个新的省。通过围海造田，荷兰共修建了总长达2400公里的拦海大堤，围垦了7100多平方公里的土地，这几乎相当于荷兰今天陆地面积的1/5。所以，荷兰人真可以自豪地说“荷兰人创造了荷兰”！

填海造陆工程虽然获得了大量的土地，但也使得沿海地区的生态遭到破坏，生物多样性减少，渔业资源锐减，沿海污染加剧。荷兰在1950年到1985年间湿地损失了55%。湿地的丧失让荷兰在降解污染、调节气候的功能上出现许多环境问题，如近海污染、鸟类减少。1990年，荷兰农业部制订的《自然政策计划》，花费30年的时间恢复这个国家的“自然”。2009年荷兰还实施一项“退耕还海”工程，将其位于南部西斯海尔德水道两岸的部分堤坝推倒，以前围海造田得来的300公顷“开拓地”再次被海水淹没，恢复为可供鸟类栖息的湿地。虽然媒体报道中称这项“退耕还海”计划实属无奈，是对西斯海尔德水道疏浚工程的“补偿”，（西斯海尔德水道位于荷兰南部，是比利时重要港口安特卫普港的出海通道，由于湾长水浅，进出安特卫普港的大型油轮只能在海水涨潮时通过西斯海尔德水道，据称每年给安特卫普港造成损失7000万欧元，所以疏浚西斯海尔德水道对于荷兰、比利时两国利益和两国关系都有重要的意义。）疏浚水道必然要拓宽水岸，岸边的湿地面积也就必然受到侵占。而在环保组织看来，西斯海尔德水道两岸的湿地，首先是候鸟们在北非与西伯利亚之间迁徙的落脚点、中转站，其次才是可供人类利用的水道，为人类船只通行的方便而侵占候鸟栖息的湿地，实属不义之举。最后荷兰政府通过让出100多年前围海造田得来的家园，以供候鸟们栖息，以此换得环保组织对水道疏浚工程的放行。虽为无奈，由此也可见人们已经深刻地认识到湿地在生态平衡中的重要性以及围海造田的负面影响。

除了荷兰，日本也是填海造地的佼佼者。日本地势狭长，多山地少平地，海岸线蜿蜒曲折，造就了日本发达的海运业，同时促进了对外贸易的发展。二战后，日本更是通过疯狂的填海造地扩充土地用于发展工业，大规模填海造地愈演愈烈。在整个日本工业化发展的十年间，日本通过填海造地新增工业用地1180平方公里，为工业腾飞奠定了扎实的基础。可是，在获得巨大收益的同时，大肆填海造地发展工业经济也给日本带来了巨大的后遗症。从生态环境方面来讲，这片长达1000余公里的海岸，自然岸线都已基本全线消失。东京湾只剩下10.5%，伊势湾剩下7.9%，大阪湾剩下1.5%，大缝滩剩下18.5%。早期的工业污染对海域的破坏也相当严重。尽管后来日本政府开始耗资进行生态修复和维护，专门设立了“再生补助项目”，进行各种科学实验，例如营造人工海滩、人工海岸等，希望恢复海洋生态环境，年填海量控制在5平方公里左右，生态环境恶化状况得到了一些缓解，但是要恢复以前的情况已经非常困难。

表面上看，“围海造田”可能会带来一些短期效益，但是，长此以往，却会带来生态灾难，主要表现在。

（1）湿地消失，加重旱情。陆地上水分通过大气环流得以与海洋交换。但是，如果陆地上湿地减少，云就很难形成；即使有云，因地表干燥，上气（云）不接下气（湿地），降水就会逐渐减少。“围海造田”增加的是陆地，但消失的是有重要生态功能的近海湿地。

（2）生物多样性降低，渔业资源减少。近海滩涂、红树林、潮间带等湿地是陆地与海洋进行物质和能量交换的重要场所。由于人为阻隔，近海来自陆地的营养物质不能及时入海，造成近海以陆地营养为生的蟛蜞、虾、蟹、蚌、蛤、螺、蚬等海洋生物受到威胁，从而影响海洋食物链和渔业，以此为生的陆地动物也受到影响。另外，海洋生物与陆地淡水还存在千丝万缕的联系，如中华鲟产卵就在长江上游的金沙江流域，“围海”工程势必影响这些重要鱼类的洄游。

（3）“围海造田”诱发洪灾。由于近海湿地起着重要的能量交换功能，海洋能量通过湿地逐渐释放，从而与陆地生态系统相安无事。然后，人工围海措施中断了这个能量释放，使得海洋能量不断聚集，一旦释放后患无穷。2004 年印度洋海啸至今令人不寒而栗，泰国拉廊红树林自然保护区在红树林保护之下，岸边房屋完好无损；而与它相距仅 70 公里、没有红树林保护的地方，民宅被夷为平地。因为海啸产生的能量能被自然湿地吸收，会有效减少人员伤亡。

（4）加重赤潮危害。人工拦海影响了河流三角洲的涨潮落潮，陆地积蓄的营养物质会在短期内向海洋释放。如“围海造田”用来养殖，则基塘中大量有机质和氮磷钾等营养物质，随退潮流入海中，使沿海的藻类植物过度繁殖，出现“赤潮”现象，产生有毒物质，威胁到海洋生物的生存，使鱼虾贝类大量死亡。

（5）围海造田改变了自然景观。围海造田最大的弊端是人为改变了海岸线的位置，而这些海岸线是海洋与陆地在千百万年的相互作用中形成的一种理想的平衡状态，海岸线附近湿地、近海生物等也受益于这种平衡。一旦人为地将海岸线前移，这种平衡便被打破了而带来一系列危害。

在荷兰、日本等国发现因早年国土不足而围海造田带来一系列危害后，它们开始还原海岸线和湿地。而我国却从 20 世纪 50、60 年代开始围填海活动。随着经济社会的快速发展，建设用地日趋紧张，为了发展地方经济，沿海各地纷纷开始大规模向海要地。对于地方政府来说，填海造地不仅增加陆地面积，而且不占用耕地、不存在征地拆迁难题。由于受约束少、成本低，填海之后土地用途自由度大，填海造地一直被认为是一项经济、快捷的工程。有人算过一笔账，尽管各地经济状况不同，填海的成本基本在 20 万元左右，如果用于经营房地产，增值率更惊人。在利益驱动下，违规违法填海现象也比较严重。近 10 年来，中国因围填海失去了近 50% 的湿地；近海富营养化加剧，海洋生态灾害严重。有害赤潮频发，有毒种群不断出现，大规模大型海藻（浒苔）逐年暴发性生长，大规模水母逐年泛滥成灾。2001 年初，一份历时 6 年的中国 908 专项海岛海岸带调查曝光，中国海岸线因填海造地导致逐年减少。在过去 20 年间共有 700 多个小岛消失。其中，浙江省海岛减少 200 多个，广东省减少海岛 300 多个，辽宁省消失海岛 48 个，河北省消失海岛 60 个，福建省海岛消失 83 个。黄海生态区被世界自然基金会列为“全球 200 佳”生态区域之一，具有全球保护价值。在过去的 50 年中，该区域一半以上的生态区湿地消失，其中围填海被认为是最主要的威胁。世界自然保护联盟称，全球 8 条候鸟迁徙路线中，东亚 - 澳大利西亚线上受威胁物种数量最高，中国的辽东湾、渤海湾、莱州湾正处于这一路线的关键区域，而这 3 个区域围填海最为严重。

其实，围海造田并非完全不可取，但需要在科学审慎的前提下进行，严格遵循自然规律，切实加强陆海统筹，严控填海造地，促进沿海滩涂及海域合理开发和保护。据了解，以往围填海采取的大多是顺岸平推或在海湾区域截湾取直方式，这种方式造价低但一旦填海方式和位置不对，对生态环境破坏巨大。近年来，人工造岛成为另一种选择。对此，国家海洋局也发文积极推行人工岛式填海，鼓励湾外填海，减少对自然岸线、海湾、海岛、湿地等海域自然资源的破坏。

8. 像鱼一样生活

在离红海苏丹不远的海面下 14 米处，有一座海底村庄。这个村庄拥有二十几户人家，50 多名居民。由于海底水压非常大，因此海底村庄的建筑物结构十分独特，屋顶都呈圆锥形，以便分散水的压力。房间的布局均呈放射形，客厅居中，卧室围绕在四周。空气、淡水都通过物种管道从海面送来。室内不仅有电灯、电话还有电视以及空调设备。村民们如欲外出，只需穿上潜水衣，开启客厅的一个盖板，通过一条密封的玻璃钢通道，便可以从海底走到海面上来。

美国的迈阿密州有一家非常罕见的水下剧场。该剧场的观众席设在海面下 16 米深处，与舞台之间由一块 2 米厚的玻璃分隔。演员由水下隧道游进剧场进行表演。每年的夏季，该剧院最受欢迎，因为观众不仅能在剧院内欣赏到精彩的节目，还可以在此避暑乘凉，真是一举两得、清心惬意。

日本也有一座水中芭蕾舞剧院。当芭蕾明星在水中翩翩起舞之时，犹如龙宫神女，深深地吸引着观众。

人们希望能在海中像鱼一样地生活，在海底建造自己的家园。当然，由于海水的巨大压力，未来海底的房子将由许多反抗压的球体组成。一个个球体好似陆地上的一幢幢房子，几个或几十个球体连接起来，组成一个居民点，再由若干居民点组成一个城市中心社区。深潜器等将担负着水中公共汽车的角色。中心区还要有医院、学校、商店、电影院、体育场和游乐场等设施。

要想建大规模的海底家园，必须要创造许多人类赖以生存的基本条件。科学家们认为，只要解决了供电问题，其他问题都将迎刃而解。海水通过电解可以制造空气，海水淡化目前已无任何问题，至于照明那就更不成问题了。只是这种海底家园的耗电量是惊人的，假如采用电缆输送，将陆上电力引入海底，那成本是巨大的，最好的办法是直接采用海水发电。德国科学家艾勃哈特 · 霍伊斯勒于 1995 年 2 月 11 日研制成功了利用压电塑料薄膜制出一种简易海水发电系统。压电材料可在机械拉伸或加压的情况下产生电能。将压电膜放入数百米深的水下就能产生起伏，形成电能。据计算，8 万平方米可生产 1 兆瓦电力。

科学家们面临的另一个问题是人如果能像鱼一样可直接在海水里呼吸，那么人类便可自由地畅游海底了。荷兰物理学家约翰 · 启尔斯特拉博士研究后认为：人类本来是可以在海水里呼吸的，因为海水具有与人类血液相似的成分，因此具有相同的渗透压力，两者互不干扰，和平共处。有人曾证明，在海里溺水的人维持生命的时间比淹在河里的长得多。人们拿狗做试验后发现，狗在海水里淹几十分钟，然后从肺中排出海水，狗便活过来了，并且没有任何后遗症。但陆地动物被长时间淹在海里，最终还是要死亡的，原因是体内的二氧化碳不能被很快排出，二氧化碳在海水里的溶解速度要比在空气中慢 600 倍，从而导致呼吸海水的陆地动物中毒而亡。如果能在海水里加一种添加剂，能够加速二氧化碳的溶解，那么便可以解决水中呼吸的问题了。

美国潜水生理学家彼得·贝纳特博士找到了这种可供呼吸的液体——过氧化碳。德国科学家利用过氧化碳，成功地研制出了供潜水员用的人工水肺。带上这种人工水肺，潜水员就不必再背上沉重的氧气瓶，而是像鱼一样在海水中直接呼吸。发明人之一的迈克逊带着第一只人工水肺，顺利地潜入到水下 30 米深处，并在水下停留了 40 分钟。但这种人工水肺缺少调节水压的功能，人在水中时间长了会产生胸闷的感觉。并且，随着水深的增加，其含氧量也在增高，人体内的含氧量过高后很容易引起肺爆，这时需要充入氮气加以解决。科学家们普遍认为，不出十年这两个问题均可以得到解决。

当然，还存在着其他的一些问题，如水下交通系统等，相信也一定能得到解决……

参考文献

[1] 马克思，恩格斯．马克思恩格斯选集（1—4 卷）[M]．北京：人民出版社，1995.

[2] 马克思，恩格斯．马克思恩格斯全集（第 42 卷）[M]．北京：人民出版社，1972.

[3] 马克思．资本论 [M]．北京：人民出版社，1975.

[4] 恩格斯．自然辩证法 [M]．北京：人民出版社，1971.

[5] 恩格斯．反杜林论 [M]．北京：人民出版社，1970.

[6] 教育部社会科学研究与思想政治工作司组编．自然辩证法概论 [M]．北京：高等教育出版社，2004.

[7] 黄顺基，周济．自然辩证法发展史 [M]．北京：中国人民大学出版社，1988.

[8] 刘大椿．科学技术哲学导论 [M]．北京：中国人民大学出版社，2005.

[9] 许为民等．自然科技社会与辩证法 [M]．杭州：浙江大学出版社，2002.

[10] 邬琨等．自然辩证法新编 [M]．西安：西安交通大学出版社，2003.

[11] 殷正坤，邱仁宗．科学哲学引论 [M]．武汉：华中理工大学出版社，1996.

[12] 林德宏．科技哲学十五讲 [M]．北京：北京大学出版社，2004.

[13] 邹珊刚主编．技术与技术哲学 [M]．北京：知识出版社，198.

[14] 张巨青等．逻辑与历史——现代科学方法论的嬗变 [M]．杭州：浙江科学技术出版社，1990.

[15] 陈衡．科学研究的方法论 [M]．北京：科学出版社，1982.

[16] 湛垦华等．普里高津与耗散结构理论 [M]．西安：陕西科学技术出版社，1982.

[17] 陈昌曙．技术哲学引论 [M]．北京：科学出版社，1999.

[18] 苗东升．系统科学精要 [M]．北京：中国人民大学出版社，1998.

[19] 孙思．理性之魂——当代科学哲学中心问题 [M]．北京：人民出版社，2005.

[20] 王书明等．从科学哲学走向文化哲学 [M]．北京：社会科学文献出版社，2006.

[21] 林德宏．科学思想史 [M]．南京：江苏科学技术出版社，2004.

[22] 王巍．科学哲学问题研究 [M]．北京：清华大学出版社，2004.

[23] 刘立等译．科学技术与社会导论 [M]．北京：清华大学出版社，2005.

[24] 王荣江．未来科学知识论 [M]．北京：社会科学文献出版社，2005.

[25] 薛晓源等．全球化与风险社会 [M]．北京：社会科学文献出版社，2005.

[26] 陈墀成．全球生态环境问题的哲学反思 [M]．北京：中华书局，2005.

[27] 彭加勒．科学的价值 [M]．北京：光明日报出版社，1988.

[28] 宋洁人．亚里士多德与古希腊早期自然哲学 [M]．北京：人民出版社，1995．
[29] 爱因斯坦．爱因斯坦文集（第一卷）[M]．北京：商务印书馆，1976．
[30]（德）黑格尔．逻辑学（上卷）[M]．北京：商务印书馆，1982．
[31]（德）康德．宇宙发展史概论 [M]．上海：上海人民出版社，1972．
[32]（荷）斯宾诺莎．伦理学 [M]．北京：商务印书馆 1983．
[33]（英）波普．科学发展的逻辑 [M]．北京：科学出版社，1986．
[34]（英）卡尔·波普尔．猜想与反驳 [M]．上海：上海译文出版社，1986．
[35]（美）冯·贝塔朗菲．一般系统论 [M]．北京：清华大学出版社，1987．
[36]（比）伊利亚·普里高津等．从混沌到有序 [M]．上海：上海译文出版社，1987．
[37]（美）里夫金等．熵：一种新的世界观 [M]．上海：上海人民出版社，1987．
[38]（德）W．海森伯．物理学家的自然观 [M]．北京：商务印书馆，1990．
[39]（德）赫尔曼·哈肯．协同学——大自然构成的奥秘 [M]．上海：上海译文出版社，2001．
[40]（英）W．C．丹皮尔．科学史及其与哲学和宗教的关系 [M]．桂林：广西师范大学出版社，2001．
[41]（英）史蒂芬·霍金．霍金讲演录 [M]．长沙：湖南科学技术出版社，1996．
[42]（英）史蒂芬·霍金．果壳中的宇宙 [M]．长沙：湖南科学技术出版社，2002．
[43]（美）丹尼斯·米都斯等．增长的极限 [M]．长春：吉林人民出版社，1997．
[44] 世界环境与发展委员会．我们共同的未来 [M]．长春：吉林人民出版社，1997．
[45]（美）爱德华·特纳．技术的报复 [M]．上海：上海科技教育出版社，2000．
[46]（英）安东尼·吉登斯．现代性的后果 [M]．南京：译林出版社，2000．
[47]（德）乌尔里希·贝克．风险社会 [M]．南京：译林出版社，2004．
[48]（英）J．D．贝尔纳．科学的社会功能 [M]．桂林：广西师范大学出版社，2003．
[49]（美）托马斯·库恩．科学革命的结构 [M]．北京：北京大学出版社，2003．
[50]（美）詹姆斯·奥康纳．自然的理由——生态学马克思主义研究 [M]．南京：南京大学出版社，2003.
[51]（美）希拉·贾撒诺夫等．科学技术论手册 [M]．北京：北京理工大学出版社，2004.
[52]（美）维纳．控制论 [M]．北京：北京大学出版社，2007．
[53]（比）普里戈金．从存在到演化 [M]．北京：北京大学出版社，2007．
[54]（英）A．F．查尔默斯．科学究竟是什么 [M]．北京：商务印书馆，2007．
[55]（美）维纳．人有人的用处——控制论与社会 [M]．北京：北京大学出版社，2010.